곡류가공학

황성연 저

도서출판 진 로

머리말

우리는 생명을 유지하기 위해서 적절한 열량원과 구성물질 그리고 비타민 등 생체조절물질들을 섭취하여야 한다. 문명이 발달하기 전에도 본능과 경험을 통하여 여러 가지 형태로 음식을 섭취하였을 것이고, 이에 대한 지식은 다음 세대에 전수되었을 것이다. 식품에 대해 전혀 모르는 상황에서도 불을 사용하여 익힌 것은 맛이 좋다는 것을 알게 되었을 것이다. 그 후 오랜 시간이 흐르고 인간의 지식이 쌓이면서 식량자원의 재배, 수확, 저장 및 이를 효율적으로 가공·활용하는 기술이 발달하게 되었다. 19세기 산업혁명을 거치면서 식품의 성분에 관심을 갖기 시작하였으며 20세기에는 그 구성성분이 하나하나 밝혀지기 시작하였다.

또한 인구가 폭발적으로 증가하면서 식량문제가 심각한 사회문제로 대두되기 시작하였다. 이를 어느 정도 해소시킬 수 있었던 것은 농지개발, 관개시설 확충, 비료 생산과 병충해를 막을 수 있는 농약의 발달, 그리고 녹색혁명에 따른 다수확 품종의 개발 등이었다.

그러나 대량 생산과 공급이 가능하도록 한 이면에는 농약과 화학비료의 남용, 무분별한 지하수 사용 등 심각한 부작용이 숨어 있었다. 인류가 생존하기 위하여 절대량의 식량이 공급되어야 함은 당연한 일이다. 그러나 현재처럼 인구가 많을 경우 지구의 생태계를 그대로 유지하면서 모두가 풍족하게 먹거리를 해결할 수 없다. 이 문제는 인구 감소만이 유일한 해결책이지만 이 또한 쉬운 문제가 아니다.

이처럼 산재한 문제를 해결하기 위해서 식품을 전공하는 공학도들은 식량의 충분한 공급과 좋은 품질 그리고 안전한 식품에 대한 연구를 부단히 계속하여야 한다. 이제 빈곤과 기아를 벗어난 사회는 양보다 질을 추구하면서, 농약이나 화학비료를 덜 사용한 친환경 식품을 찾고 있다.

이 책은 식품에 대한 이해를 돕고자 식품의 구성성분에 대한 언급과 인류의 가장 중요한 식량자원인 곡류에 대하여 집중적으로 다루었다. 또한 우리의 문화생활과 함께 한 기호음료인 차와 커피 등에 대하여 언급하였다. 모든 식품을 다루지 못한 아쉬움이 있으나 추후 보완하려고 한다.

어려운 환경 속에서 이 책을 출판할 수 있도록 도와주신 도서출판 진로의 임종철 사장님께 감사드리며 사진 작업과 교정을 도와준 곡류가공 실험실 대학원생 송영숙과 남원섭 그리고 김지현에게 고마움을 표한다.

2008년 1월

황 성 연

차 례

제 1 장

서 론

인간이 생명을 유지하기 위해서는 하루도 거르지 않고 식품을 통해서 영양소를 섭취하여야 한다. 인간이 필요로 하는 영양소에는 매일 매일의 활동에 필요한 열량원인 탄수화물, 지방질 등과 인체의 구성 물질을 이루고 각종 생리활동에 필수 불가결한 단백질 그리고 비타민, 무기질이 있다. 또한 물은 열량원은 아니지만 인체 구성 및 생리 조절물질로 중요한 역할을 한다. 이들 영양소를 골고루 섭취하여야 하는데 이러한 영양소들이 들어 있는 물질을 식품이라고 한다.

오늘날 증가하는 인구에 비하여 생산되는 식량이 부족한 나라에서는 여러 가지 영양 결핍증으로 많은 사람들이 죽어 가고 있다. 60년대에 시작된 녹색혁명은 괄목할 만한 식량증산을 가져왔지만 화학비료의 남용에 따른 토양의 산성화, 과다한 농약 사용 등으로 많은 부작용도 따르고 있다. 뿐만 아니라 급격한 인구 증가는 식량수급에 대한 앞으로의 전망을 어둡게 하고 있다. 그래서 식품 과학자들은 식량 증산뿐만 아니라 식량의 낭비가 없도록 효율적인 저장 및 가공 방법에 대하여 많은 노력을 하고 있다. 특히 제 3세계 국가들에 공급할 값싼 단백자원 개발의 예를 보면 라틴 아메리카에서 개발된 Incaparina라는 곡류 가공식품은 옥수수, 수수, 면실박 등을 혼합하여 단백질 함량을 28% 이상으로 만든 값싸고 영양 많은 제품으로 영양이 부족 되기 쉬운 이들 지역에 공급되고 있고 인도에서는 Miltone이라고 하여 땅콩 단백질, 물엿, 우유 등을 혼합한 제품이 영양부족에 대처하기 위하여 개발되었다.

정상 식사를 할 수 없는 극한 상황의 사람들에게 급식하기 위하여서는 특별한 식품과학의 지식이 요구된다. 우주인들은 특수 포장한 건조고기나 튜브에 넣은 식품을 가지고 가서 짜서 먹는다. 이는 우주선 안이 무중력 상태이기 때문에 음식 가루가 우주선 내부에서 떠다니지 못하도록 중간수분 식품 형태로 만들지 않으면 안 되기 때문이다. 이와 같은 경우는 매우 특수한 상황이지만 군대의 급식문제 등은 고열량, 신속한 복원성, 휴대와 취식의 간편성, 양양과 기호성 등 모두를 고려한 식품과학 기술이 필요하다. 실제 군 급식 연구소들의 연구 결과들은 일반 시중의 식품산업에 기여한 바가 크며 특히 인스턴트식품을 발전시켰다. 인스턴트커피가 그 대표적인 보기이다.

식육류나 조육류는 맛과 영양가치가 다른 어떤 식품보다 우수하지만 이들을 충분하게 공급하려면 더 많은 사람을 먹일 수 있는 곡류가 사료로 쓰이게 된다. 따라서 식품을 연구하는 사람은 맛과 영양이 천연 육제품과 유사한 인조육을 개발하기도 하였다.

즉, 값싼 대두 단백질을 알칼리 용액에 녹이면 끈적끈적한 액체를 얻을 수 있는데 이것을 가는 구멍을 통하여 압출한 다음 산성 용액을 통과시키면 응고되어 섬유상으로 된다. 이러한 단백섬유를 압출기를 통과시켜 동물성 단백질의 섬유상 구조와 유사하게 가공하고 지방, 향, 색소 등을 첨가하면 닭고기, 게맛살, 쇠고기 등과 유사한 제품을 만들 수 있다. 현재 이러한 제품들이 시판되고 있으며 저렴한 가격의 햄버거 등에 사용되고 있다.

원양어업의 경우 선실 내에 물고기의 자동 선별기, 냉동탱크, 유지의 자동 추출기, 제빙기, 통조림 시설 및 건조 시설 등을 갖추어 변패되기 쉬운 어류들을 배안에서 바로 처리한다.

과실, 채소류의 CA저장은 이들의 생리나 생화학 등의 지식을 바탕으로 하여 개발된 방법이다. 사과와 같은 과실은 수확 후에 호흡활동이 왕성하여지면서 조직이 연화되고 분해된다. 만일 산소가 부족하고 탄산가스가 많은 공기를 채워주면 호흡이 억제된다. 공기조성을 산소 3%, 이산화탄소 2~5% 그리고 나머지를 질소로 해주면 저장기간을 상당히 연장할 수 있다.

식품과학 기술은 각종 기계를 개발하여 노동력을 절감시켜 준다. 그러나 기계에 의한 수확을 가능하게 하려면 과실이나 채소가 비슷한 시기에 수확이 가능하게 하거나 기계적인 손상에 견디는 품종을 육종하는 것이 선행되어야 한다.

품질손상을 극소화하면서 장기 저장할 수 있는 방법 가운데 급속동결 방식이 있다. 급속동결은 액체 질소나 고성능의 냉동기를 사용하는데 그 원리는 다음과 같다. 함량에 정도의 차이는 있지만 모든 식품에 함유된 물은 동결되면 얼음 결정이 세포 안이나 세포 사이에 형성된다. 식품이 천천히 얼게 되면 얼음 결정이 형성되면서 세포벽을 파괴한다. 이렇게 동결된 제품을 해동하면 조직으로부터 액즙이 흘러나오고 조직이 파괴된다. 이와 같은 현상은 토마토 등의 채소류와 생선 등에서 특히 심하다. 한편 식품을 급속 동결하면 미세한 얼음결정이 생기고 세포구조는 파괴되기 전에 고정된다. 이런 제품을 해동한 뒤에도 원래의 외관과 조직감을 잘 보전한다.

식품을 적절하게 저장함으로써 각종 식중독의 발생을 감소시킬 수 있다. 현대적인 식품공업의 발달은 통조림이나 여러 가지 식품에서 일어날 수 있는 식중독의 가능성을 획기적으로 감소시켰다. 예를 들면 미국에서 훈연 처리한 생선 통조림 중에 들어있던 *Clostridium botulinum* 에 의한 식중독 사건, 캐나다와 미국에서 쇠고기를 갈아 만든 햄버거 패티가 병원성 대장균인 O-157에 오염된 사건 등이 있었는데 이는 쇠고기를 마쇄하는 기계가 오염되었기 때문이었다. 이처럼 세계 도처에서 많은 식중독 사건이 발생하고 있다.

이와 같은 미생물에 의한 식중독을 막기 위하여 가열, 살균하면 미생물은 죽지만 식품의 빛깔, 조직감, 풍미, 영양가 등이 손상될 수 있다. 따라서 식품과학자들은 각종 식품에 대하여 적절한 살균온도와 시간을 산정하는 방법을 고안하였다.

쇠고기를 비롯한 육제품은 질기면 맛이 없다. 쇠고기를 부드럽게 하기 위하여 단백분해 효소를 사용하는 방법은 옛날부터 있어 왔다. 쇠고기를 대량 생산하는 곳에서는 도살하기 직전의 가축에게 이러한 효소제를 주사하기도 한다.

쇠고기의 육질은 가축이 먹는 사료에 따라서도 달라진다. 미국 등에서는 사료 관리를 통하여 육질을 향상시키기도 한다.

식품의 제조 공정조작에도 눈부신 발전을 거듭하고 있다. 제빵, 아이스크림, 소시지나 마가린 공장 등은 컴퓨터에 의한 자동조작이 가능하도록 하였다. 각종 원료의 배합 비는 미리 프로그래밍이 되고 오븐, 냉동기 기타 장비들도 컴퓨터에 의해 자동 조정된다. 이러한 자동화의 이면에는 조작하는 사람의 숙련도, 품질관리 등이 밑받침된다.

현대 산업사회에는 환경을 오염시키는 각종 화학물질이 있다. 인체에 해로운 화학물질들을 완전하게 제거한다는 것은 불가능한 일이다. 하지만 최근 분석기술의 발달로 10억분의 1 단위까지 검출할 수 있으므로 보다 안전한 식품을 생산하는 것이 가능하게 되었다.

각종 식품은 표준규격을 제정함으로써 국제교역을 촉진하고 동시에 품질 향상을 도모할 수 있다. 규격은 일반적으로 성분조성, 미생물의 오염상태, 대상물의 품질요인 등을 규정하고 있다. 그러나 이것은 나라마다 약간씩 다를 수 있다.

이상 열거한 것들처럼 식품을 하기 위해서는 다음과 같은 많은 부분을 공부하여야 한다. 즉, 각종 식품의 조성, 구조 특성과 저장 중에 일어나는 화학적 변화를 알아야 하며, 식품의 물리화학적 분석에 필요한 원리와 방법 및 기술, 식품 중에 존재하는 미생물의 특성과 생장에 미치는 환경적인 요인, 미생물에 의한 식품의 변패와 식품가공과 관련된 미생물, 미생물의 이화학적 및 생물학적 살균, 식품 중의 미생물 검사, 공중보건을 알아야 하며 식품가공에 이용되는 공학의 개념과 단위조작, 각종 식품재료의 수확, 원료의 취급, 위생에 관하여서도 공부하여야 한다. 그밖에도 식품에 관련된 법규, 관능검사, 독성학 등도 공부하여야 한다. 식품을 전공하기 위하여서는 이처럼 많은 분야를 공부하여야 하지만 이 가운데서도 인류의 식량문제에 가장 큰 도움을 주고 있는 것은 곡류이다. 곡류에는 쌀, 밀, 보리, 옥수수 등이 해당된다. 이들 곡류는 재배하기가 쉬울 뿐만 아니라 단위당 생산량도 육류 등 다른 식품에 비하여 가장 많기 때문에 70억 세계 인구가 생존하기 위해서는 가장 중요한 식량원이 아닐 수 없다. 또한 곡류는 그 가공 적성이 다양한데, 밀을 예로 들면 과자, 스넥류, 국수, 빵 등 여러 가지 가공식품을 만들 수 있으며, 쌀 또한 여러 가지 방법으로 이용되고 있다. 곡류는 주류산업에서도 없어서는 안 될 주원료이다. 이처럼 중요한 곡류에 대하여 그 종류와 역사 그리고 수확, 저장 및 각종 가공방법을 통하여 다양한 가공식품을 만드는 방법을 공부하는 것이 곡류 가공학이다.

따라서 곡류 가공학이란 몇 마디로 간단하게 규정짓는 것보다 모든 곡류에 대하여 그 내용들을 보다 구체적으로 살펴봄으로써 스스로 그 개념을 알고 산업사회에 나아가 이를 적용할 수 있도록 하는 것이라 하겠다.

제 2 장

식품의 역사

우리 지구가 생성된 것은 약 46억 년 전이고 2~6억 년 전에 바다에 해파리, 조개류 등이 나타났으며, 인류의 조상은 400~450만 년 전에 나타났다고 한다. 아프리카에서 진화한 인류의 조상은 그 후 다양한 형태로 발전하여 오늘날의 현생 인류가 된 것이다.

이들은 지금부터 약 만 년 전까지 소수가 무리를 지어 사냥, 고기잡이, 채집 등으로 연명하였으며 먹이를 따라 이동하면서 살았다. 그 동안에 몇 차례의 빙하기가 닥치면서 해수면이 낮아지게 되었고 육지가 들어나자 이 길을 따라 아시아에서 아메리카 대륙으로 이주가 가능하게 되었으며, 짧아진 바닷길은 인도네시아에서 호주 대륙으로의 이주를 가능하게 만들었다. 또한 빙하기의 혹독한 환경은 인류의 조상을 추위에 신체구조가 적응되도록 하였으며, 불을 사용하는 지혜를 터득하게 되었다. 약 50만 년 전에 북경원인이 거주하였던 동굴에서 불을 피웠던 흔적을 발견한 것이 이를 입증한다. 약 11,000년 전 쯤 마지막 빙하기가 사라지고 기후가 온난해지자 인간의 두뇌는 환경에 적응할 수 있는 여러 가지 기술을 개발하기 시작하였다.

빙하가 북쪽으로 물러나면서 초목지대의 양상이 달라지게 되었다. 순록과 같은 동물에 의존하던 인간은 추운 지역에서 자라는 이끼류와 양치류를 따라 이동하고 남은 동물들은 자라나는 숲의 주변에서 번식하였다. 따뜻한 바람의 영향으로 야생 곡류들이 자라나는 대초원이 중근동 지역에 생겼다. 빙하기가 물러나고 2,000여년이 지나서야 식물의 경작이 시작되고 촌락이 세워져 정착농경이 나타났으며 인류의 역사가 시작되었다.

기원전 5,000년경 촌락들이 무리지어 생겨나고 공동생활을 위한 질서나 부족 간에 식량 확보를 위한 싸움도 시작되는 등 소위 문명이 발달하기 시작하였다.

1. 사 냥

지금부터 10,000여 년 전에 40여 명 정도의 씨족 공동체에 사냥을 할 수 있는 사람은 약 10명 정도이었으며 어린이들은 어른들을 따라 다니며 사냥연습을 하고 여자들은 채집이나 사냥하여 온 동물을 처리하였을 것이다. 이들은 나무나 돌촉을 끼운 창이나 화살을 사용하여 동물을 잡았을 것이며 이러한 증거로서 3만 년 이전의 유적지에서 많은 동물 뼈가 발견되기도 하였다.

당시에 거대한 매머드는 좋은 사냥감이었고 두세 마리의 메머드를 사냥할 경우 40여 명의 씨족이 8~12주간을 충분히 지낼 수 있었을 것이다. 그러나 메머드 사냥을 정기적으로 할 수 있었던 것은 아니기 때문에 부족할 때도 있고 경우에 따라서는 너무 많아 비축을 할 필요도 있었을 것이다. 빙하기에는 냉동된 고기가 상하지 않으므로 오랫동안 먹을 수 있다는 사실을 알게 되었으며, 또 기원전 3만~2만 년 전에는 건조하고 혹독한 바람이 북반구 대부분의 지역을 휩쓸었는데 이렇게 하여 건조된 고기는 오래 보존된다는 것을 알게 되었을 것이다.

2. 조개 줍기와 고기잡이

선사시대에 바닷가에 살던 사람들은 해변에 널려 있는 조개류를 손쉽게 주어다 이용하고 물위에 뛰어 오르는 창꼬치와 같은 고기를 막대기나 창을 던져 잡고 물줄기를 막아서 돌아다니는 고기를 잡았을 것이다. 기원전 25,000년경에 벌써 낚시 법을 개발하였고 기원전 12,000년경에는 작살을 개발하였다. 낚시하는 사람이 바다나 적어도 강어귀에서라도 안전하게 고기잡이를 할 수 있게 되어서야 비로소 많은 수의 사람들이 먹고 사는데 충분한 생선을 잡을 수 있는 체계적인 어업이 시작되었다. 선사시대에 카누와 갈대 뗏목이, 또 신석기 시대에 노가 개발되어 깊은 바다의 고기를 잡고 기원전 8,000년 무렵부터는 어망을 사용하는 연안어업이 발달하였다.

석기시대 유물인 패총에는 굴, 백합 등 수십여 종의 조개나 물고기가 포함되어 있어 연안 주민은 바다의 산물을 이미 이용하고 있었음을 알 수 있다. 김, 미역 등 해조류는 흔적을 남기지 않아 알 수 없지만 채소 재배가 활발하지 못하였던 당시에 많이 이용되었을 것이다. 신석기에 들어와서는 현재와 같은 비슷한 기후조건이 되면서 연안의 수산물도 오늘날과 같은 종류가 있었고 지금보다도 그 양이 더 많았었을 것이기에 이들을 자연스럽게 이용하였을 것이다. 낚시봉이 석기시대 패총에서 발견되는 것으로 보아 이들 고기를 낚시로 잡은 것으로 추정된다. 또 조악하지만 칡넝쿨 껍질 등을 이용하여 만든 어망도 발견되었다.

3. 채 집

남자들이 사냥이나 낚시를 나간 사이에 부녀자들은 먹을 수 있는 채소나 열매를 따 모았을 것이다. 기후 조건이 좋지 않았을 때 지상부위보다 지하의 뿌리들 즉, 순무, 양파, 무 등을 먹는 습관이 유럽에는 선사시대부터 있었다고 추정된다.

유럽과 아시아에서 역사가 가장 오래된 저장 식물들에는 양파 과에 속하는 채소들이 포함되어 있었다. 선사시대의 여자들은 버드나무와 자작나무의 새순, 어린 쐐기풀, 양치식물, 수초들을 채집하였을 것이고 습하고 음지에서 자라는 버섯들도 이용하였을 것이다. 그밖에도 콩류가 근동, 중앙아메리카, 유럽의 일부 지역에서 즐겨 이용되었고 겨자씨를 고기와 함께 씹어 먹었으며 원시 형태의 밀과 보리씨앗을 구워서 다른 음식 위에 뿌려 먹었다.

또 새의 알, 달팽이, 민물고기, 홍합, 바다거북 등 힘이 덜 드는 것을 채집하였고 도토리, 피스타치오 등 다른 식물 등도 이용하였다.

4. 동물의 사육

12,000년 전에 근동의 야생곡물의 들판은 인간의 식량뿐만 아니라 야생동물에게도 좋은 먹이가 되었으므로 이들 동물을 죽이거나 길들여 인간에 대한 위협을 제거하여야만 하였다. 최초로 가축화된 동물 중 수렵용으로도 역할을 하는 개는 12,000년 전, 소, 말, 양, 돼지 등은 6,000~8,000년 전, 닭은 3,000~4,000여년 전부터였을 것으로 추정하고 있다. 염소나 양은 쉽게 길들여졌지만 소는 농경이 시작된 이후였을 것으로 보이며 소가 농경의 동력으로 이용되었다.

인류가 어떻게 해서 야생우를 길들일 수 있었을까. 태고 적에 수렵인들은 짐승을 잡아 채집해 먹었을 것이라고 하지만 항상 식량의 결핍에 위협을 받고 살았을 것이다. 이 같은 현실을 극복하지 않고서는 야생동물을 길들일 만한 시간적, 정신적 여유가 생기지 않았을 것이다.

산양이나 양 같은 작은 동물이라면 비교적 단시간에 가축화할 수 있었을지 모르지만 소처럼 크고 억센 동물은 그런 엄두를 내지 못했을 것이다. 지금도 소과에 속하는 야생의 물소는 아프리카 인들에게 사자 이상의 무서운 동물로 여겨지고 있다. 저돌적인 힘을 가진 야생우를 길들이기에는 오랜 시간이 필요했을 것이다. 따라서 사람이 그렇게 할 만한 생활의 여유를 얻은 다음에야 비로소 가능했을 것이다.

이와 같은 조건을 감안한다면 소가 가축화된 것은 사람이 일정 지역에 정주하여 규모는 작지만 사람의 힘에 의존하여 땅을 일구며 경작농업에 종사하고 있었을 때였을 것이다.

인간은 수렵시대부터 동물은 고기 이외에도 털과 주머니를 만드는 가죽을 제공하고 지방은 양초의 원료로 쓰인다는 것을 알게 되었다. 우유를 이용하게 된 것은 훨씬 뒤의 일이다.

5. 고대 요리법의 변천

수십만 년 동안 날 것으로 먹어 오던 식품이 불을 이용하면서 달라졌다. 즉, 50만 년 전 무렵에 불을 이용하기 시작한 이후부터 음식의 이용도가 증진되어 건강도 향상되었을 것이다. 불의 이용이야말로 원시적인 동물을 인간으로 만드는 계기가 되었을 것이라고 한다.

날로 먹던 고기가 우연하게 불에 떨어져서 구워진 것을 먹기 시작한 것이 굽는 요리가 등장한 계기가 되었으며 그 다음 단계는 나무뿌리 등을 뜨거운 돌 위에 얹어 구워 먹었을 것이다. 그러나 불의 발견 이후 상당기간 더 이상의 발전은 없었던 듯하다.

토기는 기원전 6,000년경에야 발명되었으며 그 전 단계로 진흙투성이의 돼지 새끼를 구운 것이 깨끗한 것에 비하여 맛있다는 것을 알게 되었고 큰 잎사귀로 싸서 구워 먹기도 하였을 것이다. 체코의 돌니 베스토니스(Dolni vestonice)에서 발굴 작업 중에 25,000년 전의 것으로 추정되는 한 화덕이 발견되었는데 그 안에 머리, 몸통, 발 등의 형상을 한 불에 구워진 점토 덩어리들이 2,000여 개가 넘게 있었다.

구덩이 요리법(pit cooking)은 고대인들이 광활한 지역을 이동할 때 개발하였을 것이라고 한다. 평평한 땅보다 구덩이를 파서 불을 피우는 것이 불꽃을 조절하기가 쉬웠을 것이다. 음식을 끓이는 방법은 어떻게 시작되었을까? 땅위의 구덩이나 함몰된 부분이 우선 새지 않도록 돌들을 몇 겹으로 채운 다음 물을 채웠다. 그 다음 뜨겁게 달군 다른 돌이나 조약돌들을 그 물 속에 넣어서 물을 끓도록 하였다. 지금도 몽고에서는 불에 달군 돌을 뼈를 발라낸 양의 몸속에 넣는 조리법이 사용되고 있다.

토기가 개발되기 전에는 파충류나 큰 연체동물의 껍질, 대나무 등을 용기로 사용하여 조리하였을 것으로 추정된다. 또 중앙아메리카에서는 기원전 7,000년경에 바위 집에 살면서 야생 옥수수를 채집하여 먹던 사람들이 조리용기로 돌그릇을 사용하기 시작하였다. 돌 냄비를 화덕의 중앙에 놓아두고 계속하여 사용한 듯하다. 그밖에 동물의 위 속에 고기를 넣어 끓이거나 구워 먹기도 하였다.

6. 우리나라 고대의 농업

한반도와 만주지역의 유물들을 통하여 우리 조상의 살던 역사를 살펴보면 지금으로부터 60~70만 년 전에 해당되는 제 3 빙하기에도 사람이 산 흔적이 있고 그 이후 지금부터 5만 년 전 즉, 후기 구석기 시대의 여러 유적이 도처에서 발굴되었다. 이 무렵의 사람은 유인원과 비슷한 얼굴 모양을 하고 있어서 머리가 작고 얼굴이 크며 이마는 매우 좁고 뒤로 누워 있으며 눈두덩은 양미간이 붙어 있고 불룩 튀어 나와 있었다.

만주 지역의 석기는 대체로 작고 날카로운데 사냥이 위주인 이곳에서 동물의 가죽을 벗기고 고기를 자르는데 사용되었기 때문이였을 것이다.

한반도 중부지역에서는 세모뿔의 큰 석기가 사용되었는데 그것은 식물의 뿌리 등을 채집하기 위해서 땅을 파는데 필요했기 때문이었을 것이다. 만주지역의 작은 석기는 중국의 북부 변경지역의 것과 비슷하고, 전곡리에서 출토된 세모뿔 석기는 황하 중류 지역에서 출토된 것과 유사하다.

지금부터 1만 년 전 홍적세가 끝나면서 기온이 상승하기 시작하여 8천 년 전에는 지금과 비슷하였고 5,500여 년 전에 다시 조금 올라갔다가 3천 년 전에 지금과 같은 기온이 되었다. 이러한 기후 변화로 해안선에 변화가 일어났다. 즉, 8천 년에서 3천 년 사이는 지금보다 기온이 높아 북극과 남극의 결빙량이 감소됨으로써 바닷물의 수면이 높아졌다. 그런데 1만 년 전 기온 상승기에 한반도와 만주지역에는 매우 큰 변화가 일어났다. 초원이 사라지면서 숲이 우거지게 되었고·빙하기에는 몸집이 큰 동물들이 살았으나 현새통에 접어들어 기후가 따뜻해지면서 그러한 동물들은 추운 기후를 따라 북방으로 이동하거나 멸종되고 그 대신 노루, 멧돼지, 토끼 등 몸집이 작은 동물들이 등장하였다.

새로 등장한 동물들은 작을 뿐만 아니라 동작이 날쌔서 사냥하기가 어려웠다. 더구나 기후가 따뜻해지면서 인구도 증가하여 식량공급이 크게 위협을 받았고 그에 대처하기 위하여 농경이 시작되었다.

물론 초기 농경은 사냥보다도 훨씬 불안한 모험이었다. 짐승 한 마리를 잡으면 어느 기간의 식량이 되었지만 초기 농경은 농기구나 기술면에서 원시적이어서 작물을 꺾어다 심거나 씨를 뿌린 후 그것이 저절로 잘 자라주기 만을 기다리는데 한발이나 폭우를 맞으면 농사를 망치고 말았다. 또 그 생산량도 극히 미약하여 부족사회 단계에서는 농경과 사냥 그리고 고기잡이, 채집 등을 병행하였다. 이처럼 초기에는 농경이 불안하였지만 정착생활을 하면서 점차 생각할 수 있는 시간적 여유가 생기면서 농경문화가 발전하게 되었고 이것을 신석기 혁명 또는 농업혁명이라고 부르게 되었다.

부족사회 사람들은 강한 공동체 의식을 가지고 있었다. 이 시기의 집들은 대체로 네모나거나 둥근 형태의 반지하식 움집으로 중앙에 화덕이 있었는데 그 규모가 5명 정도가 거주할 정도 밖에 되지 않았다.

초기 농경은 기술이 빈약하여 한 곳에 영속적으로 거주할 수 없어 수확이 줄어들면 다른 곳으로 이주하여 다시 개간하여 농사를 지었다.

신석기 시대 후기 시베리아와 화북, 만주를 통하여 금속문화가 이 땅에 들어 온 것은 기원전 5~6백 년으로 도끼, 괭이, 낫, 따비 등이 출토된 것으로 것을 보면 당시 석기 농기에만 의존하고 있던 원주민에 커다란 충격을 주었고 농경 능률의 상승은 물론 재배 작물의 종류도 급증하였을 것이다.

석기시대를 겨우 탈피한 한반도의 북방, 북만주 지역에는 부여가 있었고 이곳은 목축업이 지배적이었지만 농경이 성행하여 영고(迎鼓)라는 추수제를 성대하게 지냈고 흉작이 들면 왕의 책임으로 돌렸다.

삼국시대에 접어들면서 고구려는 대륙의 여러 문화를 받아들였는데 특히 철기제조를 발달시켰고 확고한 생산기반 위에서 제도의 발달, 노예의 증가, 계급의 출현 및 농업 생산물에 대한 조세법 등이 제정되어 각종 곡물의 생산과 길쌈 등 농업의 기본 산업화가 확립되었다.

백제 역시 대륙 문화를 받아들이고 넓고 비옥한 평야와 수리시설에 알맞은 하천이 있어 농업국가의 면모를 일찍이 갖추어 문화의 꽃을 피웠으며 일본으로 농업은 물론 그밖에 여러 가지 기술을 전하였다. 신라 또한 농업이 성행하여 중엽에는 벼를 재배하여 보급하였고 제방의 축조 등 많은 발전을 가져왔다.

삼국시대에도 농업생산만으로는 충분하지 못하여 해안지방에서는 반농 반어업의 형태로 고기잡이도 활발하였을 것이다. 그 당시 현재의 전라남도 완도에 근거지를 둔 장보고의 해상활동을 보면 조선기술이 상당한 수준에 이르렀으리라 생각된다.

인류의 주식량은 식물성으로 그 중에서도 곡류가 가장 중요한데 동양에서는 오곡(五穀 : 쌀, 보리, 조, 콩, 기장)이라는 낱말이 있고 이것은 오행(五行)사상에서 비롯되었다고 한다. 기장과 조가 중국의 황하문명을 낳은 원동력이 되었다고 하는데 기원전 3,500년 전의 앙소 유적에서도 발견된다. 조는 중국, 한국, 일본 등 아시아에서 가장 오래 전부터 재배되었으며 맥류가 전파된 후에도 널리 이용되었다.

수수의 원산지는 아프리카 일대로 기원전 3,000~2,000년 전부터 재배되었으며 아라비아, 인도를 거쳐 동남아시아, 중국 및 한국으로 전파된 것으로 중국과 한국에서는 기원전 2,000년 전과 1,000년 전의 유적이 각각 발굴되었다.

메밀은 위의 잡곡류보다 먼저 재배되었는지 모르지만 원산지는 바이칼 호수에서부터 만주의 아무르 호반에 걸치는 지역으로 알려져 있으며 6세기경 중국에서 편찬된 재민요술에 재배법이 기록되어 있다.

보리와 밀의 재배는 1만 년 전 신석기 시대에 시작되었고 중국, 한국, 일본에서는 잡곡이 먼저 재배되었고 그 다음에 맥류가 재배되었다.

잡곡에 속하는 곡식들은 알이 적고 건조한 일기에 견디며 척박한 토양에서도 잘 자라는 강인하고 적응성이 뛰어나 작물이므로 빠르게 재배범위가 넓어졌다. 뒤늦게 들어 온 맥류는 알이 굵고 분식과 입식의 적성도 좋을 뿐만 아니라 식미가 좋아 종래의 소립 잡곡과 대조가 되었다.

아프리카, 인도, 동남아시아 등에 자생하던 벼는 남아시아와 아프리카 중서부에서 재배되기 시작하였다. 즉, 인도의 아셈, 미얀마의 북부, 타이 북부, 중국의 남서부 일대가 벼 재배의 기원이 되었고 우리나라는 4,000년 전 신석기 시대에 중국을 통해서 들어왔다.

대두는 중국의 동북부와 한국이 발생지로 알려져 있으며 중국에서는 기원전 1,000년 전에 이용된 흔적이 있다.

7. 삼국시대 이후 음식의 역사

삼국시대 이후 양곡을 비롯한 농산물이 양산되고 음식의 조리 가공법이 발달하여 병과류, 차 등이 활발하게 이용되었으며 농작물의 재배와 조리법이 교류되면서 발전의 계기가 되었다. 또한 당나라와의 물물교환을 통하여 앞서 있는 중국의 음식이 유입되었고 특히 불교의 전래로 차의 이용이 널리 보급되었다.

고려는 건국 초부터 권농정책을 펴 쌀의 증산과 더불어 떡과 유밀과류가 많이 개발되었고 이 무렵 소주, 후추, 설탕 등이 도입되었다. 고려 초기부터 우마를 기르는 목장을 곳곳에 두고 있었으나 그것은 군용, 수송, 농경에 대비한 것이었고 불교를 숭상하여 육식을 절제하였다.

고려 시대를 거치는 동안 음식구조는 주식과 부식이 분리되었다. 고려 후기에 이르러서 권세 있는 상층부에서는 사치풍토가 매우 성행하여 음식의 다양한 개발과 발전의계기가 되었다.

조선시대에 농업은 더욱 발달하여 양곡이 주식량이었으며 벼의 품종이 30종, 기장 5종, 조 15종, 옥수수, 보리, 콩 8종, 팥 7종, 참깨 3종 등 다양하게 개발되어 이용되었을 뿐만 아니라 채소류의 경우도 수박, 참외, 오이, 박, 가지, 고추, 호박, 파, 쪽파, 마늘, 생강, 부추, 미나리, 갓, 배추, 머위, 시금치, 아욱, 쑥갓, 우엉, 두릅, 죽순, 고구마, 감자, 토란, 순무, 도라지, 더덕 등이 있었고 과일류로는 밤, 대추, 호두, 은행, 잣, 홍시, 자두, 살구, 복숭아, 자두, 앵두, 포도, 배, 사과, 귤, 유자, 석류, 구기자, 딸기 등 현재 쓰이는 것들이 대부분 조선시대부터 이용되었다.

생선류와 수조육류도 현재 이용되고 있는 것들이 그 당시부터 모두 이용되었다.

한편 이들 재료의 가공 조리방법을 보면 곡물음식은 가장 원초적인 것이 죽이고 다음은 떡, 찐 밥으로 발전하다가 삼국시대 중엽 이후 밥의 형태로 발전하였다. 콩을 이용한 장류는 고구려 이전부터 만들어진 것이 발전하여 이조시대에 각종 장류의 조리법이 완성되었다.

채소를 이용하는 방법으로 나물과 김치를 들 수 있는데 이것 또한 그 형태는 변천해 왔지만 상고시대부터 이용해 왔다. 술은 농경이 시작되면서 개발되었을 것이지만 그 형태는 원시형인 막걸리였을 것이고 소주는 고려시대에 도입된 것이라 한다.

이상과 같이 우리나라 음식은 수렵시대의 육식에서 농경시대에 접어들면서 채식으로 바뀌고 그 형태는 중국과의 교역, 불교의 영향을 받아 변천 발달되어 왔고 조선시대에 들어와서는 오늘날과 같은 음식물들이 완성되었던 것이다.

제 3 장

세계의 식량사정

인구가 적었던 원시시대에는 자연에 존재하는 동물이나 식물 그리고 조개 등을 채취하여 사용하였지만 인구가 증가함에 따라 농작물을 재배하고 동물을 가축화하여 기르며 수산물을 양식하여 이용하는 등 적극적인 방법으로 부족 되는 식량을 충족해 왔다.

그러나 폭발적으로 증가되고 있는 인구에 비해 식량 생산의 증가는 그 수요를 충족하지 못해 식량문제가 야기되고 있다. 오늘날 식량 사정은 전 세계 인구의 식량 수요를 만족시켜줄 수 있지만 85%의 식량이 전 세계 인구의 15%에 불과한 선진국에서 생산되고 이들 국가는 식량생산이 남아도는 반면 나머지 85%의 인구는 식량이 부족한 상태이다. 일견 이를 분배의 문제인 것처럼 보이나 생산자의 입장에서 본다면 식량생산에 여러 가지 비용이 들어가기 때문에 인도적 차원이나 정치적 상황을 고려하는 등 특수한 경우를 제외하고는 무상으로 계속 공급한다는 것은 어려운 일이다. 또한 세상에 태어난 인간은 누구나 행복을 추구하고자 하기 때문에 극단의 빈곤을 원하는 경우는 없다. 따라서 세계의 식량문제는 생산과 분배의 문제보다는 세계 인구증가를 어떻게 억제할 수 있느냐에 초점이 맞추어져야 할 것이다. 이는 유한한 지구의 자원을 보다 오래 사용할 수 있는 길이 될 것이다.

1. 식량의 수급에 미치는 요인들

식량의 수요량은 인구와 소득 수준에 의해서 결정되고 식량의 공급은 경작 토지, 농업기술, 기후, 비료, 관개 등에 대한 투자에 의해서 결정된다. 정부의 식량정책과 사회체계는 수요와 공급 양쪽에 영향을 미친다. 그 중에서도 중요한 것은 인구문제로서 식량생산을 현저히 증가시킨다 해도 굶주리는 사람은 매년 5,000만 명씩 증가하므로 부족문제는 여전히 존재한다.

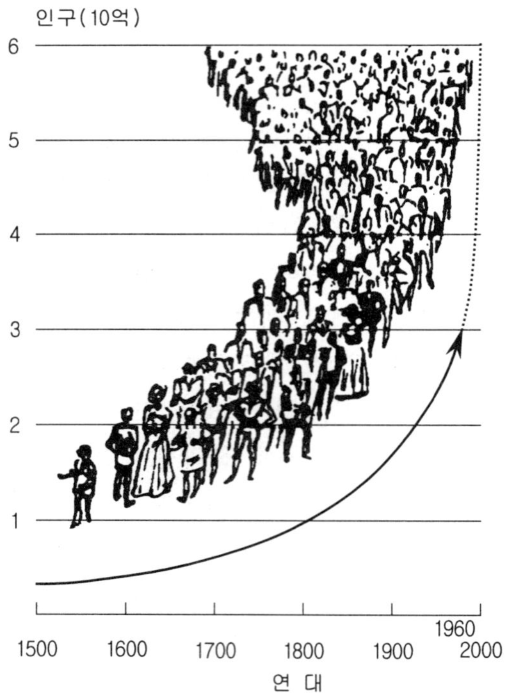

<그림 3-1> 폭발적인 인구증가

그러나 낙관주의자들은 인구조절과 불임수술을 통하여 장기적으로 인구를 억제할 수 있고 유전자 변형을 통한 새로운 다수확 품종의 개발, 바닷물의 이용, 식용하지 못하는 유기물질의 이용 등으로 식량

문제를 해결할 수 있을 것이라고 한다. 아무튼 기본적인 식량문제를 해결하기 위해서는 식량의 증산, 효율적인 배분, 저장, 새로운 식량 자원의 개발, 에너지의 효과적인 이용 등에 선진국의 적극적인 투자가 요망된다.

2. 식량생산의 환경적 요인

농작물, 축산물, 수산물 등 여러 가지 식품재료는 일조량, 기온, 습도 등의 기후조건과 토양 및 해양상태 등에 영향을 받는다.

지구 표면적의 약 30%가 육지이고 그 중 10% 정도에서 경작이 이루어지고 있으며, 목초지가 이 가운데 26%를 차지하고 있다. 농업생산에 가장 큰 제약을 주는 것은 기온으로서 매일매일의 온도변화, 밤낮의 온도변화, 서리가 내리는 기간 등이 중요한데 온대지방은 계절에 따라 온도차가 심하고 북쪽이나 남쪽으로 갈수록 계절에 따른 온도차이가 심하지 않다. 이런 지방은 태양광선은 약하지만 일조시간이 길어서 캐나다 봄밀 지역처럼 세계 유수의 소맥생산이 가능한 예도 있다. 농작물은 성장 시기에 따라서 각각 최적온도를 필요로 하기 때문에 그에 가까운 기후 조건을 가진 지역에 따라 농작물의 종류도 결정된다.

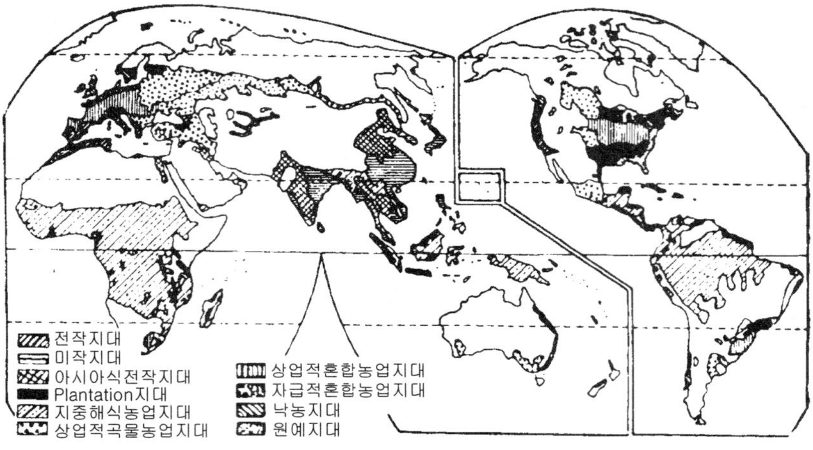

<그림 3-2> 세계의 토지 이용 분포도

식물의 영양분은 수용액의 형태로 흡수되기 때문에 물은 필수적인 것이다. 1년 평균 강우량, 강우량의 계절적 분포, 눈이나 서리가 언제 내리는지 등이 농작물의 분포를 결정해 주는 요인이 된다.

농업에 필수적인 토양을 형성하는 토질은 사질, 점토질, 석회질 등으로 구분된다. 사질토양은 식물의 영양분이 적고 입자가 거칠어 보수성이 적기 때문에 농경에 부적당하고 점토질은 물이 잘 빠지지 않는 등 배수문제가 있고, 석회암 토질은 다공질이어서 좋지 않다. 이들 세 종류의 토양이 혼합된 것에 부식토가 가미된 양토(壤土, loam)가 농경에 가장 적합하다.

수산업은 바닷물의 온도, 수심, 해류, 조류, 지형 등에 의해서 좌우되는데 근래에 와서는 적극적인 양식업이 발달하여 자연조건의 제약을 극복해 나가고 있다.

3. 지역별 식량사정

선진국 중 미국과 캐나다의 북 아메리카는 식량이 가장 많이 남아돈다. 미국은 곡류나 축산물의 생산에 적당한 기후조건을 갖춘 곳이 많고 효율적인 투자로 농업에 종사하는 사람이 4~8%에 불과하지만 세계 잉여 식량의 대부분을 생산하고 있다. 그러나 20% 이상의 사람들이 과다한 영양섭취로 말미암아 비만증상을 보이고 있는 실정이다.

오스트레일리아와 뉴질랜드는 식량생산과 소비가 미국이나 캐나다와 거의 비슷하며 두 나라 모두 식량을 수출하고 있다.

유럽 국가들 또한 작물생산에 적합하다. 오세아니아나 북 아메리카보다 인구밀도가 높지만 개간지가 많아 일부 국가를 제외하고는 식량공급이 충분하다. 다만 사료는 수입하는 실정이다.

러시아는 공산체제가 붕괴된 후 통계자료가 확실하지 않으나 곡류, 서류 등 전분질 식품에의 의존도가 유럽보다 높다. 비효율적 생산 및 관리 시스템으로 어려움을 겪고 있으며 세계 생산량 중 밀은 25%, 감자는 30% 이상을 차지한다.

남아메리카는 나라에 따라서 브라질, 아르헨티나, 우루과이 등은 식량이 충분하지만 그 밖의 나라들은 부족하다. 아프리카는 증가하는 인구와 비효율적인 농경, 비료 부족 등으로 많은 어려움을 겪고 있으며 영양부족 현상이 매우 심각하다.

세계 인구의 절반을 차지하고 있는 아시아 지역은 50% 이상의 열량을 곡류에 의존하고 있으며 동물성 식품 섭취량은 많지 않다. 전체 생산량 중 쌀은 90% 이상, 밀은 27% 이상을 생산하지만 자체 소비되고 있다. 세계 감자 생산량 가운데 1/6이 중국에서 생산된다.

4. 종류별 사정

쌀은 전 세계 소비 열량의 1/4을 차지하며 전체 생산량의 90%가 아시아에서 생산되고 이들 지역에서 대부분 소비된다. 저 소득 국가에서 소비되는 쌀은 주식이 되고 어떤 지역에서는 전체 소비열량의 75%를 차지한다. 전체 생산량의 3% 이하가 국제적으로 거래되고 중국, 미국, 태국 등이 가장 큰 수출국이다.

밀은 20개국이 전체량의 90%를 생산하고 소비국은 전체 인구의 2/3에 달하여 쌀 소비보다 훨씬 광범위하다. 전체 생산량의 20% 이상이 수출되는데 미국, 캐나다, 호주가 그 생산량의 2/3를 수출하며 그 밖에 아르헨티나, 프랑스 등도 수출국이다.

우유는 값비싼 식품으로 저소득 국가에서는 적게 생산된다. 인도는 소가 많지만 1년에 일인당 425g의 우유를 생산하여 중국을 제외하고는 다른 큰 나라들보다 적다. 1인당 소비량은 크게 증가하고 있지 않지만 선진국들은 우유를 많이 소비하고 있다.

전 세계 생산량의 80%를 전체 인구 가운데 40%의 사람이 소비하고 있다.

세계적으로 부족되는 또 하나의 식품은 육류이다. 인도를 제외하고 육류 생산국들은 육류를 많이 먹는다. 육류 생산에는 많은 경비가 들어가므로 고 소득층이 많이 이용하는 것은 당연한 것이다. 육류는 전체 소비열량의 7%에 불과하지만 선진국은 30%에 달한다.

감자는 널리 쓰이는 중요한 식품으로 단위 면적당 생산량이 높다. 무게, 부피, 가격 때문에 생감자의 유통량은 극히 적다. 고구마와 타피오카는 아프리카, 중국 및 그 밖의 아시아 지역에서 특히 중요하며 최근 개발도상국에서 많이 생산 이용하고 있다.

설탕은 전체 소비열량의 12%를 차지하며 전 세계적으로 이용된다. 사탕수수와 사탕무를 원료로 한다.

옥수수는 일부 식용하는 지역도 있지만 대부분 사료나 공업용으로 쓰이고 그밖에 보리, 대두, 호밀, 수수, 조, 과실, 채소류, 유지, 어류 등도 중요하다. 특히 대두는 유지 등을 생산하는데 값싼 원료로 중요하며 미국이 전체의 60%를 생산하고 있다. 브라질과 중국도 거대 생산국이다. 대두 단백질은 고기 대용이나 육류 증량제로 사용되고 있다.

5. 우리나라의 식량사정

우리나라는 인구에 비하여 경지 면적이 절대적으로 부족하여 만성적으로 식량이 부족하였다. 그 동안 경제 성장과 더불어 다수확 품종개발과 비료, 농약 등에 많은 투자를 하여 주곡인 쌀의 자급달성을 이루었고 현재는 육류, 빵 등의 소비가 늘면서 쌀의 소비가 줄어들어 문제가 되고 있다.

쌀 다음으로 많이 소비되고 있는 밀은 거의 전량을 수입하고, 콩, 옥수수 등도 많은 양을 수입하여 우리나라의 식량 자급도는 겨우 30%를 유지하고 있을 뿐이다.

축산물의 경우는 경제성장에 힘입어 그 수요가 증가하여 생산량도 현저하게 늘어났으나 수요에 못 미쳐 수입되고 있으며 앞으로 자유무역협정(FTA)이 국가 간에 본격화 될 경우 값싼 외국산 축산물은 더욱 많이 수입될 것으로 예상된다.

삼면이 바다인 우리나라는 수산물의 생산에 많은 힘을 기울여 원양어업이나 양식어업 등에 많은 투자를 한 결과 수산물 생산량이 현저하게 증가되었다. 그러나 자연 조건에 의존해야 하기 때문에 생산량의 변화가 심하며 근래에는 각국의 해양규제, 수산자원 고갈 그리고 인력난 등으로 일부 어종은 수입하는 등 수출국에서 수입국으로 전락하고 있다.

이상과 같이 식량이 절대 부족하여 외국의 원조나 수입에 급급하던 때를 지나 식량의 자급달성정책에 힘입어 어느 정도 증산을 이루었으나 인구증가와 수요증대로 식량의 자급도는 날로 떨어지고 있다.

6. 식량부족의 해결방안

세계 식량 사정은 매우 복잡하여 어느 한 가지 방법으로 해결할 수는 없지만 대략 다음과 같은 범주로 나눌 수 있다.

식량과 농업의 기술개선 : 식량 증산과 생산된 농산물의 효과적인 이용이 필요하다. 다시 말하면 농업기술 개량을 위한 체계와 식량의 가공저장 기술의 개선이 요구된다. 식품 과학자는 새로운 자원의 개발과 기존 식품의 효과적인 이용에 관하여 노력하여야 할 것이다.

사회제도개선 : 세계 여러 나라들 중에는 균등 분배와 복지 정책을 개선해야할 부분들이 있다. 토지개혁이 그 대표적인 예이다. 약 2%의 인구가 80%의 토지를 소유한 국가도 있다. 이들 지역에서 농민은 식량 이용을 위한 충분한 소득을 올리지 못하고 있다. 식량증산을 위한 인센티브가 요구된다. 경제활동의 증진과 소득증대는 식량구입을 위한 비용을 충당할 수 있을 것이다. 그러나 또한 과도한 균등 분배와 복지 정책은 생산에 대한 의욕을 저하시킬 수 있으므로 주의하여야 한다.

인구조절 : 지역에 따라서는 인구조절 없이는 아무리 기술 개선을 할지라도 소용이 없다. 인구조절을 위해서는 주부들의 교육이 특히 요구된다.

공중보건의 개선 : 비교적 적은 비용으로 건강을 증진시키는 방법이 필요하다.

농업발전과 몇 가지 요인들의 개선으로 지난 2세기 동안 식량부족과 기아가 크게 해소되었다. 1930년대 서구나라에서도 영양불량은 흔한 일이었는데 농업발전과 냉동기술, 식품가공기술, 정부정책, 유통구조, 식품의 표준화와 더불어 생산성과 소득증대를 통하여 오늘날과 같은 번영을 누리게 되었다. 그러나 세계 모든 지역에서 이렇게 성공한 것은 아니다. 지난 몇 십 년간 아프리카의 1인당 농업 생산성은 보잘 것 없으며, 라틴 아메리카의 일부 지역은 아직도 충분한 식량을 확보하지 못하고 있다. 지난 50년 간 영양부족은 많이 해소되었지만 환경, 농업, 인구조절, 정치적인 문제 등 개선되어야 할 문제가 산적해 있다.

제 4 장

식품에 들어있는 성분들

식품 중에 들어 있는 성분들은 우리 몸에 필요한 영양소 이외에도 빛깔이나 맛 그리고 촉감을 좋게 하는 성분들이 들어 있다. 천연의 재료에는 우리 몸에 필요하지 않거나 해로운 것들도 들어 있다. 우리에게 유익한 성분은 잘 보호하고 해로운 성분들은 제거한 다음 이용하여야 한다. 또 어떤 성분들은 가공하거나 저장하는 동안 부패하거나 산화되어 영양가를 떨어뜨리거나 해롭게 되기도 한다.

4-1. 물

우리 몸은 물이 60% 이상을 차지하고 있다. 물은 우리 몸 안에서 이루어지는 모든 대사 작용에 필요하며 영양분과 노폐물의 운반, 체온 조절 등에도 없어서는 안 되는 성분이다. 액상 식품의 경우는 물이 물성에 절대적인 영향을 미치며 채소나 과실류 등에서는 씹는 촉감을 내는데 중요하다. 건조된 식품은 저장성을 높이기 위한 수단이지만 소량 들어 있는 물일지라도 미생물이 이용할 수 있다. 이때 이용되는 물은 자유수이다. 따라서 건조시켜 물을 제거하거나 가용성

물질을 넣어 자유수를 결합수로 바꾼다. 어류 등 신선식품을 장기 보존하기 위해서는 냉동처리를 하는데 이것은 물을 동결시켜 고정하는 것이다. 이와 같이 식품 중에서 물의 역할이 중요하고 인체에 있어서도 없어서는 안 되는 성분이다.

1. 음용수

지구상에 존재하는 물은 대기층으로 증발하고 이것이 지구 표면으로 다시 내려와서 육지에서 흘러 강으로 가고 땅 속에 스며들어 식물에 이용된 후 증산작용에 의하여 다시 대기 중으로 증발되는 과정을 되풀이 하고 있다. 인간과 동물은 물을 마시고 여러 가지 형태의 폐기물을 생산함으로써 <그림 4-1>과 같은 순환을 하게 된다.

식품을 포함한 모든 생명체는 물을 통하여 영양물질이 이동되고 생명활동에 필요한 화학반응을 일으킨다. 인간은 식품이나 음료수를 통하여 물을 흡수하지 않고는 생명을 유지할 수 없다.

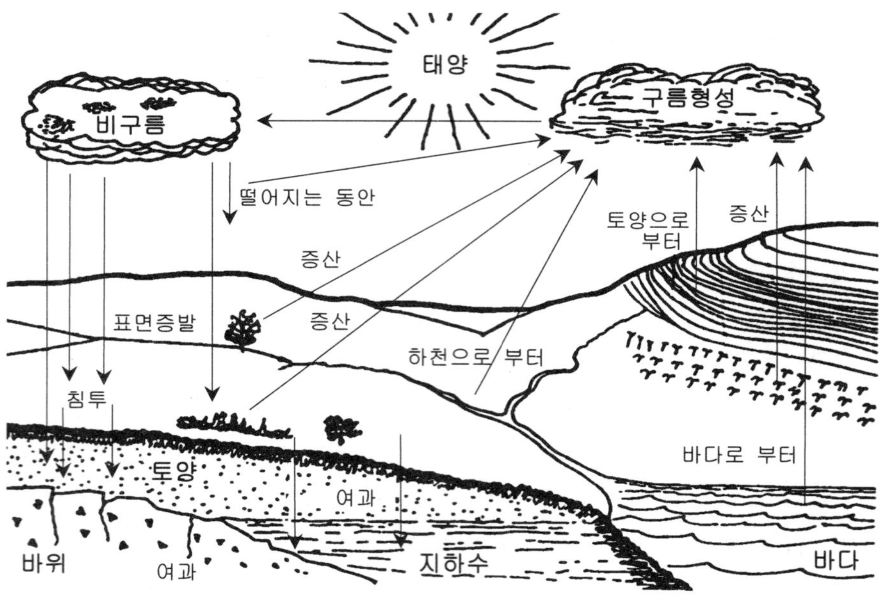

<그림 4-1> 물의 순환 사이클

물을 음료수로 이용하기 위해서는 정수처리를 하는데 그 방법은 물의 특성에 따라 달라진다. 우선 물은 침전지에 방치하여 돌이나 자갈 그 밖에 불순물을 가라앉힌다. 다음에는 적당히 조절된 pH에서 알루미늄이나 철 등을 첨가하면 미생물, 유기물 등과 함께 침전물을 형성하게 되는데 이를 모래판을 통과시켜 걸러낸다. 그 다음에 염소처리를 하는데 이 때 나머지 세균을 죽이고 냄새나 착색물질들은 산화되어 제거된다. 염소재제로 히포클로라이트의 칼슘 또는 나트륨염이나 가스 상의 염소를 사용하는데 불순물이 많을수록 염소 첨가량이 많아야 하지만 잔류 염소량은 0.2~0.6ppm이 적합하다. 때로는 암모니아와 함께 처리하는데 이렇게 하면 클로라민이 형성되어 냄새가 나지 않으므로 효과적이다.

식품공장에서 사용되는 물은 일정한 규격에 합격해야 하는데 음용수 규격은 <표 4-1>과 같다.

화학적인 성분 이외에도 음용수는 폐수, 병원 미생물, 장내 미생물 등에 오염되어서는 안 된다. 대장균은 100mℓ당 1 이하여야 한다.

<표 4-1> 음용수의 주요 수질기준(단위 m/ℓ)

항 목	수질기준	항 목	수질기준
일반세균	110/mℓ 이하	페놀	0.005 이하
대장균	음성/50mℓ	경도	300 이하
납, 비소	각각 0.05 이하	냄새, 맛	이취 없을 것
불소	1.5 이하	색도	5도 이하
셀레늄, 카드늄	각 0.01 이하	세제	0.5 이하
수은, 시안	불검출	염소이온	150 이하
암모니아성 질소	0.5 이하	증발잔류물	500 이하
총 트리할로메탄	0.1 이하	철	0.3 이하
6가 크롬	0.05 이하	망간	0.3 이하
질산성 질소	10 이하	탁도	2도 이하
황산 이온	200 이하	알루미늄	0.2 이하

<표 4-2> 물의 경도 범위

경 도	탄산칼슘 환산		칼슘 환산(ppm)
	ppm	gr/Gal	
연수	< 50	2.9	< 20
약간 경수	50~100	2.9~5.9	20~40
경수	100~200	5.9~11.8	40~80
강한 경수	> 200	> 11.8	> 80

자연계에 존재하는 물에는 정도의 차이가 있지만 여러 가지 물질이 녹아 있다. 물의 세기는 마그네슘, 칼슘, 또는 탄산칼슘 양을 ppm 단위로 표시한 것으로서 100㎖의 물에 산화칼슘 1mg, 또는 산화마그네슘 1.4mg이 들어 있는 것을 경도 1로 정하고 20 이상을 경수, 10 이하를 연수라고 한다.

칼슘, 마그네슘 등의 탄산염은 끓이면 침전된다. 이처럼 탄산염의 형태로 존재하는 것을 일시적 경수라고 하고, 칼슘이나 마그네슘이 황산염이나 질산염의 형태로 존재하는 것은 끓여도 침전되지 않으므로 영구적 경수라고 한다.

이들 무기염류는 채소나 과일의 조직을 단단하게 하고 향기와 맛을 나쁘게 하며 혼탁의 원인이 되기도 한다. 또 식품 공장에서 사용되는 보일러의 바닥에 스케일을 형성하여 열효율을 떨어뜨리고 세척

<표 4-3> 각종 식품의 수분함량(%)

식 품	수분함량	식 품	수분함량
상 추	96	쇠고기	65
수 박	94	아이스크림	61
샐러리	94	햄	54
당 근	88	식 빵	36
사 과	87	건포도	18
포 도	86	버 터	16
바나나	75	팝 콘	4
달 걀	75	비스킷	3

을 어렵게 한다. 물을 연화 시키는 방식은 여러 가지가 있는데 일시적 연수는 일단 가열하면 되지만 그렇지 않은 것은 이온교환수지를 통과시켜 제거한다.

식품 중에 들어 있는 물은 식품의 외관, 조직, 미각뿐만 아니라 식품의 저장성에도 영향을 미친다. 각종 식품 중의 수분함량은 <표 4-3>과 같다.

2. 물의 구조와 특성

물은 수소 2원자와 산소 원자 1개가 공유 결합하여 분자를 이루고 이 분자들이 서로 끌어당기면서 즉, 수소결합의 형태를 이루며 액체 상태를 이루고 있다. 물은 분자량이 비슷한 암모니아나 메탄 분자 등과는 녹는 점, 끓는 점 등이 상당히 다른데 그 이유는 바로 수소결합 때문이다.

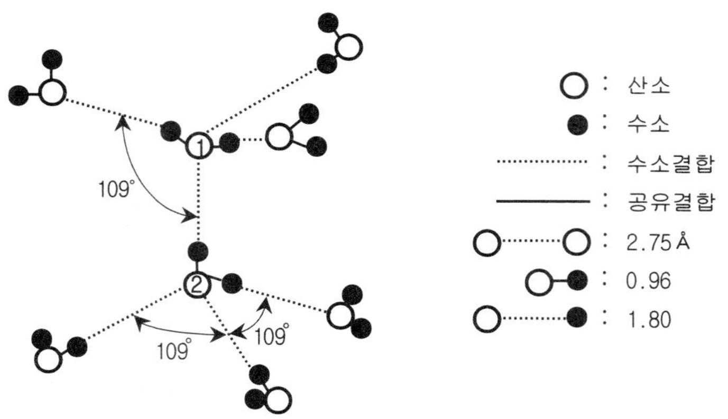

<그림 4-2> 물 분자의 구조

즉, 0℃의 얼음 1g 이 0℃의 물이 되는데 필요한 융해 잠열은 80 칼로리이고 반대의 경우에는 같은 양의 에너지가 방출된다. 한편 100℃의 물 1g 이 100℃의 수증기로 바뀌는데 필요한 기화 잠열은 540 칼로리이다.

물은 4℃에서 밀도가 가장 크고 얼게 되면 오히려 작아지기 때문에 물이 얼게 되면 부피가 커진다. 따라서 식품을 냉동하게 되면 형성된 얼음이 조직을 파괴하게 된다. 이처럼 얼었던 생선을 해동하면 드립(drip) 현상이 나타난다.

물은 많은 화학물질들을 녹일 수 있으므로 만능용매(universal solvent)라고 한다. 즉, 극성이 매우 크기 때문에 소금과 같은 전해질을 이온화하거나 직접 물에 녹지 않는 물질이라도 미세하게 분산시켜 교질(colloid)용액을 만든다. 그래서 커피나 차의 향미물질을 녹이고 과일이나 차의 향미물질을 녹이고 과실이나 시럽에 들어 있는 당분을 녹인다. 물은 또한 식품이나 용기의 세척에 사용되는데 이때 비누 등의 세제를 사용하면 세정력이 커진다.

<표 4-4> 물분자 및 물과 유사한 분자량을 갖는 물질의 물리적 특성치

화합물	분자량	녹는 점(℃)	끓는 점(℃)	기화열(cal/mole)
H_2O	18	0	100	9750
NH_3	17	-78	-33	7220
CH_4	16	-182	-161	2200
HF	20	-92	19	7220

3. 자유수(free water)와 결합수(bound water)

동식물 중에 들어 있는 수분의 일부는 그 중에 들어 있는 성분과 결합하고 있거나 다른 물질을 녹인 용매상태로 존재하기 때문에 조직을 손상시켜도 이런 형태의 물은 흘러나오지 않는다. 이러한 물을 결합수라고 하고 그렇지 않고 쉽게 빠져 나올 수 있는 물을 자유수라고 한다.

즉, 자유수는 0℃에서 얼고 100℃에서 증발될 수 있는 물이다. 반면에 결합수는 그렇지 못하다. 결합수는 경우에 따라 자유수로 떨어져 나오며 그 한계가 애매한데 그 중간의 물을 때로는 중간수(intermediate water)라고 한다.

결합수는 용매로 작용할 수 없고 미생물에 의해서도 이용될 수 없다. 그래서 식품저장의 한 방법으로 미생물이 물을 이용할 수 없도

록 소금이나 설탕, 솔비톨 등의 물질을 첨가함으로써 건조시키지 않고도 저장성을 높일 수 있다.

수분 활성도(water activity) : 식품 중에 들어 있는 수분은 주변 공기의 습도에 따라 증발되거나 주변 공기로부터 수분을 흡수하는 현상이 계속되므로 엄밀한 의미에서는 이때 식품 중의 자유수는 자유로 드나들지만 결합수는 그렇지 못하다. 식품을 저장할 때나 가공할 때 문제가 되는 것은 자유수이므로 자유수가 얼마나 들어있는지를 알 필요가 있다. 이것은 수분활성도로 표시되는데 같은 온도에서 식품의 수증기압(P)과 순수한 물의 수증기압(P_0)의 비율로 정의된다.

$$Aw = P / P_0$$

순수한 물은 전부 자유수이기 때문에 온도에 비례하지만 식품 중의 수분은 일부가 결합수로 존재하므로 그렇지 못하고 항상 적어서 수분활성은 1 보다 적게 나타난다. 물은 용매로 작용하므로 식품 중의 용매의 이동에 따라서 활성도가 달라지므로 수분 활성도는 다음과 같이 표시하기도 한다.

$$Aw = N_1 / N_1 + N_2 \ (N_1 : \text{용매의 몰수},\ N_2 : \text{용질의 몰수})$$

수분함량이 대략 50% 이하일 때 수분활성은 현저히 감소하는데 이들 수분함량과 상대습도의 관계를 등온흡습곡선으로 나타낸다. 즉, 식품 주변의 증기압이 식품에 함유되어 있는 물의 증기압보다 크면 수분이 오히려 식품에 흡착(adsorption)되고 그 반대의 경우는 탈착(desorption)된다.

주변의 환경은 끊임없이 변하기 때문에 식품 중의 증기압도 함께 변하는데 식품 중의 수분함량과 상대 습도의 상관관계를 등온흡착곡선이라고 한다. 이렇게 증기압의 감소와 증가는 가역반응이지만 엄밀하게 일치하지는 않는다.

등온흡습곡선은 <그림 4-3>에서 보는 바와 같이 역 S자 곡선을 나타낸다. 식품 중에 들어 있는 물은 세 부분으로 구분된다. A 부분은 일반적으로 경사진 부분으로 단분자층 흡착에 해당되고 경사도가 완만한 B 부분은 몇 층의 흡착수에 해당한다. C 부분은 식품 중의 모세관이나 공간에 응축된 물을 나타낸다.

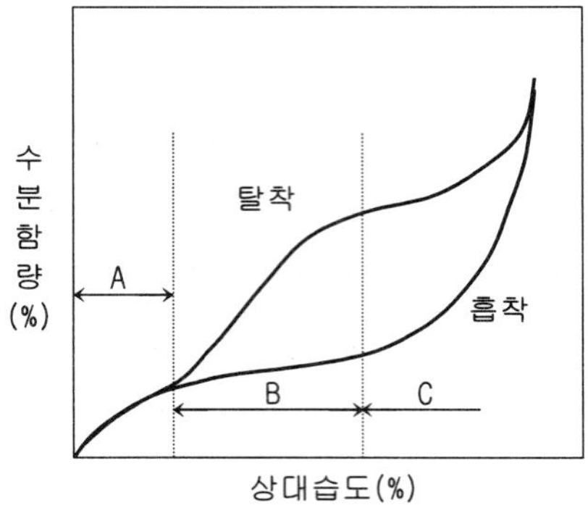

<그림 4-3> 등온흡습곡선

일반적으로 등온흡착곡선은 흡습성인 식품을 관찰하는데 유용하고 등온탈착곡선은 건조과정을 연구하는데 유용하다. 이 곡선이 아주 급경사를 이루는 <그림 4-4> A는 제품이 흡습성임을 나타내고 완만한 경우 B는 수분에 민감하지 않은 것을 뜻한다.

대부분의 식품 중 수분함량 변화는 <그림 4-5>와 같이 표시되는데 처음 부분은 경사가 완만하여 흡습성이 약하고 급경사의 부분은 흡습성이 강함을 나타낸다.

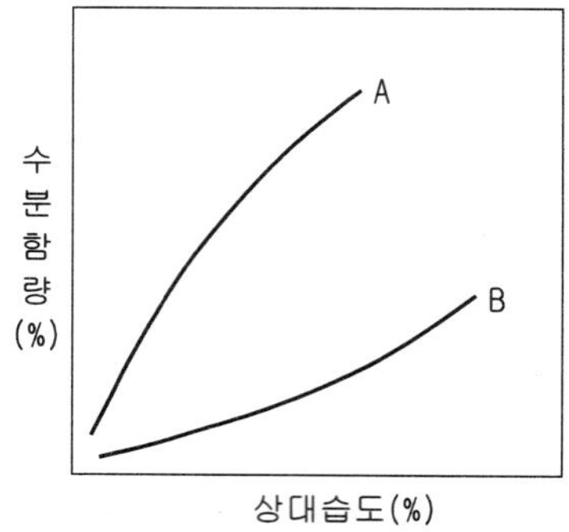

<그림 4-4> 흡습성인 식품(A)과 비흡습성인 식품(B)의 등온흡습곡선

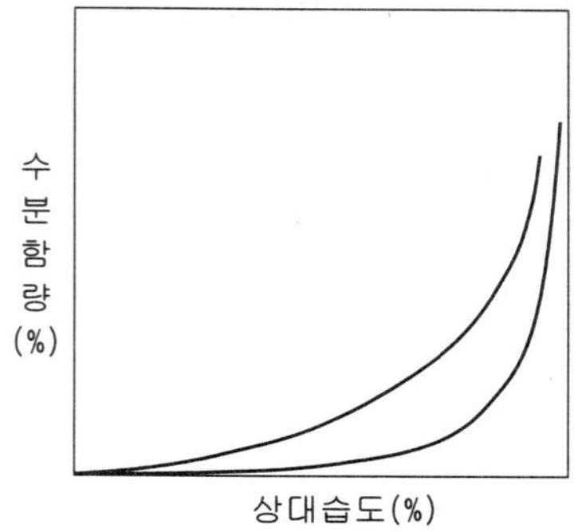

<그림 4-5> 설탕이나 식염의 함량이 높은 식품과 모세관 흡착이 적은 식품의 등온흡습곡선

수분이 많은 생선, 채소, 과일 등의 수분 활성도는 0.97~0.99 이지만 수분이 적은 곡류는 0.6~0.65 정도이다. 식품을 저장할 때 건조시키는 것은 미생물의 작용을 억제하기 위한 것인데 일반적으로 세균류는 수분 활성도 0.94~0.99의 높은 수분활성도를 요구하고 곰팡이류는 0.8 정도 이지만 그 이하에서도 자라고, 효모는 그 중간인 0.88 정도이다.

병원성 미생물은 대부분 세균류이기 때문에 수분활성도를 0.9 이상 필요로 한다.

미생물뿐만 아니라 효소작용이나 화학반응도 수분활성도의 영향을 받아 자유수가 많을수록 반응은 촉진된다.

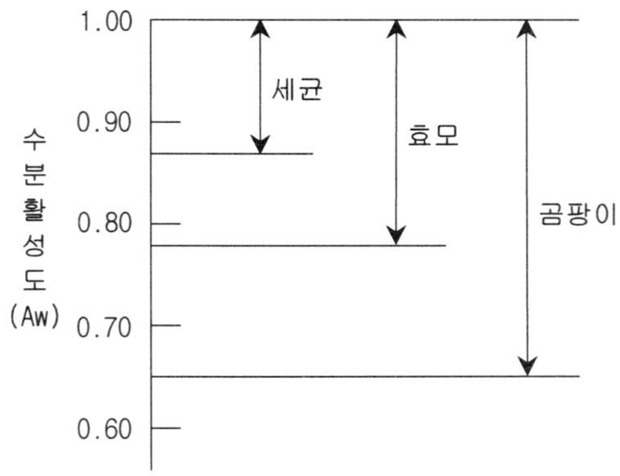

<그림 4-6> 미생물의 성장에 대한 수분활성도의 영향

<표 4-5> 병원성 미생물이 생육 가능한 최소 수분활성도

미 생 물	Aw
Bacillus cereus	0.94
Campylobacter jejuni	0.98
Clostridium botulinum	0.93
Clostridium perfringens	0.95
Listeria monocytogenes	0.93
Salmonella spp.	0.94
Shigella spp.	0.95
Staphylococcus aureus	0.86
Vibrio parahemolyticus	0.94

4. 물의 동결 및 얼음의 구조

물이 얼면 물 분자는 4개의 다른 물 분자와 결합하여 4면체 배열을 하고 6방정계의 결정격자를 이룬다. 이 격자는 비교적 엉성하고 큰 공간을 갖는다. 얼음이 녹으면 약간의 수소결합이 파괴되고 액체상의 물 분자의 간격은 보다 치밀해진다.

물과 얼음의 특성 차이는 냉동이나 건조 등 식품가공 조작에 중요하며 물과 얼음의 비중 차이에 의하여 식품을 냉동하면 구조적인 손상을 초래한다.

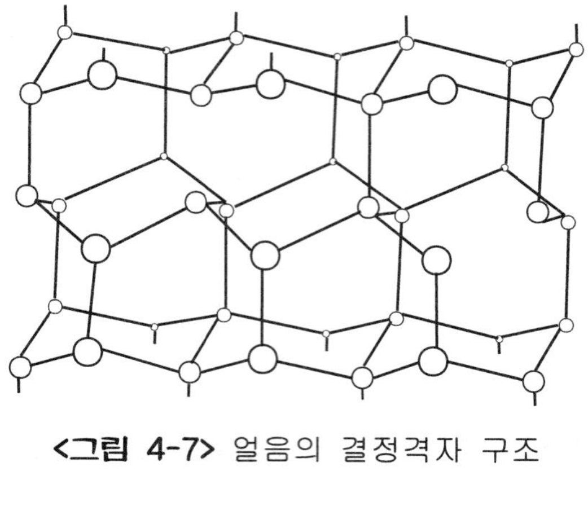

<그림 4-7> 얼음의 결정격자 구조

물에는 고체, 액체 및 기체가 존재한다. <그림 4-8>에서 증기압 곡선 TA, 융해압 곡선 TC, 승화압 곡선 BT로 구분되면 이들은 3중점(triple point) T에서 만나며 이 점에서는 고체, 액체, 기체의 3상(相)이 공존하여 평형상태에 있다.

물이 얼게 되면 물 분자는 질서정연하게 회합하여 액체 상태의 물보다 밀도가 작은 단단한 구조를 형성한다. 물이 얼 때는 우선 결정핵이 형성되고 이 핵을 중심으로 물이 배열하여 결정이 성장해 간다.

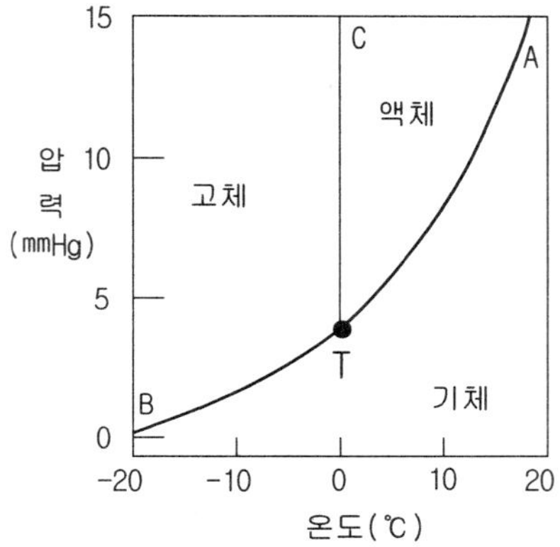

<그림 4-8> 물의 상태변화 곡선

동결이 완결될 때 얼음 결정의 크기는 핵의 수에 직접 관련되므로 핵의 수가 많을수록 결정의 크기는 작다.

이런 핵을 형성시키기 위하여 농축 우유에 미세한 락토오스 분말을 첨가하여 온도를 낮추면 보다 미세한 결정이 형성되어 부드러운 촉감의 아이스크림이 형성된다. 일단 형성된 얼음은 냉동 저장 중에 커지려는 경향이 있다. 즉, 저장 온도의 변화폭이 클 때 재결정화가 일어난다.

완만 동결을 하게 되면 세포와 세포 사이에 큰 얼음 결정이 생겨 조직이 파괴된다. 반면 식품을 급속 동결하면 세포 내에 미세한 결정이 생겨서 조직이 유지된다.

5. 조리가공중 물의 역할

식품에 들어 있는 물은 조직에 영향을 미친다. 비스킷은 물이 적어야 아삭하고 채소류는 물이 많아야 신선미가 있다. 반죽상의 식품은 수분함량이 점도를 좌우한다. 따라서 식품에 따라 적당한 수분을 함유하도록 하여야 한다.

식품을 조리할 때 물을 사용하여 삶거나 찌는 것은 식품이 타지 않고 가열할 수 있는 매개체가 된다. 100℃ 이상의 높은 열을 필요로 할 때에는 보일러 등으로 수증기를 가압상태로 하면 온도를 높일 수 있다.

또한 식품을 냉각할 때는 얼음 조각을 넣는데 이것도 냉각 매체의 역할을 한다. 물은 용매로 작용하므로 여러 가지 성분을 추출할 때도 사용된다.

4-2. 탄수화물(carbohydrates)

식물체의 잎에 들어 있는 엽록체에서는 태양 에너지를 받아 공기중의 탄소와 뿌리에서 흡수된 물로부터 탄수화물을 만들어 낸다. 이 탄수화물로부터 단백질이나 지방질 등이 만들어지고 동물은 이들 식물이 만들어 놓은 유기물질을 섭취하여 여러 가지로 이용한다. 따라서 탄수화물은 생명체의 기본 물질이 되는 것이고 이 지구상에 가장 흔한 물질이다.

지구상에서 가장 흔한 탄수화물은 섬유질이지만 인간에게 가장 많이 이용되는 것은 전분이고 이 전분을 이루고 있는 기본 단위는 포도당이다. 이들 탄수화물의 종류와 특성은 다음과 같다.

1. 단당류(monosaccharides)

모든 탄수화물의 기본 단위 구조는 각종 단당류로 되어 있는데 이 단당류는 탄소수가 5개인 5탄당과 6개인 6탄당이 대부분이며 그중에서도 6탄당인 포도당이 가장 흔하다.

이들 당류의 특성은 단맛을 내고 물에 녹으며 농축 건조시키면 결정을 형성한다. 또 열량원이 되고 미생물에 쉽게 이용되지만, 고농도에서는 미생물의 번식을 억제한다.

그밖에도 가열하면 카라멜화가 일어나 갈색이 되고 단백질과 결합해도 갈변된다.

자일로스(xylose)는 펜토산류의 하나인 자일란(xylan)의 주요 구성성분이며 식물체의 경엽 등에 분포하며 볏짚, 밀짚, 옥수수 속대, 나무 등에 많다. 녹는점은 144~145℃, 단맛은 설탕의 60%이고 효모에 의해서 발효되지 않는다.

아라비노오스(arabinose) 역시 펜토산의 일종인 아라반(araban)이나 기타 일부 고분자 탄수화물들의 주요 구성분 또는 펙틴, 헤미 셀룰로오스 등의 구성 성분으로 보통 β-형으로 존재하는데 녹는점은 160℃이고 단맛이 있으며 효모가 발효하지 못한다.

리보오스(ribose)는 동식물 세포에 존재하는 핵산(ribonucleic acid, RNA) 의 성분으로 핵산 조미료 5'-모노뉴클레오티드의 구성분이기도 하다.

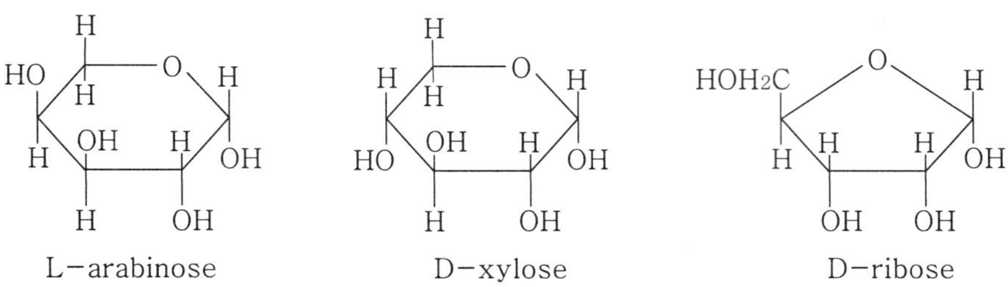

<그림 4-9> Arabinose, xylose, ribose

포도당(glucose, dextrose)은 전분, 글리코겐의 구성성분이며 설탕을 가수분해하여 생성된 전화당의 주요 구성성분이기도 하다. 섬유소는 포도당이 β-결합을 한 중합체이다.

전분을 가수분해하여 얻은 포도당의 농축용액, 결정포도당, 분말포도당 등은 감미료로서 조리나 식품을 가공할 때 널리 사용된다.

포도당에는 α형과 β형의 두 이성질체가 있으며 이들은 녹는점이 다르고 단맛은 α형이 강하다.

사람의 혈액에서 포도당의 농도는 매우 중요하다. 뇌세포들을 비롯한 인체의 세포들은 포도당을 에너지원으로 사용하고 있는데 저혈당증이 지속되면 체내 여러 세포들의 정상적인 신진대사 과정은 크게 장애를 받는다.

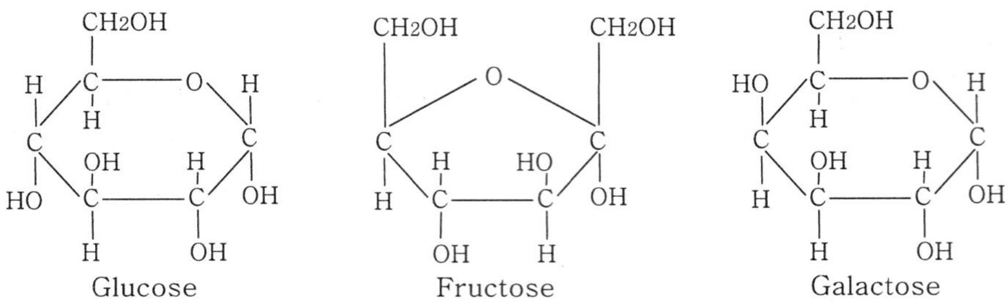

<그림 4-10> 단당류의 구조

과당(fructose, levulose)은 과실이나 벌꿀 등에 유리상태로 존재하며 설탕의 주성분인 자당의 구성분이다. 과당에도 α형과 β형의 두 이성질체가 있는데 β형이 α형 보다 달다. 다른 감미료에 비해서 물에 잘 녹고 점성이 낮으며 흡습성이 강하고 단맛이 모든 당류 가운데 가장 높다.

그밖에 갈락토오스(galactose)와 만노오스(mannose)는 자연에서 유리상태로 존재하지 않으며 유당이나 복합 다당류의 구성성분으로 존재한다.

2. 단당류의 유도체들

단당류의 환원형인 당 알코올은 식품가공에 널리 사용된다. 즉, 솔비톨(sorbitol)은 포도당에 수소가 첨가된 알코올로써 감미도는 자당의 절반 정도이며 흡습성이 강하므로 식품을 연하게 한다. 보습효과가 높아 보습제로 사용된다.

자일리톨(xylitol)은 헤미 셀룰로오스의 가수분해물인 자일로오스에서 만들어지며, 만니톨(mannitol)은 갈조류에 들어 있고 습윤제로 사용된다. 이노시톨(inositol)은 두류나 기타 동식물조직에 들어있다.

갑각류에는 키틴(chitin)이라는 성분이 들어 있는데 그 구성 성분은 아미노 당류인 글루코사민(glucosamine)으로 되어 있다.

갈락트론산(galacturonic acid)은 펙틴질의 구성 성분으로 들어 있으며 갈락토오스가 산화된 형태이다. 이들은 대부분 복합 다당류의 구성분으로 존재한다.

당류의 glycosidic OH에 당질이 아닌 성분이 에테르 결합을 한 배당체(glycoside)가 자연에 많고 이들 중에는 약리 작용을 나타내는 것들이 많다. 배당체에는 비당질부의 특성에 따라 phenol 배당체, 안토시아니딘 배당체인 안토시아닌(anthocyanin), flavonoid, saponin 등이 있다. 그밖에도 deoxy sugar, thio sugar 등의 유도체들이 있다.

3. 이당류(disaccharides)

단당류 2개가 결합된 것으로 가장 흔한 것은 설탕의 주성분인 자당(sucrose)이다. 자당은 포도당과 과당이 결합한 것으로 사탕수수나 사탕무에 많이 들어 있다. 대표적 감미료인 설탕은 이들 원료로부터 추출하여 만든다.

때로는 설탕을 가수분해한 전화당의 형태로 이용하기도 하지만 최근에는 이성화 당의 개발로 전화당을 만들 필요가 없어졌다.

유당(lactose)은 우유에 3% 가량 들어 있는 당으로 포도당과 갈락토오스로 이루어져 있다.

일부 사람들은 유전적 요인이나 어렸을 때 이후로 우유나 우유제품을 섭취하지 않아 유당을 분해할 수 있는 효소가 분비되지 않는 경우가 있다. 이를 lactose intolerance 라고 한다. 이 같은 경우일지라도 미리 유당을 분해시킨 유제품이나 유당을 발효시킨 요구르트 등은 소화에 문제를 일으키지 않는다.

맥아당(maltose)은 자연에는 존재하지 않으나 전분을 분해하여 얻을 수 있다. 보리를 싹 틔울 때 생성되므로 붙여진 이름이다. 단맛은 그렇게 강하지 않고 물엿의 주 구성분이다.

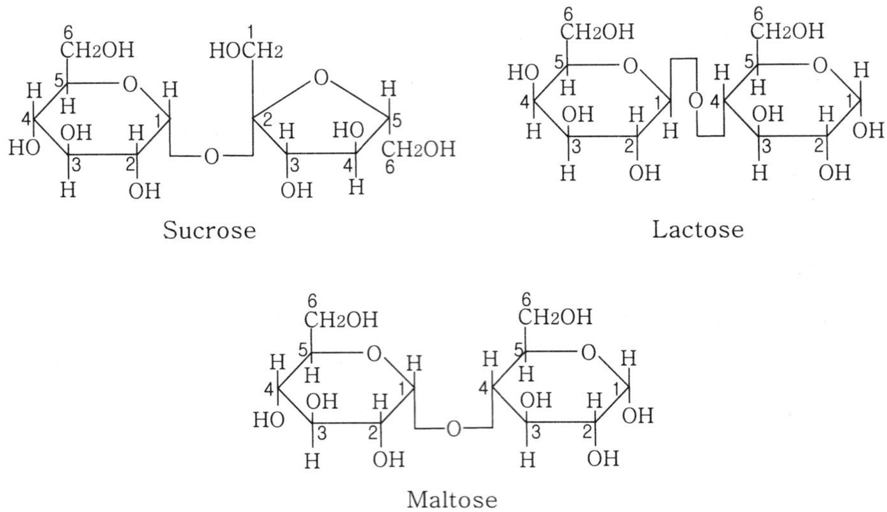

<그림 4-12> 이당류의 구조

4. 올리고당(oligosaccharides)

단당류가 대략 3개 이상 6개 정도로 이루어진 것을 올리고당이라고 하는데 자연 상태로 식품 중에 들어 있는 것은 많지 않으며 구성 단당류도 포도당, 갈락토오스, 과당으로 제한되어 있다.

콩을 비롯한 식물 종자와 뿌리, 줄기에 널리 분포되어 있는 3당류인 라피노오스(raffinose)와 4당류인 스타키오스(stachyose)는 소화가 잘 되지 않아서 종래에는 영양 가치를 인정하지 않았으나 최근에 와서는 다이어트 식품, 장내 정장작용, 식품의 물리적 특성을 개선하는 등의 작용을 하고 있어서 기능성 소재로 중요시 되고 있다.

인공적으로 프럭토 올리고당, 말토 올리고당, 갈락토 올리고당 등을 만들어 이용하고 있다.

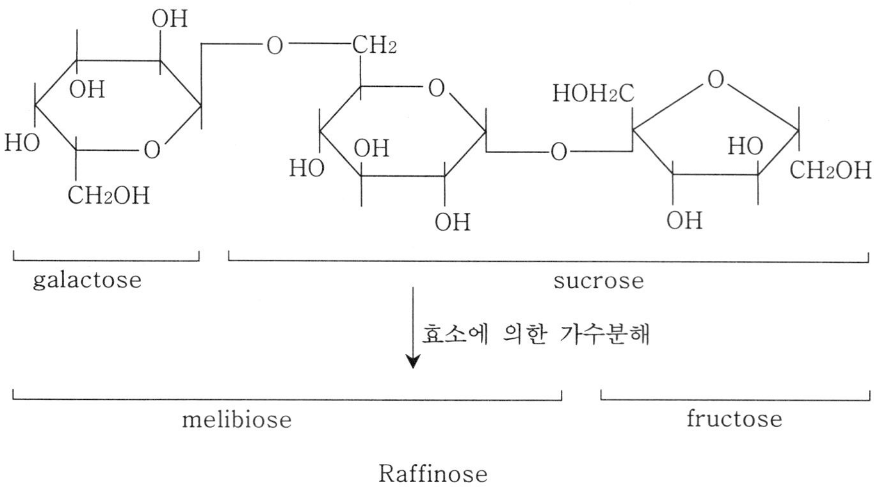

<그림 4-13> Raffinose의 구조와 효소에 의한 가수분해

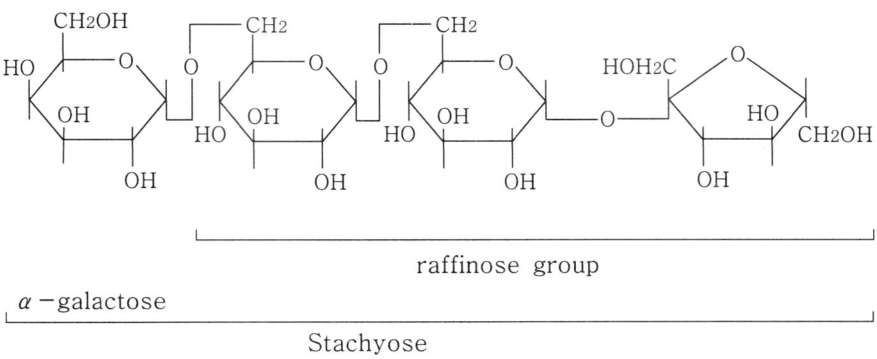

<그림 4-14> Stachyose

5. 다당류(polysaccharides)

많은 수의 단당류가 에스텔 결합을 하고 있는 다당류는 분자량이 매우 큰 당류이다. 그 구성 당이 한 가지이면 단순 다당류(simple polysaccharide), 두 가지 이상이면 복합 다당류(hetero polysaccharide)라고 하며 구성 당이 글루코오스만인 경우 글루칸(glucan), 프럭토오스인 경우 프럭턴(fructan), 만노오스의 경우를 만난(mannan)이라고 한다.

대표적인 다당류는 전분과 셀룰로오스이며 이들은 모두 포도당 분자로만 이루어져 있다. 전분은 곡류와 서류의 주성분을 이루고 있어서 가장 많이 생산되고 값이 싸서 주식으로 이용되는 이외에도 적당히 분해하면 여러 가지 용도로 사용될 수 있다.

잎에서 광합성 작용을 통하여 만들어진 당은 종자나 뿌리 등에 운반되어 효과적으로 저장하기 위하여 전분 입자의 형태를 취하게 된다. 이 전분 입자는 식물의 종류에 따라 타원형, 원형, 6면체 등 여러 가지 형태로 존재한다.

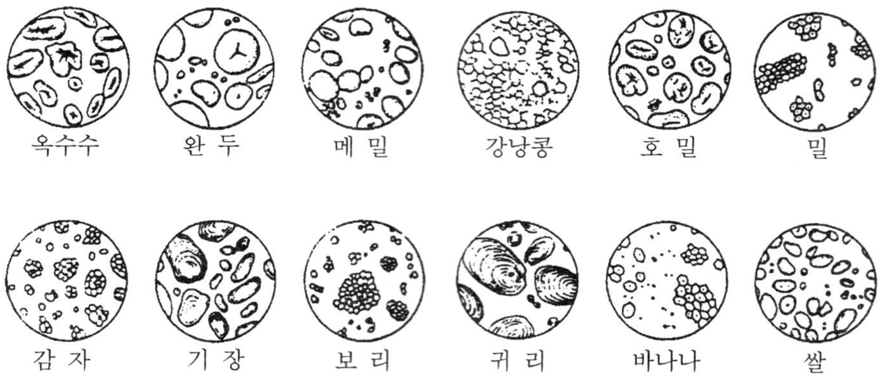

<그림 4-15> 각종 곡류의 전분입자 형태

1) 전분(starch)과 글리코겐(glycogen)

전분은 입자의 형태로 존재하는데 긴 직선상의 것을 아밀로오스, 가지 친 부분을 아밀로펙틴이라 하는데 대개 그 비율은 3 : 7 정도이지만 찹쌀, 찰수수, 찰옥수수, 찰조 등은 대부분이 아밀로펙틴으로 되어 있다.

아밀로펙틴의 가지 친 형태에 대해서는 여러 가지 모델이 있다.

마이어 모델은 나뭇가지 형태를 이루고 있는데 일부 결정성을 이루는 전분입자의 특성 때문에 근래에 와서는 클러스터 모델(cluster model)을 제안하고 있다.

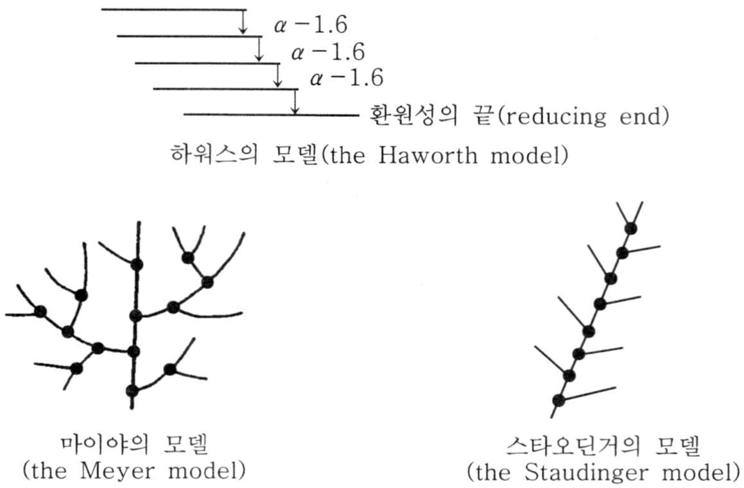

<그림 4-16> 아밀로펙틴 분자 형태의 세 가지 모델

전분은 단맛이 없고 찬물에 녹지 않으며 뜨거운 물에서는 호화되어 풀이 되며 열량원으로 중요하다.

전분입자를 물에 불리면 물을 흡수하여 팽윤하고 입자의 미셀구조가 파괴되는데 이를 호화(gelatinization)라고 한다. 밥을 지으면 호화되고 이렇게 된 것은 소화효소의 작용을 쉽게 받는다. 호화된 전분은 투명하며 맛이 좋다.

호화된 것을 오래 놓아두면 다시 그 구조가 치밀하여지는데 이것을 노화(retrogradation)라고 한다. 노화된 전분은 불투명해지고 소화가 잘 안되며 맛이 떨어진다.

전분이 일단 호화된 것을 즉시 건조시키면 물에 쉽게 풀리고 가열하지 않아도 즉석에서 먹을 수 있다. 미숫가루나 비스킷이 그 예이다.

전분을 산이나 효소 등으로 처리하면 목적에 맞는 제품을 만들 수 있다. 수용성 전분, 덱스트린, 말토오스, 글루코오스 등을 만들 수 있다. 이들은 다양한 용도로 사용된다.

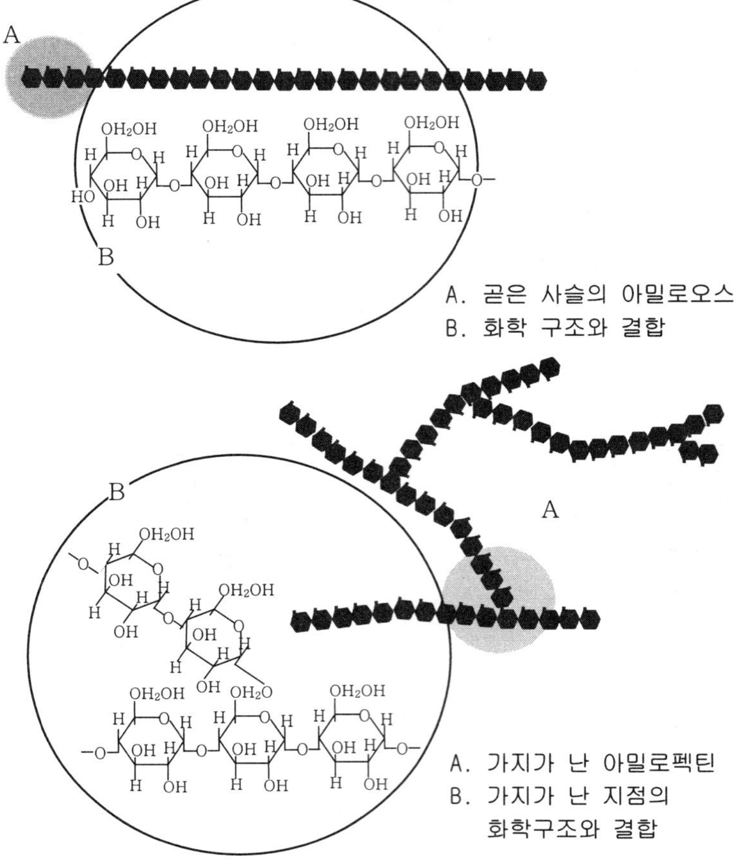

<그림 4-17> 전분의 구조

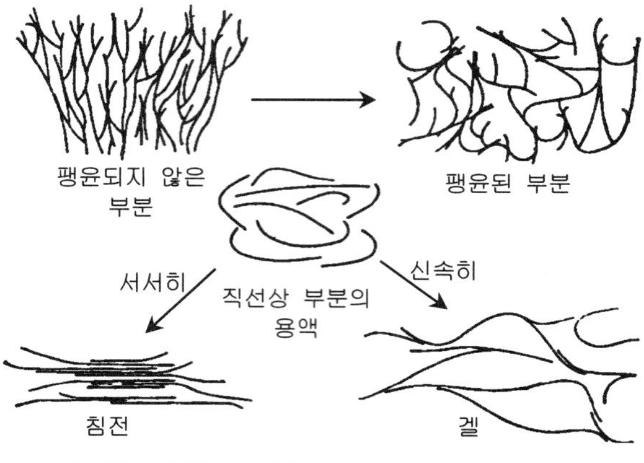

<그림 4-18> 전분의 팽윤, 용해 및 노화의 모형

<표 4-6> 덱스트린의 종류와 성질

종류	요오드 반응	환원력 (maltose=100)	침전에 필요한 알코올
amylodextrin	청색	0.6~2	40% 알코올
erythrodextrin	적갈색	3~8	65% 알코올
archrodextrin	무변화	10	70%에 녹음
maltodextrin	무변화	26~43	70%에 녹음

<표 4-7> 전분당의 종류와 특성

명칭	포도당(DE)	감미도	당의 결정성	점도	흡습성	분자량
결정 포도당	99~100	크다	크다	작다	크다	작다
분말 포도당	92~96	↑	↑	↓	↑	↓
고형 포도당	80~85	↑	↑	↓	↑	↓
액상 포도당	55~80	↑	↑	↓	↑	↓
물엿	35~50	↑	↑	↓	↑	↓
분말상 물엿	20~40	작다	작다	크다	작다	크다

전분과 그 구조가 비슷한 글리코겐은 동물의 간에 저장된다. 분자량은 전분보다 작지만 가지가 훨씬 많다. 식물체의 전분을 소화과정을 거쳐 포도당으로 분해한 다음 흡수하여 에너지원으로 사용하고 남은 것을 간에 저장하므로 동물성 전분이라고도 한다.

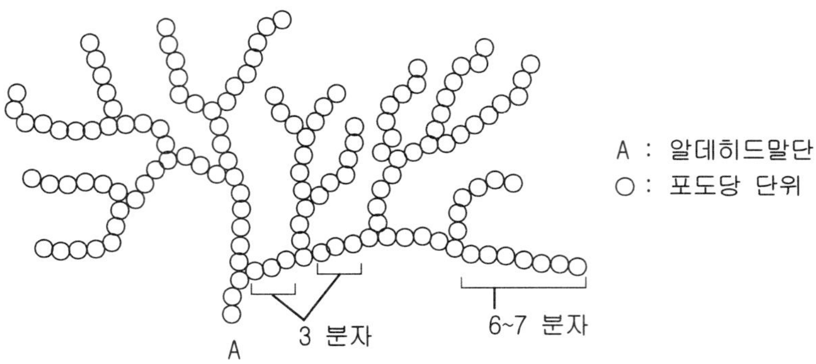

<그림 4-19> 글리코겐의 구조

2) 셀룰로오스(cellulose)

식물체의 세포막 성분인 셀룰로오스(cellulose)는 포도당만으로 구성되어 있으나 전분과는 달리 그 형태가 β-1,4 결합을 하고 있기 때문에 인체 내의 소화효소로 분해할 수 없다. 따라서 영양원은 되지 못하나 채소나 곡류에 들어있는 부드러운 섬유질은 음식의 소화를 도우며, 변비를 막아주고 담즙산 분해물을 봉쇄, 제거하는 등 이로운 작용을 하는 기능성 식이섬유로 작용한다.

섬유질에는 셀룰로오스 이외에도 헤미셀룰로오스(hemicellulose), 펙틴(pectin)질 등을 포함시키고 있다. 헤미 셀룰로오스 역시 세포벽 성분으로 셀로로오스와 함께 들어 있지만 그 구성은 mannose, galactose, xylose, arabinose 등 다양한 성분으로 이루어져 있으며 그 구조가 복잡하다.

셀룰로오스의 구조를 일부 화학적으로 변형시킨 유도체들은 식품, 섬유 기타 가공용으로 널리 사용된다. 카복시 메틸셀룰로오스의 나트륨 염은 cellulose gum이라고도 하며 점도를 증가시키거나 교질을 안정시키는 작용을 하므로 아이스크림 등에 요긴하게 쓰인다.

3) 펙틴질(pectic substances)

펙틴질은 식물체의 세포막 또는 그 사이에 존재하는 폴리갈락트론산의 메틸에스테르 화합물이다. 덜 익은 과일 중에는 물에 녹지 않는 protopectin으로 들어 있다가 익으면 펙틴산으로 분해되어 물에 녹는데 이들을 합하여 펙틴질이라고 한다. 시판 펙틴질의 평균 분자량은 60~150,000으로 다양하다.

펙틴질은 적당한 산과 당이 존재하면 물을 흡수하여 탄력 있는 겔을 형성하므로 잼이나 젤리를 만드는 원료로 사용된다. 펙틴질은 분자내의 메틸화 정도에 따라서 겔 형성 능력이 달라진다. 펙틴의 메톡실 함량은 이론상 16.32%가 될 수 있으나 최대 함량은 14%이며 7% 이상인 것을 고 메톡실 펙틴, 그 이하인 것을 저 메톡실 펙틴이라고 한다.

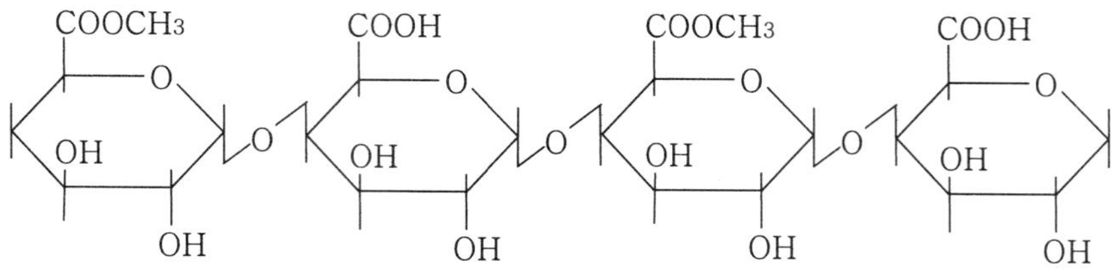

<그림 4-20> 펙틴의 구조

4) 그 밖의 다당류들

이눌린(innulin)은 과당의 중합물로 국화과의 구근, 특히 돼지감자에 들어 있다. 사람은 소화시키지 못하지만 돼지는 소화시킨다. 헤미셀룰로오스(hemicellulose)는 셀룰로오스와 유사하나 그 분자구조나 크기가 일정하지 않은 한 부류의 화합물이다. 리그닌(lignin)은 조섬유질의 성분으로 셀룰로오스나 헤미 셀룰로오스와 함께 존재하나 본질적으로 탄수화물이 아니고 방향족 화합물의 중합체이다.

한천이나 알긴산, 카라기난 등은 탄수화물의 각종 유도체가 복잡한 구조를 이루고 있어 분해되기 어려운 복합 다당류이다. 우무가사리 등 해조류에 많지만 종자나 수액에도 들어 있고 물을 흡수하여 점성을 나타내거나 겔을 형성하며 여러 가지 물질을 포용하는 등 성질이 다양하여 종류에 따라 용도에 맞게 이용되고 있으며, 섬유소나 전분 등도 인공적으로 변형시켜 역시 이런 용도로 이용하고 있다.

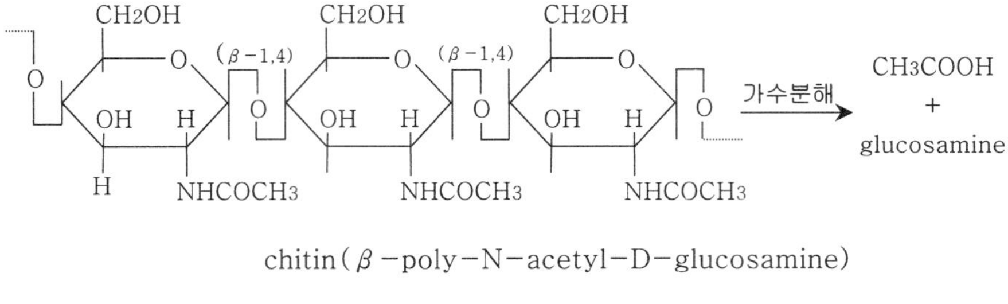

<그림 4-21> 키틴의 분자구조와 가수분해 생성물질들

키틴(chitin)은 갑각류, 곤충 및 곰팡이 포자의 성분으로 이들의 골격을 이루는 역할을 한다. 강산으로 가수분해하면 아세트산, N-글루코사민이 형성되며 복잡한 구조 때문에 식이섬유의 역할 등 여러 가지 기능적 특성을 가지고 있어 요긴하게 쓰이고 있다.

<표 4-8> 가공식품 중 호료의 이용

성 질	용 도	예
접착제	제빵	한천
결착제	소시지	locust bean gum
부형제	저열량액	gum arabic
결정방지제	아이스크림, 시럽	sodium alginate, CMC
청징제	맥주, 포도주	한천
혼탁안정제	과실주스	gum arabic
도포제	제과	gum arabic
유화제	샐러드드레싱	propylene glycol alginate
피복제	고정분말향료	gum arabic
피막형성제	소시지포장, 보호막	sodium alginate
flocculating agent	포도주	sodium alginate
기포안정제	맥주, whipped toppings	propylene glycol alginate
겔화제	푸딩, 디저트	해조추출물
이형제	젤리, 캔디	gum arabic
보호교질	향료 유화액	gum arabic
안정제	맥주, 마요네즈	CMC
분산제	초코밀크	carrageenan
팽윤제	가공육류	guar gum
syneresis 억제	치즈, 냉동식품	guar gum

4-3. 지방질(lipids)

지방질은 식물의 종자나 동물의 조직에 들어 있는 성분으로 탄수화물이나 단백질과 함께 동물조직을 구성하고 여러 가지 생리작용과 에너지를 공급하는 등 중요한 영양소이다. 기름기 있는 식품은 위에 오래 머물기 때문에 든든하고 각종 향미물질, 색소, 비타민류의 함유하므로 맛과 영양학적으로 중요하며 조직감을 부여하는 등 여러 가지 역할을 한다.

1. 지방질의 구조와 종류

지방질은 글리세린 등의 알코올에 각종 지방산이 결합된 에스테르 화합물이어서 지방산의 종류에 따라 그 성질이 다르다. 즉, 탄소수가 8 이하의 저급지방산은 휘발되기 쉽고 냄새가 나며 물에 녹지만 16 이상의 고급지방산은 냄새도 나지 않고 물에 녹지 않는다. 자연 상태에서는 탄소수가 16~20인 지방산이 대부분을 차지하고 있다.

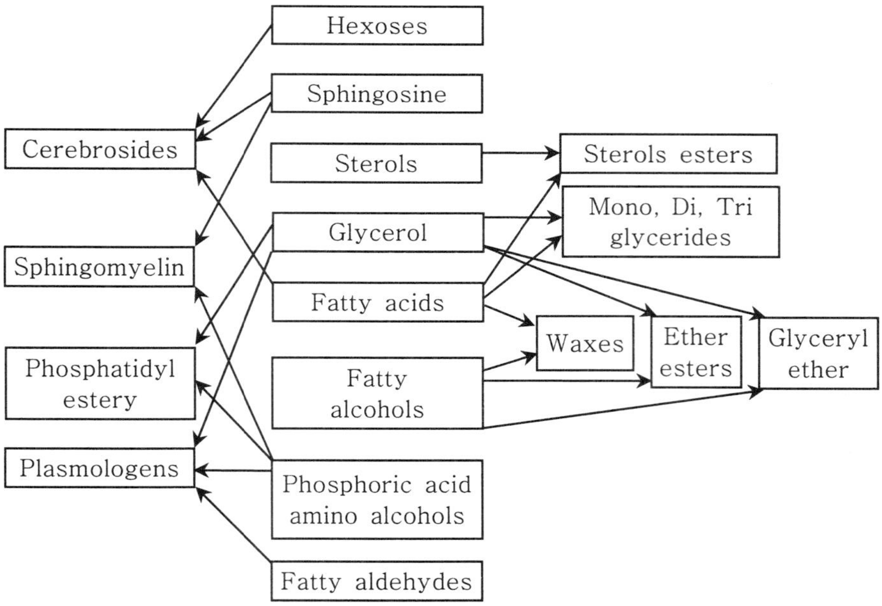

<그림 4-22> 지방질의 상호관계

글리세린은 3가 알코올인데 여기에 3분자의 지방산이 결합된 것을 중성지질 또는 트리글리세리드(triglyceride)라 하며 우리가 사용하는 식용유의 95% 이상을 차지하고 있다. 지방산이 둘만 결합된 것을 디글리세리드, 하나의 경우는 모노글리세리드라고 하는데 이들은 분자 내에 친수성기와 친유성기를 함께 가지고 있어서 물에 지방질을 녹일 수 있는 유화제로 중요하다.

지방질 중에는 글리세린의 아닌 고급 알코올에 한 분자의 지방산이 결합된 것도 있는데 이것을 왁스(wax)라고 한다. 왁스는 식물체의 잎, 밀랍, 생선 등에 들어 있고 식용하지 않기 때문에 중요하지 않다.

지방의 종류는 원료에 따라 식물성 지방과 동물성 지방으로 구분하는데 식물성 지방은 불포화지방산이 많아 상온에서 액체이고 동물성 지방 특히 우지는 스테아르산(stearic acid)이라고 하는 포화지방이 많아서 고체이다. 우리가 쇠고기 요리를 먹고 나면 입안이 텁텁한 것도 이 때문이다. 또 동물 지방은 콜레스테롤과 포화지방을 많이 가지고 있어서 영양학적으로 좋지 않아 요즈음에는 식물성 지방을 선호하고 있다.

<표 4-9> 포화 지방산의 종류와 특성

일 반 명	탄소수	분자식	녹는점	끓는점(℃)	소 재
Formic acid	1	$HCOOH$	8.4	100.5	
Acetic acid	2	CH_3COOH	16.7	118.5	
Propionic acid	3	C_2H_5COOH	-22	141.3	
Butyric acid	4	C_3H_7COOH	-8	162	우유지방, 버터
Valeric acid	5	C_4H_9COOH	-34.5	186.3	돌고래의 정유
Caproic acid	6	$C_5H_{11}COOH$	-2	205	버터, 야자유
Heptylic acid	7	$C_6H_{13}COOH$	-9	240	토란과 식물유
Caprylic acid	8	$C_7H_{15}COOH$	16	237	버터, 야자유
Capric acid	10	$C_9H_{19}COOH$	31.5	270	버터, 야자유
Lauric acid	12	$C_{11}H_{23}COOH$	44		월계수유, 야자유
Myristic acid	14	$C_{13}H_{27}COOH$	58		동식물유지
Palmitic acid	16	$C_{15}H_{31}COOH$	64		동식물유지
Stearic acid	18	$C_{17}H_{35}COOH$	72		동식물유지, 쇠기름
Arachidic acid	20	$C_{19}H_{39}COOH$	77		동식물유지

<표 4-10> 불포화 지방산의 종류와 특성

일 반 명	탄소수	분 자 식	이중 결합수	녹는점 (℃)	소 재
Oleic acid	18	$CH_3(CH_2)_7CH=CH(CH_2)_7COOH$	1	12	동식물유지
Linoleic acid	18	$CH_3(CH_2)_3(CH_2CH=CH)_2(CH_2)_7COOH$	2	-5	식물유 (반건성유)
Linolenic acid	18	$CH_3(CH_2CH=CH)_3(CH_2)_7COOH$	3	-11	아마인유 (건성유)
Arachidonic acid	20	$CH_3(CH_2)_3(CH_2CH=CH_4)(CH_2)_3COOH$	4	-49.5	동물 내장 지방

그러나 야자유와 같은 식물성 지방에는 포화지방산인 팔미트산이 주성분으로 들어 있어 동물성 지방과 유사한 특성을 지니며 어유는 동물성 지방이지만 불포화 지방산을 많이 함유하고 있다.

유지의 특성은 그 유지를 구성하는 지방산의 종류와 유지성분에 녹아 있는 향미물질에 따라 달라진다. 저급지방산은 녹는점이 낮고 휘발성이거나 냄새가 나며 고급지방산은 비휘발성이다. 포화지방산은 상온에서 고체이며 불포화지방산은 녹는점이 낮아 액체이나 저장중 쉽게 산패된다.

우리나라에서는 가장 많이 이용되는 기름은 콩기름과 팜유(palm oil)인데 콩기름 중에는 리놀레산(linoleic acid)과 리놀렌산(linolenic acid)이 많고 팜 야자에서 추출하는 팜유에는 팔미트산(palmitic acid)이 많이 들어있다.

참기름은 향이 독특하여 우리나라에서 유난히 많이 이용된다. 한때는 우지를 라면 튀김용으로 사용하였지만 지금은 사용하지 않는다. 해안지방에서는 어간유가 이용되지만 쉽게 산패되기 때문에 품질이 좋지 않다.

불포화 지방은 쉽게 산화되어 산패취를 내기 때문에 미리 수소를 첨가한 소위 경화유가 마가린이나 쇼트닝 등을 만드는데 많이 쓰인다.

지방질 식품은 저장하는 동안 산패되어 품질을 손상시키기 때문에 산소와 접촉을 피하고 산화방지제등을 첨가하여 산패를 방지한다.

글리세리드나 왁스 등을 단순지질이라 하는데 그 밖의 성분들이 결합된 복합지질 중에도 중요한 것들이 있다. 인지질(phospholipids)은 글리세리드에 결합된 3개의 지방산 중 하나가 인산과 콜린(choline)이 결합된 분자로 바뀌어 있는 것으로 레시틴(lecithin)은 같은 분자내의 지방산이 지방질을, 인산기는 물을 끌어당기는 힘이 있어 물 중의 지방을 적당히 분산시키는 역할을 할 수 있어 생체 내에서 뿐만 아니라 식품의 유화제로 널리 쓰이고 있다. 콩기름을 짜서 정제하는데 부산물로 생산되는 대두레시틴이 첨가제로 널리 쓰이고 달걀노른자에도 이런 성분이 들어 있기 때문에 마요네즈를 만들 때 별도의 유화제를 첨가하지 않아도 기름이 잘 분산될 수 있다.

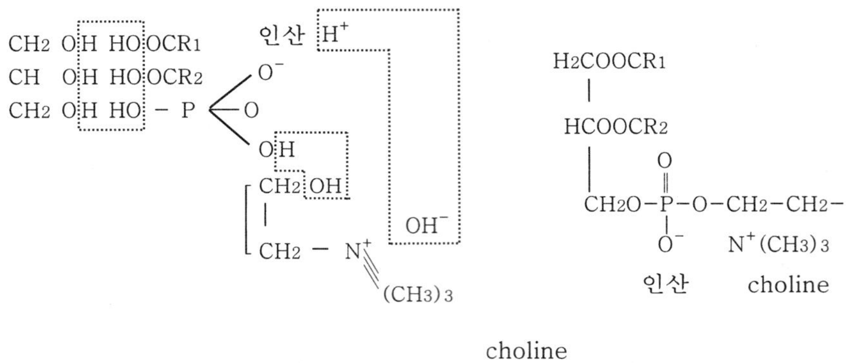

<그림 4-23> 레시틴(lecithin)의 분자구조

스테롤류는 스테로이드(steroid) 기본구조를 갖는 일련의 화합물을 총칭하는 것으로 대표적인 것은 콜레스테롤(cholesterol)이며 고기, 생선, 달걀 등의 지방성분에 함께 들어 있다. 이 콜레스테롤은 체내에서 성호르몬의 합성, 세포막 성분 등 중요한 역할을 하지만 필요이상의 것을 동백경화, 고혈압의 원인성분이 된다하여 선진국에서는 그 섭취를 줄이는 일에 노력하고 있다. 식물성 스테롤 가운데 어고스테롤(ergosterol)은 버섯, 효모 등에 들어 있고 체내에서 비타민 D로 전환되므로 중요하다.

최근에 도코사헥사에노익산(docosahexaenoic acid, DHA), 에이코사펜타에노익산(eicosapentaenoic acid, EPA), γ-리놀렌산 등이 기

능식품으로 개발되고 상어간유 등에 들어 있는 스쿠알렌은 피부, 혈액 및 그 밖의 신체에 작용한다하여 이용되고 있다.

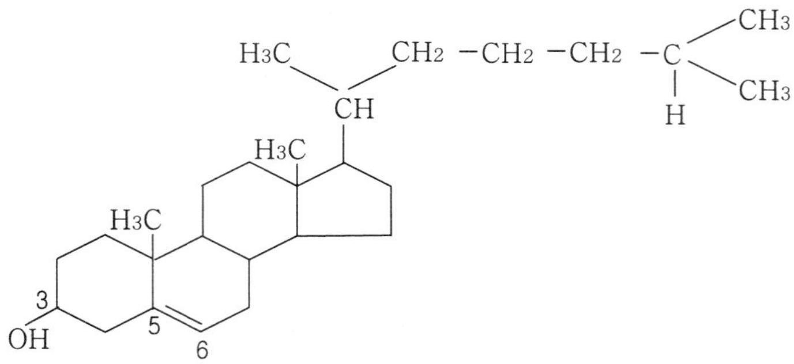

<그림 4-24> 콜레스테롤(cholesterol)의 분자구조

2. 유지의 물리적 특성

고체 유지는 다른 순수한 화합물들과는 달라서 일정한 온도에서 예민하게 녹지 않고 넓은 범위의 온도에 걸쳐서 녹는다. 그 이유는 유지를 구성하는 글리세리드들이 여러 가지 종류가 혼합되어 있고 결정의 배열이 다른 소위 동질다형(polymorphism)현상을 나타내기 때문이다.

이와 같은 응용 특성은 가소성(plasticity)과도 연관된다. 가소성이란 외부에서 힘을 작용하면 변형되고 작용하는 힘이 제거된 후에도 원상태로 복구되지 않는 특성을 말하며 버터나 마가린에서 나타나는 중요한 특징이다. 이러한 녹는점을 측정하는데 여러 가지 간접적인 방법 즉, 연화점, 활동점, 슛트 융점들을 지표로 이용하고 있다.

유지의 비중은 완전한 액체이거나 고체인 경우에는 비교적 일정한 수치를 나타내지만 반고체로 존재할 경우에는 결정형태가 다르고 액체유지가 들어 있어 비중이 일정하지 않다. 비중은 보통 25℃에서 측정하지만 녹는점이 높은 고체 유지는 40℃ 또는 60℃에서 측정하는 수도 있다. 유지의 비중은 일반적으로 불포화 지방산이 많을수록 증가하고 지방산의 길이가 길어질수록 감소한다. 고체지방인 쇠기름은 0.895, 버터지방은 0.907~0.912이지만 대부분의 식물성 기름은 대략 0.92~0.930 내외이다.

유지의 종류에 따라 굴절율이 달라짐을 이용하며 유지 종류를 식별하는데 쓰이는데 굴절률 또한 2중 결합의 수가 많을수록 커지고 지방산기의 탄소 수에 비례하여 증가한다.

튀김용 유지를 가열하여 발연점, 인화점, 연소점 등을 측정하는데 이것은 열안정성을 시험할 목적으로 사용된다.

3. 유지의 화학적 특성

유지의 식별, 순도, 변질 등을 보기 위해서 여러 가지 화학적 성질의 지표를 이용한다.

검화값(saponification number)은 유지 1g을 검화하는데 소용되는 수산화칼륨(KOH)의 밀리그램 수로서 분자량에 반비례하여 저급 지방산이 많은 버터기름은 253~262인데 반해서 고급 지방산이 많은 평지씨 기름은 168~179이고 그 밖의 유지들은 그 중간 정도이다.

<표 4-11> 여러 가지 유지의 산가(acid value)

유지의 종류	산 가	유지의 종류	산 가
쇠기름(beef tallow)	0.25	팜유(palm oil)	10
버터(butter)	0.45~35.4	낙화생유(peanut oil)	0.8
피마자유(castor oil)	0.12~0.80	참기름(seasame oil)	9.8
코코넛유(coconut oil)	2.5~10.0	대두유(soybean oil)	0.3~1.8
옥수수유(corn oil)	1.37~2.02	평지씨 기름(rapeseed oil)	0.36~1.0
면실유(cotton seed oil)	0.6~0.9	해바라기 기름(sunflower oil)	11.2
아마인유(linseed oil)	1.0~3.5	돼지기름(lard)	1.56
올리브유(olive oil)	0.3~1.0	간유(cod liver oil)	5.6
동유(tung oil)	2.0	고래기름(whale oil)	1.9

유지 구성 지방산의 불포화도를 나타내는 것으로 요오드값을 측정하는데 이 요오드값(iodine number)은 100g의 유지가 흡수하는 요오드 I_2의 그램 수로 표시하고 산가는 유지 1g 중에 존재하는 유리지방산을 중화하는데 필요한 수산화칼륨의 mg수로써, 정제상태가 불량하거나 오래되어 산화된 경우 그 값이 높다.

4. 유지와 쇼트닝성(shortening properties)

도넛, 케이크, 비스킷 등의 조직이 아삭아삭하면서도 쉽게 부스러지기 쉬운 특성은 유지에 의한 것이다.

빵류에서는 발효과정 중 팽창하여 부풀리게 하는데 이때 내부조직을 개선하는 데도 지방의 역할이 중요하다. 이런 목적으로 버터나 돼지기름이 사용되어 오다가 마아가린, 쇼트닝 등이 개발되어 이용되고 있다.

5. 유지의 산패

유지나 유지가 들어 있는 식품을 저장하게 되면 산화되어 유리지방산, 과산화지질, 냄새가 나는 카보닐 화합물들이 생성되어 영양이나 풍미 그 밖의 품질에 손상을 주는데 이런 현상을 유지의 산패(rancidity)라고 한다.

그 원인은 외부로부터 불쾌 취를 흡수하는 경우, 가수분해에 의한 경우, 산화에 의한 경우 등이 있다. 그중에서도 자동산화에 의해서 산패되는 경우가 가장 흔하며 잘 밝혀져 있는데 이 변화는 초기에 유리기가 생성되고 중간에 연쇄반응이 일어나 과산화물이 생성되며 마지막에 냄새성분 등이 생성되는데 그 구체적인 반응은<그림 4-25>와 같다.

자동산화는 이중결합의 수, 효소작용, 방사선조사, 감광체, 헤미 화합물 등에 의해서 촉진된다.

유지의 산패 정도는 오븐테스트, 산소흡수도, 과산화물가, 카보닐가, TBA가 등을 측정하여 판별한다.

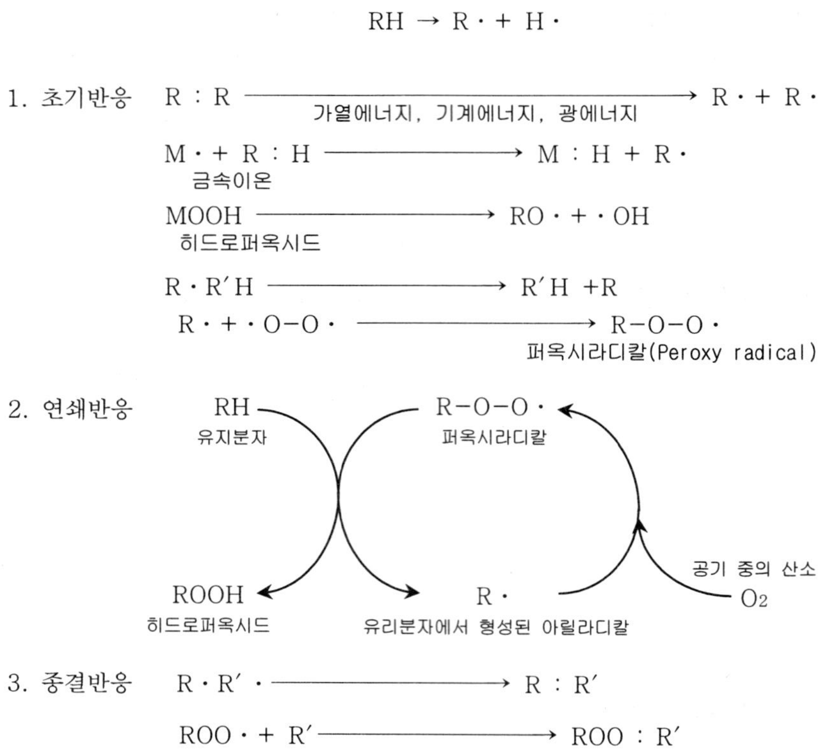

<그림 4-25> 유지의 자동산화반응

6. 유지의 영양과 건강

유지는 열량원 이외에 우리 몸에 필수적으로 필요한 리놀렌산, 리놀레산, 아라키도닉산 등의 지방산이 필요한데 아라키도닉산은 리놀레산으로부터 합성이 가능한 것으로 알려져 있다.

사람의 전립선(prosta gland)에서 형성되는 극미량의 산성 지방성분이 자궁의 수축, 혈압강하 등의 홀몬 작용을 하는 것을 확인하였고 그 성분을 프로스타글란딘(prostaglandin)이라 하였다. 그 후 이 성분이 단일물질이 아니고 여러 종류가 있음을 확인하였으며 이들은 필수 지방산으로부터 생성됨을 알았다. 근래에 와서 지방을 많이 섭취하는 나라들에서 심장질환 등 순환기 장애로 사망하는 비율이 높아지면서 지방질의 과다섭취가 관련이 있다고 생각하고 있다. 지방질 중에서도 콜레스테롤이 주원인이 되는데 혈액 중의 혈청 콜레스테롤의 농도는 이들을 운반하는 역할을 하는 지질 단백질 중 저밀도 지질단백질(low density lipoprotein, LDL)이 관계가 있다고 알려져 있다.

4-4. 단백질(proteins)

모든 생물체는 세포로 구성되어 있고 세포의 가장 중요한 부분은 세포핵인데 이 핵의 구성성분은 핵산 단백질이다. 따라서 생명의 기본 구성은 단백질이다. 이 단백질은 생명체의 기본성분으로서 단백질의 생합성에 의하여 손상된 조직이 복구되고 생체 내에서 일어나는 대사 작용 즉, 화학반응을 일으키는데 필요한 각종 효소의 구성성분이 된다. 식품을 가공할 때 겔 형성, 중합체 등을 이루며, 그 분해물은 향미성분으로서 중요하다.

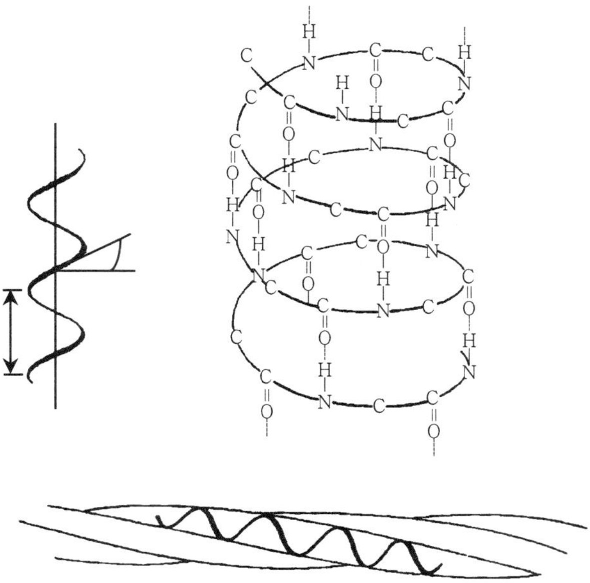

<그림 4-26> 단백질의 구조

1. 단백질의 구조와 종류

단백질은 아미노산이 펩티드 결합으로 연결된 고분자 물질로서 탄소, 수소, 산소 등이 기본이고 때로는 황이나 인 등을 함유하기도 한다. 그런데 펩티드 결합으로 긴사슬을 이룬 것이 병풍을 펼쳐 놓은 섬유상의 형태를 하거나 사선상으로 꼬인 구형의 형태를 이루는데 이와 같은 나선구조(α-helix)를 2차 구조라 하고 펩티드 구조를 1차 구조라고 부르기도 한다. α-helix를 이루는 구조는 아미노산의 수소결합이나 다른 결합력으로 반발력과 인력이 작용하여 입체구조를 안정시키는데 한줄기의 나선구조로 되어 있지 않고 대개는 두줄기가 다시 꼬인 소위 2중 나선구조(double helix)를 이루고 동물의 결체조직을 이루는 것은 3중 나선구조를 이루기도 한다.

이러한 나선구조의 단백질은 보다 복잡하게 서로 엉켜 공 모양이나 섬유상을 이루는데 보다 치밀하고 일정한 모양을 하며 여러 가지 형태의 구조가 함께 섞여 있는 것을 3차 구조라 한다. 생물체의 종류나 부위에 따라 단백질끼리 다시 회합(association)하여 4차 구조를 이룬다.

이상과 같이 복잡한 구조를 이루는 요인은 아미노산의 종류가 많고 이들 아미노산들의 배합순서에 따라 결합력이 다르기 때문이다. 이런 단백질은 지방이나 탄수화물 등과도 결합하여 소위 복합 단백질의 형태로 존재하는 등 매우 복잡하여 식품의 종류나 부위에 따라 단백질의 특성이 달라진다.

단백질은 그 출처에 따라 동물성 단백질, 식물성 단백질, 대두 단백질, 우유단백질, 어류단백질 등으로 구분되고 용해도에 따라 물과 염 용액에 녹는 알부민(albumin), 물에 잘 녹지 않고 염류용액에 녹는 글로불린(globulin), 70~80% 에타놀에 녹는 프롤라민(prolamin), 산이나 알칼리에 녹는 글루텔린(glutelin), 일체의 수용액에서 녹지 않는 경성 단백질(scleroprotein) 등으로 구분된다.

또 그 조성에 따라 아미노산들로만 구성된 단순 단백질(simple protein), 다른 성분들을 함께 가진 복합단백질(compound protein), 그리고 단백질의 가열하거나 산, 알칼리로 작용시켜 그 구조가 다소

변경된 단백질이나 그 유도체들을 유도단백질(derived protein)이라 한다.

2. 아미노산

단백질을 구성하는 기본단위인 아미노산은 분자 내에 아미노기와 카르복실기를 기본으로 하고 때로는 황을 가지거나 히드록시기를 가지고 있으며 사슬 형태의 지방족 아미노산, 페놀 등의 구조를 한 방향족 화합물, 이미노기를 가진 것, 카르복실기의 수에 비하여 아미노기가 많은 염기성 아미노산, 그 반대의 산성 아미노산 등 다양한 형태를 이룬다. 자연계에는 많은 종류의 아미노산이 있지만 흔한 것은 대략 20종이다.

우리는 먹은 음식 중의 단백질을 아미노산으로 분해하여 흡수하고 이것을 다시 우리 몸에 필요한 단백질을 합성하는데 많은 아미노산 중 없어서는 안 될 아미노산 즉, 필수 아미노산은 isoleucine, leucine, lysine, methionine, phenylalanine, threonine, valine, tryptophan이고 어린이에게는 histidine이 추가로 필요하다.

3. 단백질의 일반적인 특성

단백질은 분자량이 수만에서 수백만에 달하고 물에 녹으면 콜로이드를 형성한다. 그 구조가 복합하고 정제가 어려워 정확한 분자량을 알 수 없고 삼투압법, 광산란법, 확산속도 측정법, 초원심분리에 의한 침강속도를 측정하는 방법 등으로 추정치만 알 수 있다.

단백질은 물과 결합할 수 있는 카르복실기(-COOH), 아미노기(-NH_2), 히드록실기(-OH), 아민기(-NH) 등을 가지고 있어서 물에서는 수화되며 산성의 카르복실기와 염기성의 아미노기를 함께 가지기 때문에 양성물질이라고도 한다. 그래서 등전점보다 산성 또는 염기성 영역에서 더 수화되고 등전점에서는 침전한다.

대부분의 단백질의 등전점은 pH 4~6 범위의 산성 쪽에 있고 알칼리성 쪽에서 잘 녹는다. 또 산성이나 알칼리에서 - 또는 + 극으로 이동하는데 이것을 전기영동(electrophoresis)이라 한다. 단백질은 염류의 영향을 받아 염류가 많으면 단백질이 침전되고 묽은 때는 녹아 나온다. 전자를 염석(salt out), 후자를 염용(salt in)이라 한다.

단백질은 전기적 성질에 따라 이동하는 속도나 거리가 다르고 분자량이 크기에 따라 원심 분리할 때 침강속도가 달라진다. 이와 같은 특성을 이용하여 단백질의 종류를 분리하거나 정제를 행한다.

단백질은 열이나, 산 기타 여러 작용에 의해서 안정된 입체구조가 일그러져서 그 성질이 변하는데 이런 현상을 변성(denaturation)이라고 한다. 달걀을 삶으면 단백질이 겔 상태로 변한다. 이렇게 응고된 것은 원래 단백질의 기능을 하지 못한다. 효소 등은 단백질로 이루어져 있는데 변성이 되면 제 기능을 하지 못하게 된다. 이런 원리가 미생물을 살균하거나 갈변을 방지하는데 이용된다. 또 변성된 정도에 따라 심하게 응고된 것은 소화가 잘 되지 않지만 가볍게 변성된 것은 오히려 소화가 잘 된다. 달걀을 완숙시키지 않고 반숙으로 이용하는 것은 이 때문이다.

단백질은 가열뿐만 아니라 냉동에 의해서도 변성이 일어난다. 냉동에 의해서 변성된 단백질은 해동 후에도 원상태로 돌아가지 못하고 맛 성분 등을 붙들지 못하기 때문에 냉동했던 생선이나 고기는 맛이 없어진다.

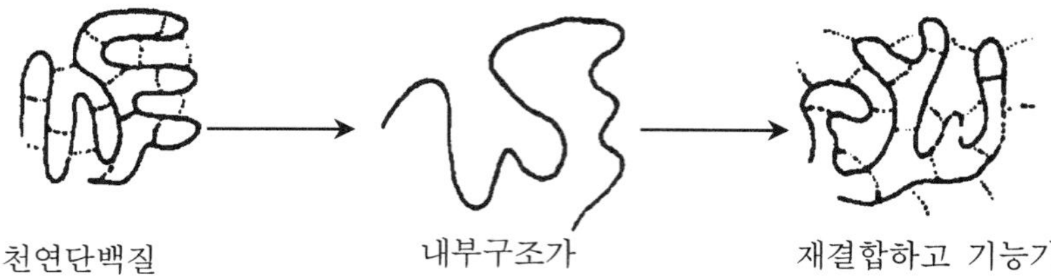

<그림 4-27> 단백질의 변성

단백질 중의 아미노기는 주변의 카보닐기와 결합하여 갈색의 물질을 형성하는 소위 마이야르 반응을 일으킨다. 이것은 우리 몸에 필요한 리신 등의 아미노산의 효능을 잃게 하고 변색으로 고유의 빛깔을 손상시키는 등의 해로운 작용을 하지만 반응중 구수한 맛을 내는 물질을 형성하고 항산화물질을 생성하는 등 좋은 일도 하므로 경우에 따라서 갈변을 억제 또는 촉진시킨다.

식품 단백질은 동물성과 식물성으로 나누고 동물성은 필수 아미노산을 많이 가지고 있어서 영양가가 식물성에 비해서 높은 것으로 취급되지만 각각의 종류에 따라서 특징이 있다. 영양적 품질이 가장 좋다는 우유 단백질은 70% 이상이 카제인으로 이루어져 있고 이것은 지질, 인, 칼슘, 등이 미셀을 이룬 교질상태로 존재하는데 그 구조가 파괴되면 곧 침전된다. 이런 성질 때문에 렌닌이라는 효소를 이용하여 치즈를 만든다.

4. 단백질의 기능적 특성

단백질은 영양소로서의 역할 이외에도 여러 가지 식품에서 기능적 특성을 지닌 재료로서 중요하다. 단백질은 고분자 물질이고 친수성이 있어 여러 가지 물리적 기능을 가지고 있다. 즉, 단백질의 종류에 따라 유화, 안정성, 기포성, 겔 형성. 보수성, 습윤성, 점성, 용해성 등 어느 한 가지 이상의 기능을 발휘한다. 식품에 적은 양을 첨가하더라도 그 식품의 물리적 특성에 현저하게 영향을 미친다. 대두 단백질은 팽화가공(extrusion)에 의해서 섬유상으로 되기 때문에 육류의 조직감과 유사한 특성으로 변하여 고기 제품의 증량제로 이용되기도 한다. 또 단백질을 적절히 분해하여 고기 맛을 내는 향미재료로 이용할 수 있다.

단백질의 유화 및 유화 안정성은 소시지 제조나 커피용 크림 제조에 사용된다. 또 빵에 대두단백을 사용하는 경우 분산성, 습윤성, 용해도, 기포성 등에 영향을 미친다.

그밖에 카제인, 젤라틴 등도 이러한 용도로 쓰인다.

5. 동물성 단백질

육류 단백질은 70% 이상이 미오신과 액틴으로 이루어진 섬유상 단백질과 이것을 둘러싸고 있는 콜라겐, 엘라스틴 등의 결합조직으로 이루어져 있고 이들 근육은 맛 성분 등의 수용성 근장 단백질을 포함하고 있다. 근육 단백질은 생화학 작용에 의한 수축과 이완작용으로 움직이게 되는데 동물을 도살하면 수축하여 질기지만 어느 정도시간이 지나면 부드러워진다. 이러한 성질은 육제품에서 매우 중요하다. 콜라겐 등의 결합 단백질은 구성 아미노산 가운데 필수 아미노산이 적고 질겨서 소화가 잘 안되므로 영양적 가치가 낮지만 오래 가열하면 분해되어 젤라틴으로 변하게 되고 소화흡수도 쉬워진다. 젤라틴은 겔 형성능력을 갖고 있어 젤리 등 식품가공에 이용된다. 달걀단백질은 우유 단백질과 함께 영양가가 높다. 흰자 중에는 알부민이 노른자에는 지질과 함께 여러 종류의 생리활성을 지닌 단백질이 많이 함유되어 있다.

6. 식물성 단백질

곡류에는 단백질이 적게 들어 있고 필수 아미노산인 리신이나 트립토판의 함량이 많지 않아 품질이 떨어진다. 밀 단백질은 글루텐을 형성하는 특성 때문에 빵 등을 만들면 부풀 수 있어 주식으로 널리 이용되고, 콩에는 단백질이 40%나 들어 있고 메티오닌과 트립토판을 제외하면 필수 아미노산을 많이 함유하고 있어 식물성 단백질에서는 가장 중요하며 여러 가지 기능적 특성을 지녀 따로 분리된 단백제품이 상품화되어 있다.

<표 4-12> 동물성 식품의 아미노산 조성(g/100g protein)

아미노산	쇠고기	우유	달걀
Arginine	4.30	7.82	5.0
Histidine	2.98	2.12	2.3
Isoleucine	3.52	2.70	4.6
Leucine	4.46	5.12	7.3
Lysine	5.53	3.84	7.0
Methionine	1.60	0.90	2.6
Phenylalanine	2.50	2.51	4.0
Threonine	3.34	2.98	4.2
Tryptophan	0.74	0.86	1.2
Valine	4.0	3.36	5.2
Cystine	-	-	1.0

7. 효소(enzymes)

효소는 생체 내에서 화학반응을 촉매하는 단백질이다. 즉, 효소 내의 활성부위와 반응기질이 결합하여 복합체를 만든 다음 이 복합체가 해리되면서 새로운 화합물을 생성하고 효소는 다시 유리된다. 효소는 어떤 반응의 활성화 에너지 장벽을 낮추어 반응이 빨리 일어나도록 한다.

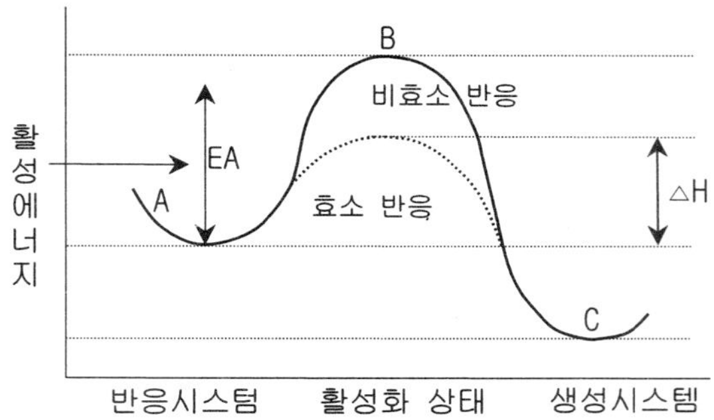

<그림 4-28> 효소가 반응할 때 에너지 장벽의 변화

효소의 작용은 온도가 올라 갈수록 촉진되어 보통 30~40℃에서 최대 활성을 가지며 대부분 50℃ 이상에서는 단백질이 변성되어 저해된다. 또 pH 4.5~8.0 범위에서 반응하지만 효소의 종류에 따라 최적 pH가 있다.

효소의 농도와 기질의 농도도 효소작용에 영향을 주고 부활제(activator)나 저해제(inhibitor)의 영향을 받는다.

대부분의 효소는 복합 단백질로 되어 있으며 단백질 부분을 아포효소(apoenzyme)라 하고 여기에 보결원자단(prosthetic)과 보조효소(coenzyme)가 결합되어 있다. 보조효소는 대부분 비타민 유도체이고 활성을 나타내는 데에는 Mg^{++}, Zn^{++} 등이 필요한데 이것을 보조인자(cofactor)라 한다.

효소는 국제 생화학연맹의 효소 위원회에서 촉매하는 화학반응의 종류에 따라 산화환원효소(oxidoreductase), 전달효소(transferase), 가수분해효소(hydrolase), 분해효소(lyase), 이성화효소(isomerase), 연결효소(ligase) 등으로 구분하여 체계적으로 명칭을 붙이고 있지만 식품에서 많이 이용되고 있는 것들은 전통적인 명칭을 그대로 쓰는 경우가 많은데 중요한 것들의 예를 들면 다음과 같다.

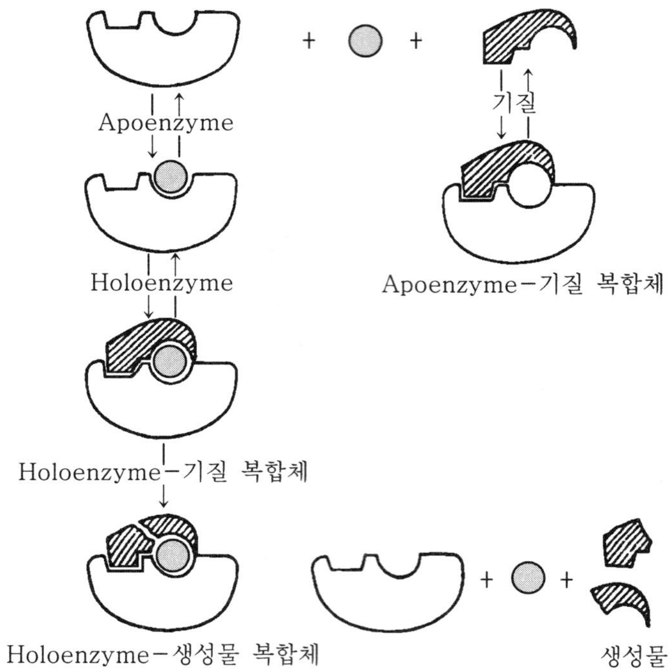

<그림 4-29> 효소기질 반응의 성질

리파제(lipase)는 식물체, 동물체, 우유 등에 존재하는 지방을 가수분해하는 효소이다. 아밀라제(amylase)는 전분을 가수분해하는 효소들로 분해양식에 따라 α-아밀라아제, β-아밀라아제, 글루코 아밀라아제 등이 있으며 이들 효소는 전분을 약화하거나 당화한다.

펙틴질 분해효소(pectin enzymes)들은 펙틴질을 가수분해하는 효소로서 pectin esterase, polygalacturonase, pectate 등이 있다.

단백질을 가수분해하는 효소들(protease)은 식품가공에 중요하다. 그 특성에 따라 acid protease, serine protease, sulfhydryl protease 등으로 구분된다.

단백질 가수분해 가운데 pepsin은 포유류의 위에 들어 있고, rennin은 송아지 위에 들어 있어 우유를 소화하는데 쓰이지만 식품 가공용으로 치즈제조에 이용된다.

페놀라아제(phenolase)는 채소, 과일 중에 들어 있어 이들의 가공, 저장 중 갈변반응을 일으키는 산화효소로 작용한다. 이 갈변반응은 일반적으로 바람직하지 않지만 홍차를 제조할 때에는 일부러 갈변반응을 촉진시킨다.

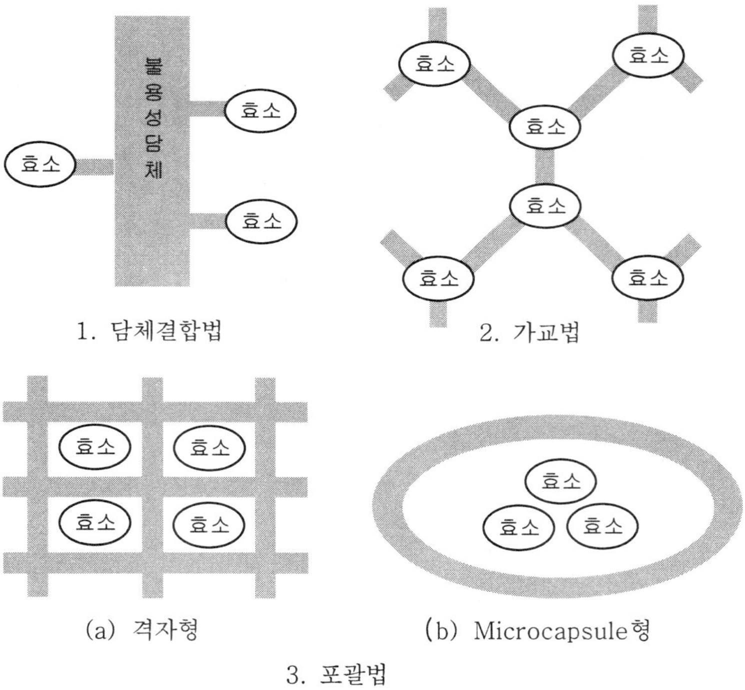

<그림 4-30> 고정화 효소의 제조방법에 따른 종류

글루코오스 이성화 효소(glucose isomerase)는 감미료 제조에 요긴하게 쓰인다. 즉, 전분을 분해한 포도당을 과당으로 이성화시킴으로써 감미도를 높여서 설탕을 분해한 전화당의 대용으로 값싸게 대량 생산할 수 있다. 이들 효소들은 일정한 pH에서 반응이 일어나고

온도가 높을수록 촉진되지만 50℃ 이상의 높은 온도에서는 당화효소 등 일부효소들을 제외하고는 저해를 받으며 금속 등 각종 저해제들에 의해서도 영향을 받는다.

생물체에는 여러 가지 효소들이 존재한다. 식품공업에 이용되는 것은 맥아, 송아지 위, 파파야 등에서 추출하기도 하지만 대부분은 미생물을 배양하여 추출 정제해서 사용한다.

근래에 와서는 효소의 활성도를 높이기 위하여 물에 녹지 않는 지지대에 효소를 고정하고 반응물질이 그 위를 통과하도록 하여 연속적으로 이용할 수 있도록 하는 소위 고정화 효소(immobilized enzyme)가 이용되기도 한다.

<표 4-13> 식품가공에 효소의 이용

효 소	식 품	작 용
Amylase	빵과자	효모발효성 당의 증가
	맥주	전분→발효성 당, 전분의 혼탁 제거
	곡류	전분→스트린, 당, 수분 흡수증대
	초콜릿, 코코아	흐름을 위한 전분의 약화
	사탕류	당의 회수
	과실주스	발포성 증진을 위한 전분의 제거
	젤리	투명도
	시럽, 당류	전분→저분자덱스트린(콘시럽)
	채소류	완두의 연화처럼 전분의 가수분해
Cellulase	맥주	세포벽 성분인 복합탄수화물의 가수분해
	커피	원두건조시 섬유소의 가수분해
	과실류	배의 촉감개선, 살구, 토마토의 박피촉진
Dextran-sucrase	당시럽	시럼의 증점
	아이스크림	증점제로서 덱스트란 첨가
Invertase	인조꿀	sucrose→gluose+glucose
	캔디	초코렛을 입힌 연질크림캔디제조
Lactase	아이스크림	껄끄름한 촉감을 주는 락토스의 결정화 방지
	사료	lactose→galactose+glucose
	우유	동경우유에서 락토스제거하여 우유단백질 안정화
Tannase	맥주	폴리페놀성화합물의 제거
Pentosanase	도정, 제분	밀가루에서 전분의 회수

<표 4-13> 계속

효 소	식 품	작 용
Naringinase	감귤류	나린진 가수분해로 쓴맛제거
Pectic enzymes(유용)	초콜릿, 코코아	코코아 발효시 가수분해작용
	커피	원두발효시 점성의 종피제거
	과실류	연화
	과실주스	착즙수율증진, 혼탁방지, 농축조작개선
Pectic enzymes(변패)	감귤주스	주스에서 펙틴질의 파괴 분리
	과실류	과도한 연화작용
Proteases(유용)	빵, 과자류	반죽의 연화작용, 반죽시간 단축, 신장도 증가가공 조직감 부피개선
	맥주	발효중 영양소, 향미 생성, 여과와 청징촉진, 냉각 혼탁 방지
	곡류	단백질 변성으로 건조속도단축, 취급 용이하게 함, 된장. 두부제조
	치즈	카제인 응고, 숙성중 특유한 향 생성
	초콜릿, 코코아	발효중 원두에 작용
	달걀가공품	건종특성 개선
	사료	폐기물→사료
	단백질 가수분해	간장, 특수식품, 건조스프, 가공육 등의 조미
	포도주	청징
Proteases(변패)	달걀	신선 및 건조 전란의 선도 유지 기간 단축
	게류	빨리 불활성화하지 않으면 과도한 연화
	밀가루	활성이 너무 강하면 용적, 텍스쳐에 영향
Lipase(유용)	치즈	숙성, 일반적인 향미 특성
	유지	lipase→glycerol→지방산
	우유	우유초콜릿에 사용되는 약간 숙선된 향미 생성
Lipase(변패)	곡류	과도한 갈변
	우유, 유제품	가수분해적 변패
	우유	가수분해적 변패
Phosphatases	유아식	유용한 인산염이 증가
	맥주	인산염 화합물의 가수분해
	우유	저온살균효과의 검정
Nucleases	향미증진제	뉴클레오티드와 뉴클레오시드류의 생산

<표 4-13> 계속

효 소	식 품	작 용
Peroxidases(유용)	채소류	데침효과의 검정
	포도당 정량	glucose oxidase와 혼용
Peroxidases(변패)	채소류	불쾌취
	과실류	갈변반응 촉진
Catalase	우유	냉살균시 H_2O_2 파괴
	각종 제품	포도당이나 산소를 제거하여 갈변 또는 산화를 억제함, glucose oxidase와 함께 사용
Glucose oxidase	각종 식품	맥주, 치즈, 탄산음료, 건조달걀, 과실주스, 육어류, 분유, 포도주 중 산소나 포도당을 제거하여 산화 또는 갈변방지, catalase와 함께사용
	포도당 정량	포도당 정량, peroxidase와 병용
Polyphenol oxidase(유용)	차, 커피, 담배	성숙, 발효, 숙성중 갈변
Polyphenol oxidase(변패)	과실, 채소류	갈변, 불쾌취 발생, 비타민 손실
Lipoxygenase	채소류	필수지방산과 비타민 A의 파괴, 불쾌취 생성
Ascorbic acid oxidase	채소류, 과실류	비타민 C 파괴
Thiaminase	육류, 어류	티아민 파괴

4-5. 식품 중의 미량성분들

비타민류와 무기질은 인간의 영양에 필수적인 역할을 하는 식품 중의 미량성분이다. 비타민류는 보효소의 작용을 하고 대부분이 탄수화물, 단백질, 지방 및 체내 대사에 관여한다. 비타민의 부족할 때 나타나는 결핍증은 오래 전부터 알려졌고 지용성 비타민을 과량 섭취하면 과다증에 걸린다. 일부 비타민은 전구물질인 provitamin으로 식품 중에 존재하다가 체내에 들어가서 활성 비타민으로 바뀐다. 비타민류는 어떤 가공조건에서는 불안정하여 현저히 감소한다.

비타민류가 부족되면 심한 결핍 증세를 보인다는 것은 오래 전부터 알려져 있다. 그러나 지용성 비타민을 과량 복용하면 심한 중독효과를 낸다. 따라서 식품에 첨가할 때에는 주의 깊게 조절하지 않으면 안 된다. 비타민류에는 물에 녹는 것과 기름에 녹는 것이 있으며 그 밖의 미량성분으로 색소, 맛, 향기성분 등이 있다. 극히 미량으로도 인식할 수 있는 향기성분은 수백 가지가 있으며 맛 성분과 함께 식품의 주요 구성요소로 작용한다.

1. 지용성 비타민류

비타민 A는 retinol이라고도 하는데 에스테르 형태로 상어나 삼치 등 생선의 간유에 많고 provitamin으로 작용하는 카로틴류인 α,β,γ-carotene과 cryptoxanthin은 녹황색 채소에 들어 있어 이것이 체내에 들어가서 비타민 A로 바뀐다.

비타민 A는 시력에 관계되는 시홍(rhodopsin)이라는 단백질 합성에 관여하고 이것이 부족 되면 야맹증에 걸린다. 그밖에도 피부점막, 뼈의 성장 등에도 관여한다. 이 비타민은 산소가 없으면 비교적 열에 안정하나 일광이나 조명하에서 쉽게 산화되며 산과 알칼리에 약하다.

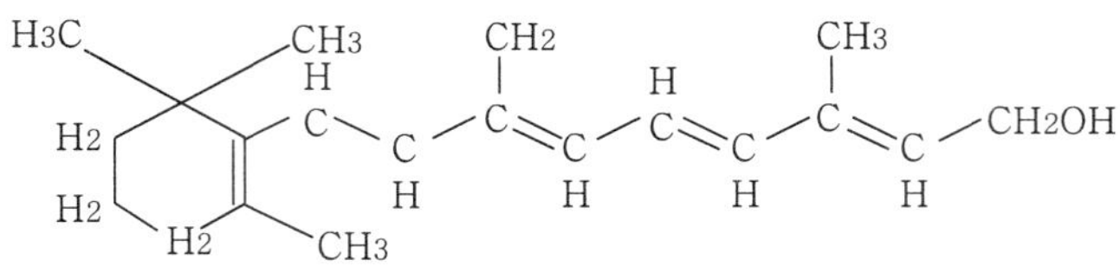

비타민 A_1

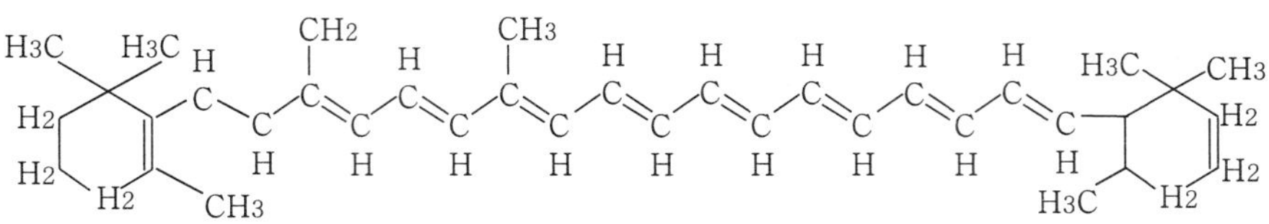

β－ carotene

<그림 4-31> Vitamin A와 Carotene의 화학구조

<표 4-14> 각종 조건하에서 비타민의 안정성

비 타 민	pH 영향				빛	열	조리중 최대 손실(%)
	중성 (pH 7)	산성 (pH 7)	알칼리성 (>pH 7)	공기, 산소			
Vitamin A	○	×	○	×	×	×	4
Ascorbic acid(C)	×	○	×	×	×	×	100
Biotin	○	○	○	○	○	×	60
Carotene(pro vit. A)	○	×	○	×	×	×	30
Choline	○	○	○	×	○	○	5
Cobalamin(B_{12})	○	○	○	×	×	○	10
Vitamin D	○	○	×	×	×	×	40
Folic acid	×	×	○	×	×	×	100
Inositol	○	○	○	○	○	×	95
Niacin	○	○	○	○	○	○	75
Pantothenic acid	○	×	×	○	○	×	50
P-Aminobenzoic acid	○	○	○	×	×	○	50
Pyridoxine(B_6)	○	○	○	○	×	×	40
Riboflavin(B_2)	×	×	×	○	×	×	75
Thiamin(B_1)	×	×	×	×	○	×	80
Tocopherol(E)	○	○	○	×	×	×	55

비타민 D 중 D_2(ergocalciferol)는 어간유에 소량, D_3(cholecalciferol)는 동물체에 널리 분포하지만 어간유에 특히 많고 식물체에는 안들어 있다. D_2와 D_3의 전구체인 ergosterol과 7-dehydrosterol은 자외선을 받으면 각각의 비타민으로 바뀐다. 이 비타민은 Ca과 P의 흡수를 돕고 골격의 석회화를 돕는다. 이것은 소장 내에서 담즙산의 도움으로 흡수되어 간장에 주로 저장되지만 일부는 뇌, 피부, 뼈 등에 저장된다.

비타민 E(tocopherol)는 토콜의 유도체로서 α, β, γ ,δ-토코페롤 등이 있는데 정상적인 번식활동에 절대적으로 필요하고 식물성 유지의 산화방지제로서 중요하다. 식물성 기름에는 10~60mg/%, 곡류의 배아에는 150~150mg/% 들어 있고 이 가운데 α-토코페롤이 가장 많아 60%를 차지한다.

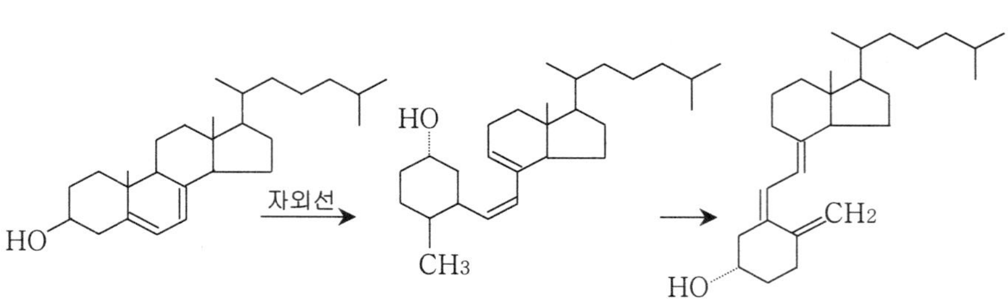

7-디히드로콜레스테롤 프로비타민 D_2 비타민 D_3(콜레칼시페롤)

<그림 4-32> Provitamin D의 자외선 조사에 의한 비타민 D_3의 생성

비타민 K는 간장에서 prothrombin의 합성을 촉매하는데 이 물질이 혈액 중의 fibrinogen과 작용하여 불용성으로 됨으로써 혈액의 응고작용을 한다. K_1과 K_2의 두 부류로 나뉘는데 K_1은 공기 중에서 서서히 분해되지만 햇빛이나 알칼리에 약하고 열에는 안정하다.

식품 중에 널리 들어 있고 장내 미생물에 의해서도 합성된다. 암록색 채소인 시금치, 양배추, 완두 등에 들어 있고 동물성 식품에는 많지 않다.

필수 지방산인 linoleic acid, linolenic acid, arachidonic acid 등을 비타민 F라고도 하는데 식물성 유지에 주로 들어 있다.

<표 4-15> 토코페롤류의 활성 및 식품 중의 함량

Tocopherol	I.U./mg	식품	함량(mg/100gr)
dl- α -Tocopherylacetate	1	밀	7~12
dl - α - Tocopherol	1.1	호밀	2.2~5.7
d- α - Tocopherylacetate	1.36	벼	2.9
d - α - Tocopherol	1.49	백미	0.4
d - β -Tocopherol	0.4	옥수수	9.5
dl - β - Tocopherol	0.3	밀기울	3.7
d - γ - Tocopherol	0.2	밀가루	2.3~5.4
dl - γ -Tocopherol	0.15	옥수수칩	0.43
d - δ -Tocopherol	0.016	호밀빵	1.3
dl - δ -Tocopherol	0.012	빵	2.15

2. 수용성 비타민류

비타민 B_1(thiamin)은 탄수화물 대사의 조효소로 작용하며 모든 생체조직 특히 곡류, 간장, 심장, 신장, 돼지고기, 달걀, 견과류 등에 많이 들어 있다. 가열, SO_2 처리, 알칼리성에서 약하고 수용성이 때문에 수용액 중에서 용출 손실된다.

이 비타민이 부족하면 에너지 대사에 장애를 일으켜 각기병에 걸린다. 탄수화물의 대사 작용에 B_1이 필요하며 탄수화물이 주성분인 곡류 중에는 배아에 많이 들어 있지만 도정에 의해서 배아 부분이 제거되므로 B_1의 보충이 필요하다.

체내에 흡수된 B_1은 필요 이상의 양은 축적되지 않고 배설된다. 마늘 중에는 allicin이라는 성분이 들어 있고 이것이 가수분해 되면 함께 먹을 때 이 비타민을 붙들어 배설되지 않고 축적시키므로 에너지를 효율적으로 이용하도록 한다. 그래서 마늘은 강장제로 예로부터 이용되고 있다. 한편 고사리와 생선의 겉껍질에는 비타민 B_1을 파괴하는 성분이 들어 있다고 한다.

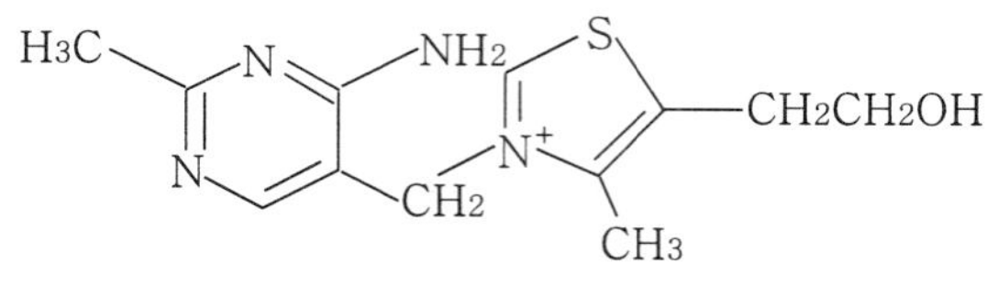

<그림 4-33> 비타민 B_1 염산염의 화학구조

수용액이 황색을 띠는 비타민 B_2(riboflavin)는 플라빈 모노뉴클레오티디(flavinmononucleotide)와 아데닌 디뉴클레오티드(adenine dinucleotide)의 구성 성분으로 포도당, 지방산, 아미노산 등의 산화에 관여하여 유제품, 육제품, 토마토, 달걀, 녹색채소, 효모 등에 많다.

이 비타민은 알칼리나 빛에 약하며, 부족하면 다리가 굽고 혀, 입술, 입언저리에 염증이 생기며 피부가 거칠어지고 각막염 같은 눈병, 눈의 충혈, 시각몽롱 증세가 나타난다.

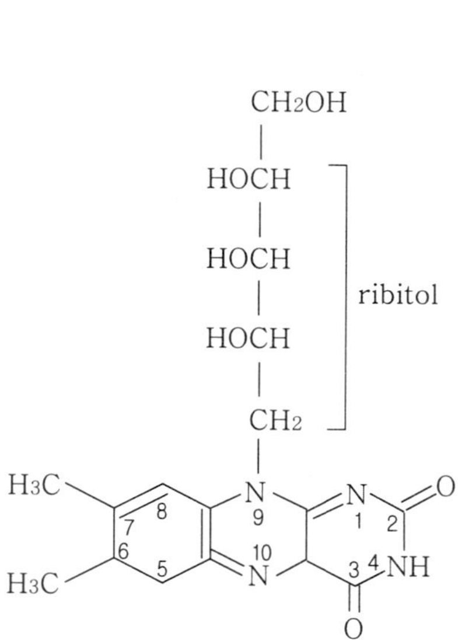

<그림 4-34> 비타민 B_2의 화학구조

비타민 B_6는 pyridoxine, pyridoxal, pyridoxamine 등 세 화합물이 같은 활성을 가지며, 아미노산 대사에서 조효소 작용을 한다. 따라서 단백질을 많이 먹을수록 더욱 필요하지만 식품 중에 널리 들어있고 필요량이 적기 때문에 결핍증이 나타나지 않는다. 공기, 열 또는 햇빛에 노출되면 쉽게 파괴된다.

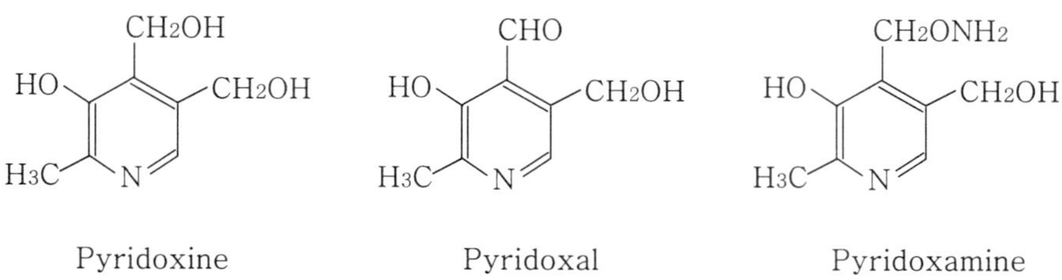

<그림 4-35> 비타민 B_6의 화학구조

나이아신(niacin)은 니코틴산(nicotinic acid)과 니코틴 아미드(nicotin amide)의 일반명이며 해당작용, 지방 생합성, 조직의 호흡 등에 중요한 NAD, NADP의 구성분이다. 이 비타민의 부족하면 혀가 붉게 되는 펠라그라 증상이 나타나는데 옥수수를 주식으로 하는 라틴 아메리카에서 볼 수 있다.

트립토판이 있으면 결핍증이 나타나지 않는다. 내장, 육류, 어류, 곡류, 효모, 잎채소 등에 많고 열, 빛, 산, 염기 등에 안정하고 물에 용출되어 손실된다.

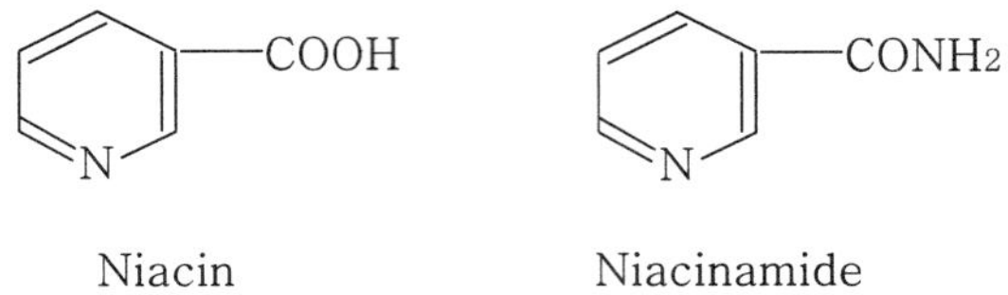

<그림 4-36> 니아신의 화학구조

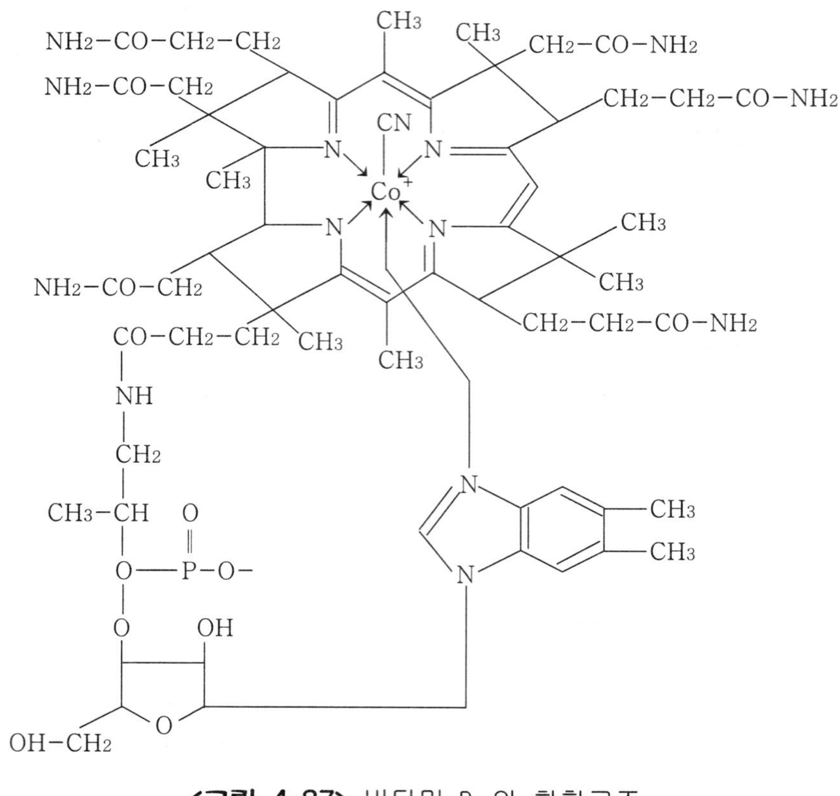

<그림 4-37> 비타민 B_{12}의 화학구조

비타민 B_{12}(cyanocobalamine)는 비타민류 중에서 가장 복잡한 구조를 하고 분자 내에 Co를 함유하는 것이 특이하다.

이 비타민은 몇몇 조효소들의 성분이고 조혈작용을 한다. 이것이 부족하면 악성빈혈, 성장감퇴, 식욕감퇴 등을 일으킨다. 식품에는 적게 들어 있지만 체내에 축적되므로 결핍증이 별로 나타나지 않는다.

폴산(folic acid, folacin)은 항빈혈 인자로서 각종 식품 특히 간장, 과실, 엽채류 및 효모 등에 들어 있다. 천연에 존재하는 폴산염은 매우 불안정하여 알칼리와 빛에 의해서 쉽게 파괴된다.

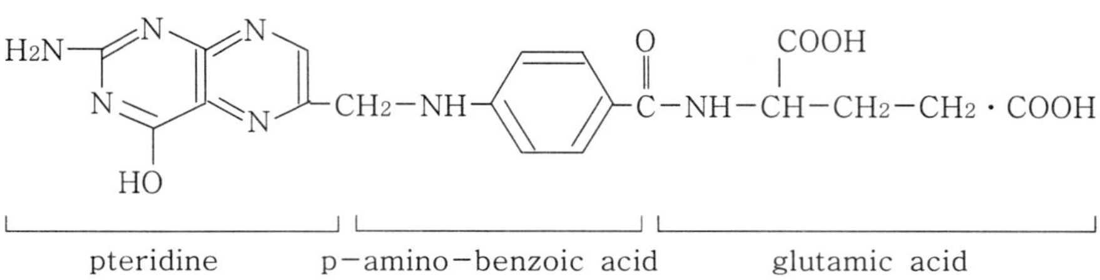

<그림 4-38> Folic acid의 화학구조

판토텐산(pantothenic acid)은 Coenzyme A의 구성성분으로서 결핍증은 번식장애, 피부병, 백발, 소화기 및 신경장애 등을 일으킨다. 모든 생물체 조직에 들어 있고 특히 육류, 간장, 신장. 과실, 채소, 효모, 견과류 등에 많다. 이 비타민은 건열에 불안정하고 채소를 데치면 30%까지 손실된다.

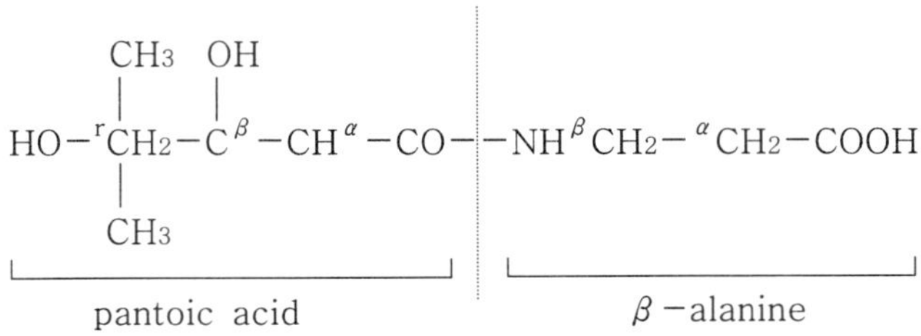

<그림 4-39> Pantothenic acid의 화학구조

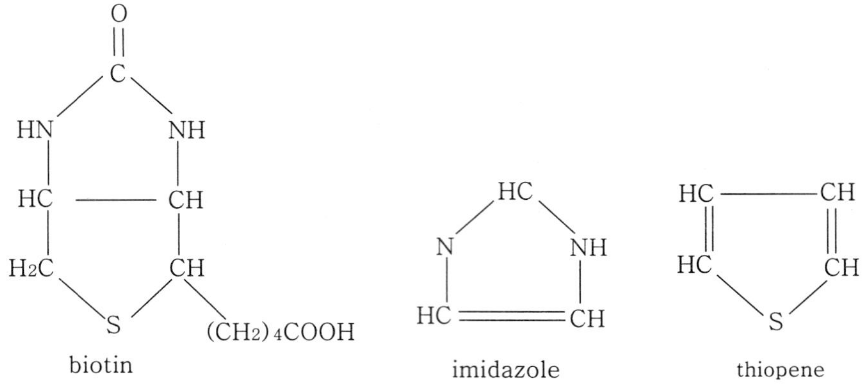

<그림 4-40> Biotin의 화학구조

비오틴(biotin)은 지방산 합성 등의 대사에 필요하지만 사람의 경우 장내 미생물에 의해서 합성되기 때문에 결핍증이 별로 없다.

그 밖에도 콜린(choline), 이노시톨(inositol), 파라아미노벤조산(paraaminobenzoic acid), 카르니틴(carnitine), 리포익산(lipoic acid), 헤스페리딘(hesperidin), 에리오딕틴(eriodictin) 및 루틴(rutin) 등이 체내 대사에서 중요한 역할을 한다.

비타민 C(ascorbic acid)는 산화환원 반응에서 항산화작용을 하며 모든 생체조직에 들어 있고 채소와 과실류가 좋은 급원이다. 이 비타민은 일종의 락톤(lactone)으로서 분자내의 엔디올(endiol group)에 의해서 강한 환원력을 나타내지만 D형은 생리활성이 없다. 또 D-isoascorbic acid(또는 erythrobic acid)는 식품 첨가용으로 공업적으로 생산되고 있으며 환원력은 있지만 생리활성이 없다.

감귤류, 녹엽채소, 토마토, 감자 및 딸기 등에 특히 많이 들어 있고 동물성 식품으로는 우유와 간장에만 소량 들어 있다. 비타민 C는 모든 비타민 중에서 가장 불안정하여 가공저장 중 쉽게 파괴되는데 구리와 철 및 효소작용에 의해서 산화가 촉진된다. 식품가공에서 아스코르브산은 갈변과 변색방지, 밀가루 개량제, 맥주 제조할 때 산소 수용체, 포도주 제조 시 환원제인 SO_2의 일부 대체원료, 영양제 등으로 쓰인다.

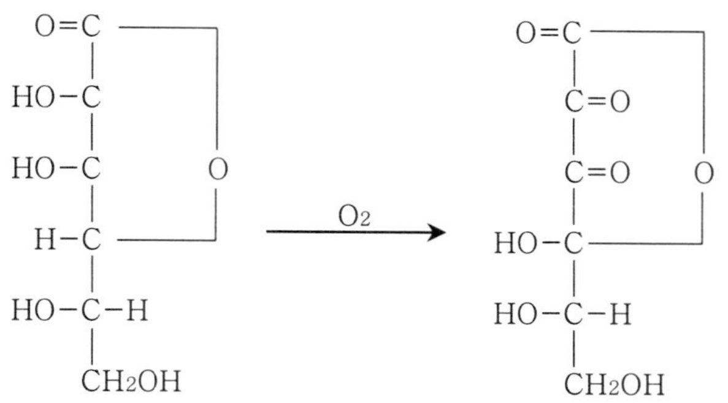

L-Ascorbic acid L-Dehydroascorbic acid

<그림 4-41> 비타민 C의 화학구조

3. 무기질(minerals)

무기질은 뼈를 이루는 이외에도 대사작용에 관여하는 효소들의 작용을 돕는데 필수적이다. 나트륨과 칼륨은 거의 모든 식품에 들어 있으며 조직세포와 혈액간에 전기적, 화학적으로 균형을 유지하는데 필요하다. 나트륨은 대개 세포밖에 들어 있고 칼륨은 세포벽 내부에 들어 있다. 근육이 수축하거나 신경을 따라 충격이 전달될 때 이들 두 원소는 세포막을 통해서 신속히 서로 교환된다.

칼슘과 인은 인체 내 무기질은 70%를 차지하고 뼈 중에는 칼슘과 인이 2:1의 비율로 들어 있다. 근육이 수축하거나 혈액의 산-염기 평형을 이루는데 칼슘이 필요하다. 인은 인지질의 구성분, ATP의 구성분으로서 중요하다.

마그네슘은 뼈에 70%, 조직에 30%가 들어 있고 모든 식품 특히 엽록소의 구성분이며 채소에 들어 있다. 마그네슘은 신경전달과 에너지 대사 등 여러 효소의 활성제뿐만 아니라 근육의 수축에 필요하다.

철분은 혈액의 구성분이며 산소를 운반해주는데 중요하다. 철분이 부족 되면 빈혈증을 일으켜 허약해진다.

요오드는 필요량이 매우 적지만 갑상선에서 티록신을 형성하는데 관여한다. 그 밖에도 아연, 코발트, 셀레늄 등이 필요하고 이들 미량

무기질들의 기능이 밝혀져 가고 있다.

무기질은 무기염이나 유기염 또는 유기물질과 결합된 형태로 들어 있는데 그 종류는 80종 이상이나 되지만 비교적 많은 것은 K, Ca, Na, Mg, Cl, SO_4, PO_4 및 HCO_3 등이고 50ppm 이하로 미량 들어 있는 것으로 필수 영양원소들은 Fe, Cu, I, Co, Mn, Zn, 등 비영양 무독성원들은 Al, B, Ni, Sn, Cr 등이며, 비영양 독성원소들은 Hg, Pb, Cd, Sb 등이다.

무기원소는 동식물에 비교적 일정한 양이 들어 있지만 흔히 환경에 따라 영향을 받는다. 1가 이온의 무기질은 식품 중에 가용성 염류로 존재하며 다가이온은 이온, 용해된 비이온 및 교질성 무기질 등이 평형을 이루고 있거나 킬레이트(chelate)의 형태로 존재한다.

우유 중에는 칼륨, 칼슘, 염소, 인이 각 145, 120, 100, 95mg/100ml가 들어 있어 전체 무기질 함량은 0.7%나 되며 카제인 미셀 구조에 중요한 영향을 미친다.

육류 중에는 인, 칼륨, 나트륨이 대부분을 차지하며 각각 233, 244, 168mg/100g이 들어 있고 단백질과 결합되어 불용성의 형태가 많으며 지방질이 없는 살코기에 많다. 가열 조리 시에 육즙을 잃으면 주로 Na이 감소한다.

인산염은 통조림 식품에서 스트루바이트(struvite)라고 하는 유리 조각 모양으로 결정화되어 식품의 품질을 떨어뜨리기도 한다.

식물체에는 Na보다 K가 많고 인(P)도 많다. 미량원소들은 우리 주변에 널리 존재하기 때문에 식품 중에 들어 있는 무기질도 토양 내의 분포와 관련된다. 구리(Cu)는 페놀라아제 등을 포함한 효소류의 구성분이고 철은 혈색소와 다른 효소들이 구성분이다. 이들은 다른 성분의 산화를 촉진하여 변질시키는 원인이 된다. 코발트는 B_{12}의 구성분으로 곡류나 우유 등에 다양하게 들어 있다. 아연은 효소의 주성분으로 조개류에 많다.

4. 색소들(pigments)

빛깔은 식품의 품질을 육안으로 판별할 수 있는 척도가 되고 기호성에도 영향을 준다. 천연색소는 식품재료에 이미 들어 있거나 가열,

저장 또는 가공 도중에 생성되는데 다음과 같은 네 분류로 구분된다.

- 테트라피롤(tetra pyrrole)화합물 ; 엽록소, 헴, 빌린(bilin)
- 이소프레노이드(isoprenoid)화합물 ; 카로티노이드
- 벤조피란(benzopyran)유도체 ; 안토시아닌, 플라보노이드
- 2차 가공생성 색소 ; 멜라노이딘, 캐러멜

고기의 붉은 색은 헤모글로빈과 미오글로빈 등 헴 화합물이다. 이들은 분자의 중앙에 Fe 원자와 결합되고 있고 Fe^{++}가 Fe^{+++}로 산화되면 적색에서 갈색으로 변한다.

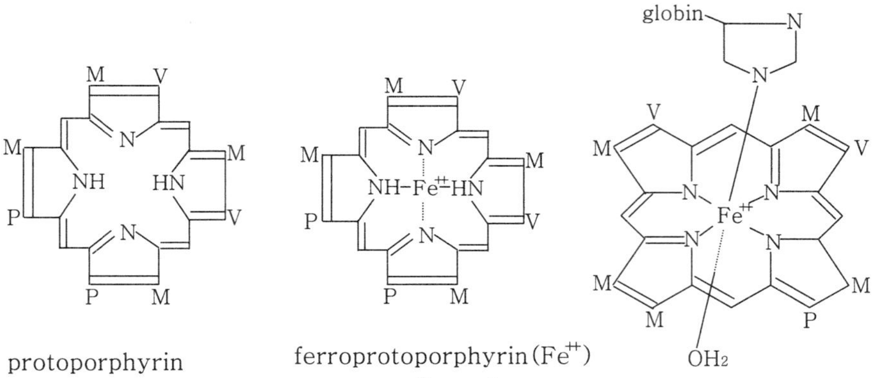

protoporphyrin
M=methyl group, $-CH_3$
V=vinyl group, $-CH=CH_3$
P=propionic acid group,
$-CH_2CH_2COOH$

ferroprotoporphyrin(Fe^{++})
(heme)

ferroprotoporphyrin−globin
(myoglobin, Fe^{++}−Mb)

<그림 4-42> Myoglobin의 구조

즉, 미오글로빈 색소는 암적색이지만 공기와 접촉하여 분자상의 산소와 결합되면 선명한 적색의 oxymyoglobin(Fe^{2+} - MbO_2)으로 되지만 공기 중에서 서서히 산화되어 Fe^{2+}가 Fe^{3+}로 되어 갈색의 메트미오글로빈(Fe^{3+} - Met Mb)이 된다.

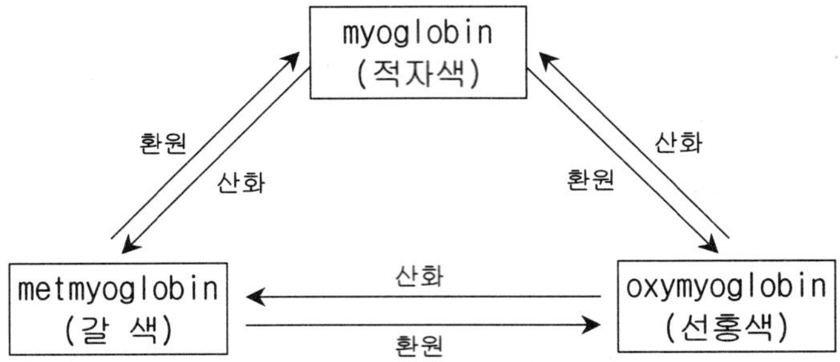

<그림 4-43> Myoglobin의 가역적 산화와 환원

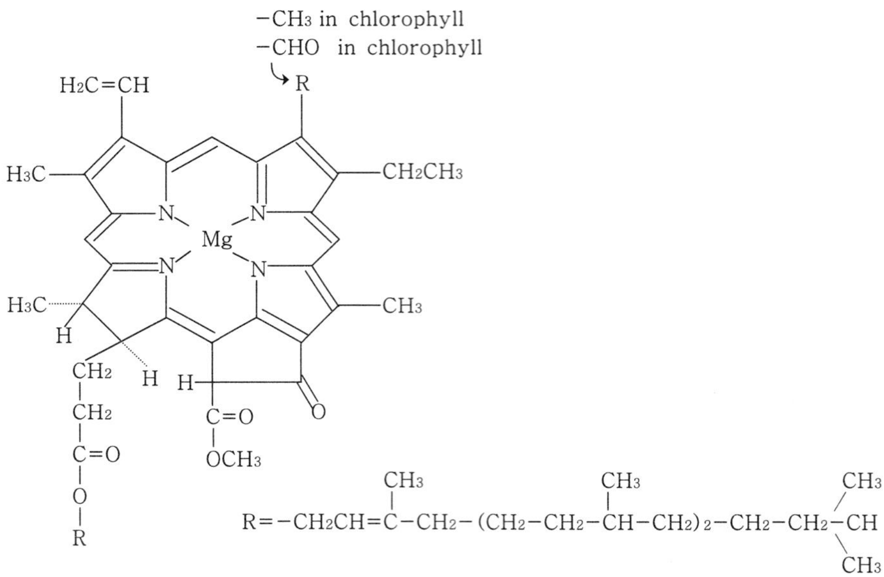

<그림 4-44> Chlorophyl의 화학구조

채소류의 녹색은 엽록소(chlorophyll)의 빛깔인데 이것도 혈색소와 같이 헴 구조를 가지며 중앙에 Fe 대신 Mg가 결합되어 있다. 천연상태에서 단백질과 결합되어 있는 엽록소는 단백질이 변성되고 가열에 의해서 Mg이 제거되면 갈색으로 변한다. 이런 반응은 산성에서 더욱 심하고 알칼리성에서는 비교적 안정하다. 푸른 빛깔을 유지하기 위하여 Cu를 첨가하여 Mg을 치환하면 안정화된다.

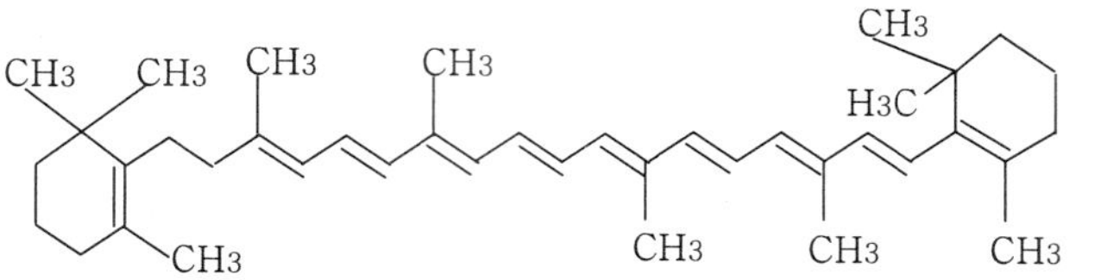

β-Carotene

당근, 감자, 녹색식물
고추, 토마토, 오렌지

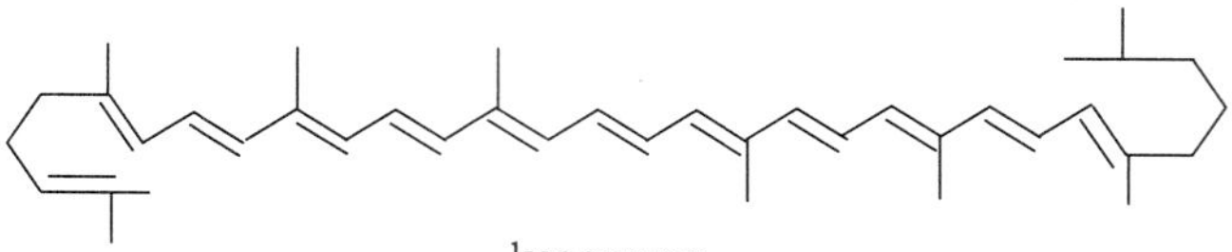

lycopene

토마토, 수박, 감

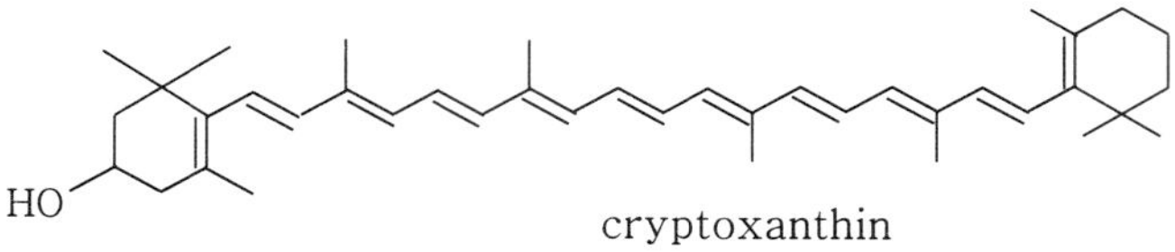

cryptoxanthin
(3-hydroxy-β-Carotene)

옥수수, 감귤류,
감, 호박

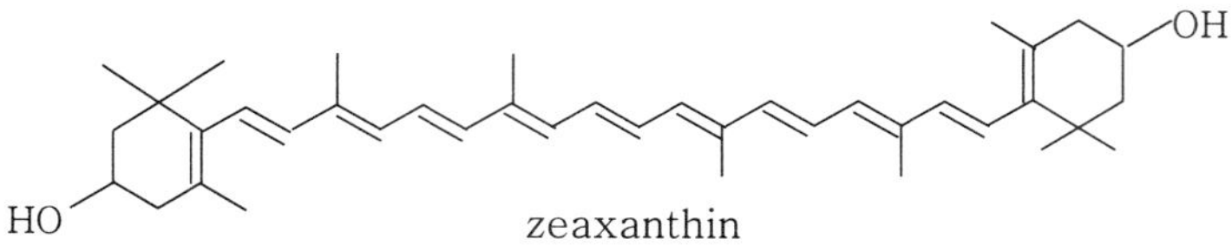

zeaxanthin

옥수수, 난황,
간장, 오렌지

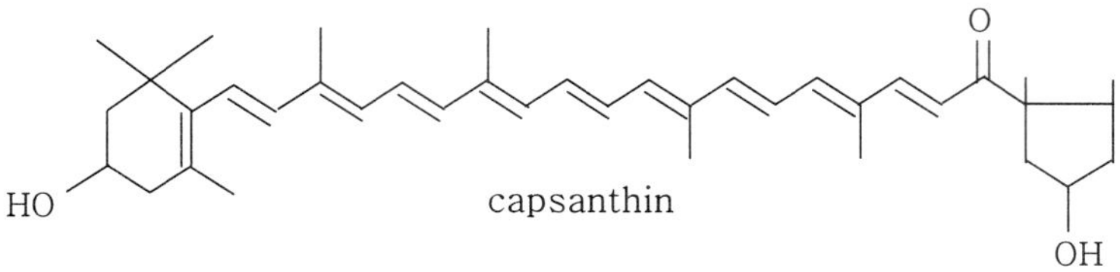

capsanthin

고추류

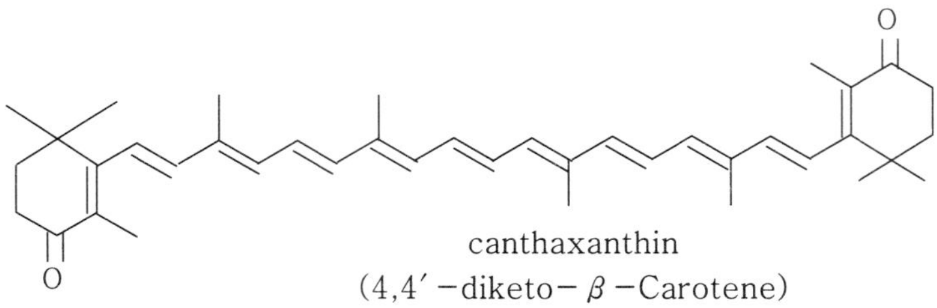

canthaxanthin
(4,4′-diketo-β-Carotene)

송이버섯

<그림 4-45> 식품 중에 함유된 carotene류와 xanthophyll류

황색의 카로티노이드(carotenoids) 색소는 엽록소와 함께 존재하는데 당근에 많이 들어 있고 그 일부는 비타민 A의 역할을 하기도 하며 최근에는 항암성 물질로도 각광을 받고 있다. 물에는 잘 녹지

않고 기름에 녹으며 특성이 기름과 같다. 일부는 공업적으로 합성되어 마가린 등의 식용색소로 이용되고 있다. 한편 카로틴류의 산화생성물로 볼 수 있는 xanthophyll의 종류는 매우 다양하지만 그 대표적인 것으로는 cryptoxanthin, zeaxanthin, lutein, capsanthin 등이 있다.

안토시아닌(anthocyanin) 색소는 식물세포 중에 배당체의 형태로 존재하며 과실, 채소의 적색, 청색 및 자색 등을 띤다. 이 색소는 가공하는 동안에 온도, 설탕, pH, 비타민 C 등에 의해서 파괴되고 금속과 결합하면 자색 또는 회색으로 변한다.

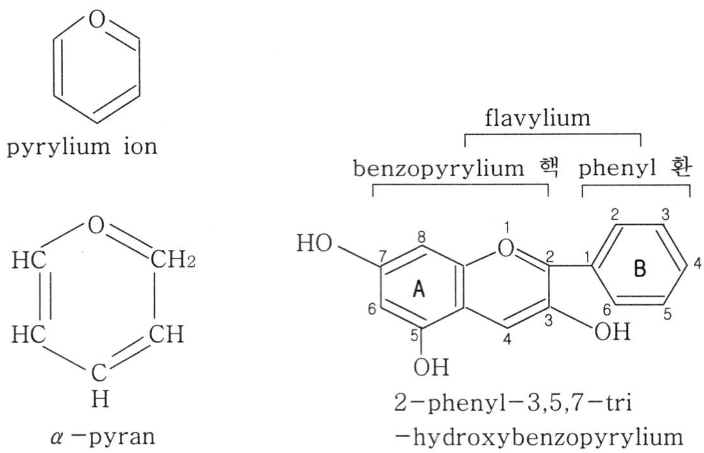

<그림 4-46> Anthocyanin 색소의 기본구조

플라보노이드(flavonids 또는 anthoxanthin) 역시 채소, 과실에 들어 있으며 빛깔이 강하지 않지만 금속과 결합하면 흑색으로 변한다.

홍당무에는 비텔레닌(betalanin)이라는 적색색소 들어 있다. 적색무(beets)의 적색 및 황색의 색소는 betalain류로서 적색의 betacyanins와 황색의 betaxanthins로 구분된다. 그중 적색의 betanin과 황색의 vulgaxanthin 등이 중요하다. 이들은 pH의 영향을 받아 산성에서는 적색, 알칼리성에서는 자색, 청색으로 변하고 pH 4.0~6.0에서 안정하다.

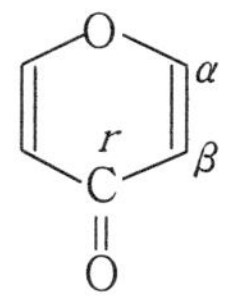

γ-pyrone

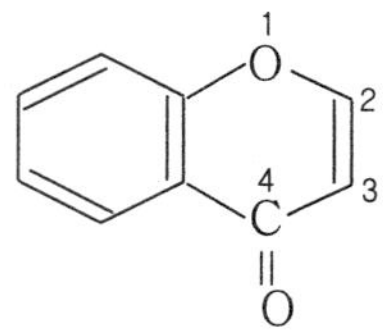

benzopyrone

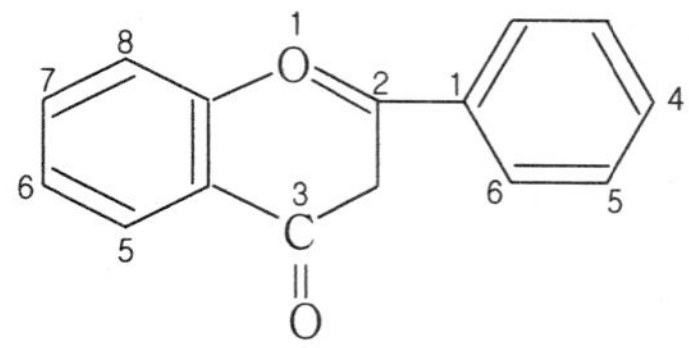

$C_6-C_3-C_6$의 골격구조인
2-phenyl benzopyrone(flavone)

<그림 4-47> Flavonoid(antoxanthin) 색소의 기본구조

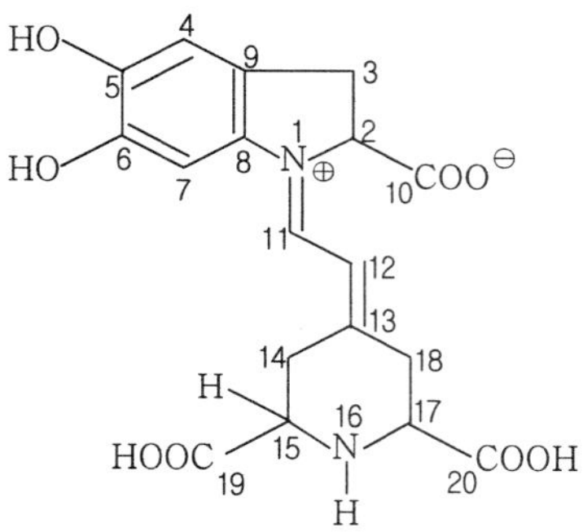

Ⅰ. Betanidin
Ⅱ. isobetanidin
(Betanin의 C-15 에피머)

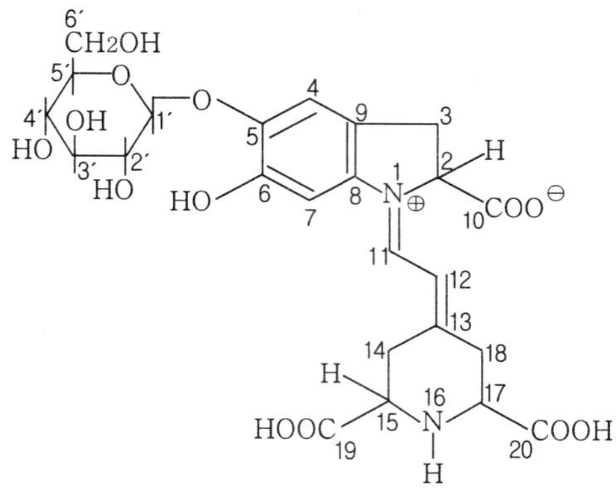

Ⅲ. Betanin
Ⅳ. isobetanin
(Betanin의 C-15 에피머)

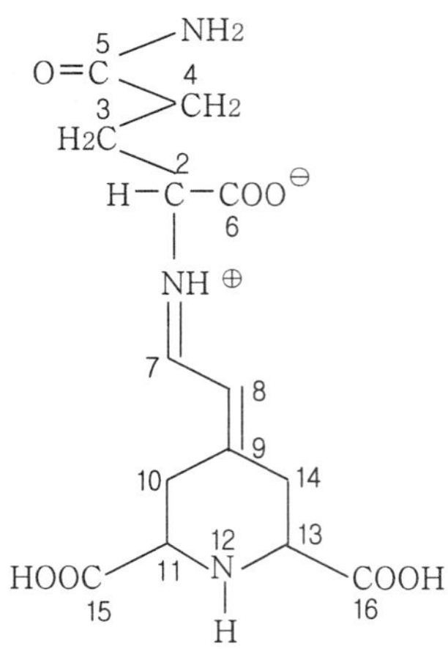

Ⅴ. Vulgaxanthin-Ⅰ

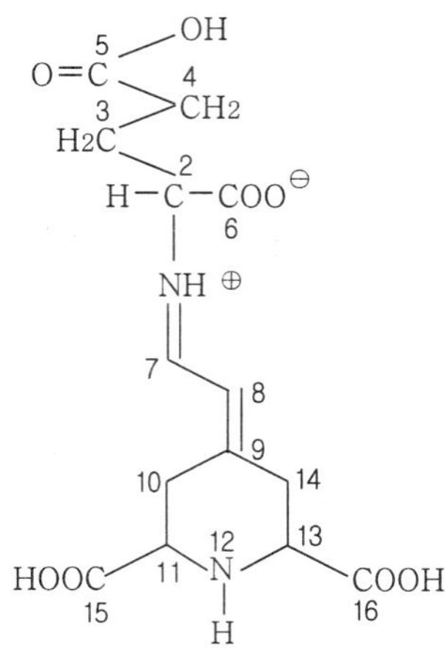

Ⅵ. Vulgaxanthin-Ⅱ

<그림 4-48> 적색 무(beets)에 존재하는 betalain 류의 구조

떫은맛 성분인 탄닌류는 무색이지만 산화생성물들은 갈색, 흑색, 홍색을 띤다. 탄닌류는 공기 중에서 polyphenoloxidase에 의해서 쉽게 산화되어 갈변된다. 또 금속이온과 반응하여 복합체를 형성하며 갈색, 흑청색, 청녹색, 회색을 띤다.

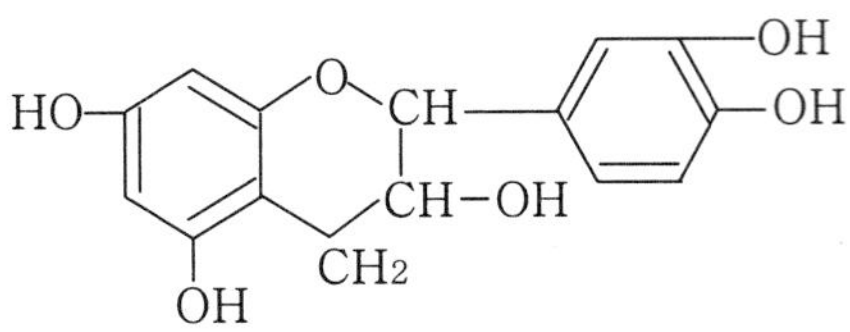

catechin

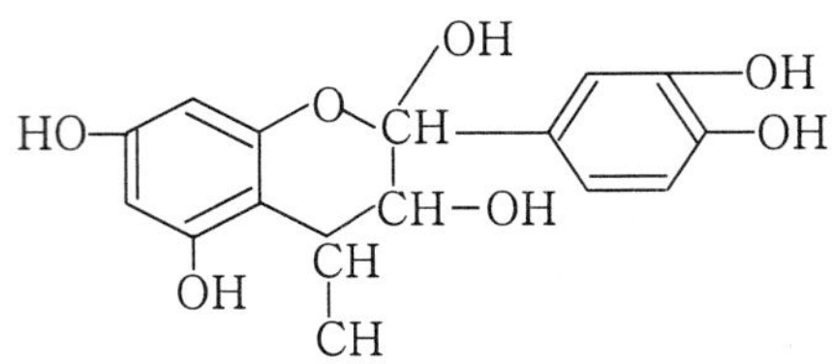

leucoanthocyanin

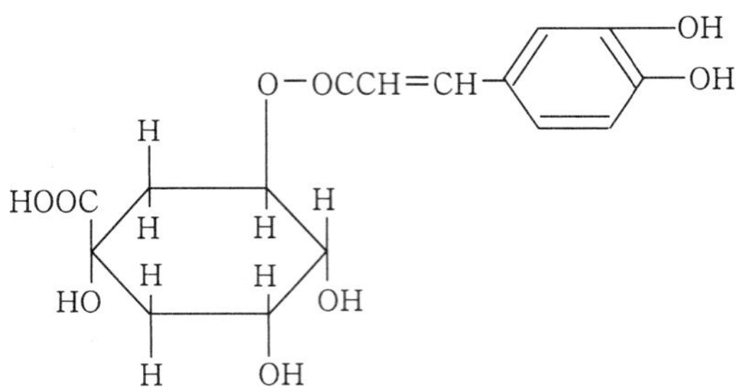

chlorogenic acid

<그림 4-49> 식품 중에 존재하는 주요 탄닌류의 구조

5. 맛과 향기성분들

식품의 맛은 혀의 표면에 있는 미뢰의 미각신경이 주로 화학적인 자극을 받아 일어나는 감각이다. 그러나 때로는 물리적 촉감이나 심리적인 상태가 영향을 미치고 연령, 성별, 생리상태 등이 맛에 영향을 미친다.

맛 성분은 그 화학구조가 중요한데 신맛은 수소이온, 단맛은 알코올기, 쓴맛은 슬폰산기 〔$-SO_2(OH)$〕, 매운맛은 황 화합물이 관여하는 것이라고 알려져 있다. 산류는 신맛, 염류는 짠맛을 나타낸다. 맛

성분의 화학구조가 조금 바뀌면 전혀 다른 맛을 내기도 한다. 사카린의 경우를 보면 <그림 4-50>과 같다.

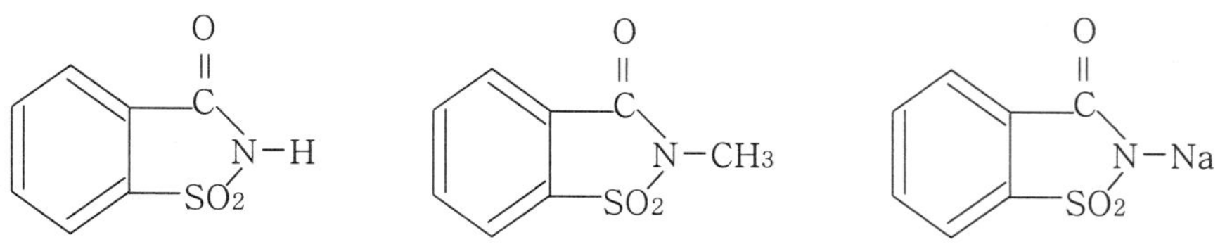

<그림 4-50> 사카린의 치환기가 단맛에 미치는 영향

서로 다른 맛 성분이 혼합되면 때로는 맛을 강화한다. 단맛이나 감칠맛은 짠맛이, 짠맛은 신맛에 의해서 강화된다. 이와는 반대로 맛을 저해시키는 경우도 있는데 쓴맛이나 신맛은 단맛을 억제한다. 짐네믹산(gymnemic acid)은 설탕의 단맛을 없애고 어떤 과실은 맛을 변형시키기도 한다.

맛의 종류에는 단맛, 쓴맛, 신맛, 짠맛을 기본으로 하고 매운맛은 하고 매운맛은 자극에 의한 맛, 떫은맛은 미각신경의 수축에 의한 맛, 감칠맛은 기본 맛이 조화에 의해서 느낄 수 있는 맛이라고 하지만 일본에서는 감칠맛은 umami라 하여 기본 맛에 포함시키고 있다.

맛과 향기 성분은 식품을 이용하는 데 매우 중요하다. 일반적으로 단맛을 좋아하는데 그 대부분은 당에 의하고 신맛은 각종 유기산에 의한다. 짠맛은 식염 성분에 의하고 쓴맛은 탄닌 성분 등에 의한다. 또 고소한 소디움 글루타믹 에시드 등에 의하는데 이것은 맛은 기본 맛에 속하지 않지만 매우 중요하다. 우리나라에서는 소디움 글루타믹 에시드를 많이 생산하여 조미료로 이용하고 있다.

당류는 분자량의 클수록 단맛이 적어지고 같은 당이라도 α형과 β형 등 구조에 따라 단맛에 차이가 난다. 포도당은 설탕의 50~70% 정도의 단맛을 내고 과당은 단맛이 강하고 상쾌한 맛을 준다. 자당은 감미료의 대표적인 것이며 맥아당은 자당의 30%, 유당은 16% 정도이다.

또 D-솔비톨은 자당의 50~70%로서 감미는 약하지만 상쾌한 맛을 내며 물에 잘 녹고 미생물이 발효를 시키지 못한다. 솔비톨은 흡습력이 강해서 습윤제로 쓰이고 청량음료에 이용한다. D-xylitol은 D-xylose를 환원하여 만든 것으로 솔비톨 보다 단맛이 강하고 흡수가 느리므로 당뇨병 환자의 감미료로 쓰인다.

아미노산 중에서도 글리신, D-히스티딘, D-류신, D-페닐알라닌, D-트립토판, D-티로신 등이 단맛을 내며 특히 D-트립토판은 자당의 35배의 단맛을 낸다.

신맛은 무기산, 유기산, 산성염 등이 수용액상에서 수소이온(H^+)을 내는 것으로 그 강도는 산기의 특성, pH, 산도, 완충효과, 당류의 존재 등에 따라 달라진다.

탄산은 탄산가스에 물에 녹아 평형을 이룬 것인데 자극성의 약한 신맛이 상쾌한 느낌을 주기 때문에 청량음료에 많이 쓰인다. 아세트산은 식초의 주성분으로서, 락트산은 요구르트나 김치의 신맛 성분이고, 구연산은 감귤류 등에 들어 있다. 숙신산도 감귤류 등에 들어있는데 발효에 의해서 생산되어 음료 등에 다른 유기산 등과 함께 쓰인다.

소금은 짠맛이 대표적인 것으로 짠맛을 주는 이외에 다른 맛들을 조화시켜 주고 체액의 삼투압 조절에도 중요한 역할을 한다. 신맛을 내는 유기산들의 염도 짠맛을 낸다.

쓴맛을 내는 것으로 맥주의 호프(hop) 성분인 루플론(lupulon), 커피의 카페인(caffein) 등 알칼로이드, 코코아의 테오브로마인(theobromine) 등이 있다.

식품 중 매운맛은 내는 것으로는 생강 중의 zingerone, shogaol 등의 알데히드나 케톤류, 고추의 매운맛 성분은 capsaicin, 후주의 chavicine 등 산아미드류, 마늘, 양파, 파 등에 allyl sulfide 류와 같은 황화합물이 있다.

감칠맛 성분으로는 글루탐산, 뉴클레오티드류 등이 있고 떫은맛을 내는 것으로는 각종 탄닌류가 있다.

향기 성분은 수백 종에 달하며 아주 미량으로도 독특한 냄새를 내며 맛 성분과 함께 중요한 품질요인이 되고 있다.

냄새는 맛의 경우보다 훨씬 복잡하고 예민하다. 냄새 성분은 수천

종에 달하고 후각기관의 감도는 미각기관보다 10,000배나 예민하다. 인간은 동물에 비해서 둔한 편이나 개와 쥐는 사람보다 100여배나 예민하다.

<표 4-17> 정상적인 호흡 시 느낄 수 있는 냄새물질의 한계 값

화 합 물	한계 값 농도(분자수/cc)
Allyl mercaptan	6×10^7
Secondary butyl mercaptan	1×10^7
Isopropyl mercaptan	1×10^8
Isobutyl mercaptan	4×10^8
Tertiery butyl mercaptan	6×10^8
Thiophenol	8×10^8
Ethyl mercaptan	1×10^9
1,3-Xylen-4-ol	2×10^{12}
μ-Xylene	2×10^{12}
Acetone	6×10^{13}

음식을 먹으면 숨을 내쉴 때 통과하는 공기가 뒤쪽으로부터 비강에 도달한다. 이들 냄새의 느낌은 오랫동안 뇌리에 기억할 수 있고 그 능력은 약의 복용 등에 의해서 영향을 받는다. 냄새들은 몇 가지 또는 많은 종류의 냄새성분의 혼합체에 의한다. 냄새의 강도는 범위가 넓은데 그것은 휘발성 향미 화합물이 미량에서부터 비교적 다량에 이르기까지 현저하게 다르게 존재하기 때문이다.

사향류(musks)는 케톤류, 락톤류, 스테로이드류, 니트로씨클로헥산류, 인덴류(indanes) 등 여러 냄새물질로 구성되어 있고 누우트카톤(nootkatone)은 그레이프 후르트향을 내는데 구조에 따라 향이 달라진다. 휘발성 유기산들도 사슬길이에 따라 냄새가 다르다.

γ-노나락톤(γ-nonalactone)은 강한 코코넛향을, γ-운데카락톤(γ-undecalactone)은 복숭아향을 갖고 탄소수가 하나 증가하면 사향으로 바뀐다. 피라진류(pyrazines)는 풋고추 특유의 강한 냄새를 내는 화합물로 식품을 가열할 때 생성되는 성분이다. 또 가열에 의해

서 퓨라논류(furanones)도 생성되는데 볶은 치커리 냄새를 낸다. 이들은 쇠고기를 구울 때 생성되는 냄새들이다.

2,5-디메틸-3-디히드로퓨라논(2,5-dimethyl-3-dihydrofuranone)은 구운 빵의 향기, 이소말톨과 말톨은 캬라멜화와 탄수화물의 열분해 산물이다.

냄새는 냄새의 특성과 한계값의 조합에 의해서 결정되는데 피망의 피라진류, 그레이프후르트의 누우트카톤, 과실류의 에스테르류 등은 대표적인 향미부여성분(contributory compounds)들이다.

식품 중의 향미성분을 분석하는 새로운 방법으로 향미단면 분석법(flavor profile method)을 고안하였는데 이것은 검사원 4~6명이 향미를 느낌(recognition), 설명(description), 비교하는 훈련을 통하여 용어에 익숙하게 하고 향미의세기를 측정한다. 관능검사의 냄새 평가는 먹을 때 가장 크게 영향을 미치므로 제일 먼저 실시하고 그 다음 입안에서 맛을 보는 향미분석을 행한다.

<표 4-18> n-카르복실산의 향미 특성

산 류	향미 특성
Formic	산, 매운맛
Acetic	산, 식초, 매운맛
Propionic	산, 매운맛, 산패 취, 치즈냄새
Butyric	산, 산패 취
Hexanoic	땀냄새, 노린내
Octanoic	산패 취
Decanoic	왁스냄새
Lauric	우지냄새
Myristic	비누 맛, 마분지냄새
Palmitic	비누 맛

제 5 장

곡 류

곡류(cereals)는 화본과에 속하는 열매를 식용 또는 사료로 이용하는 것으로 그 종류는 쌀, 밀, 보리, 호밀, 귀리 등의 맥류 그리고 나머지는 잡곡이라 하여 조, 수수, 옥수수, 메밀, 피, 기장 등이 여기에 해당된다. 메밀은 여뀌과에 속하지만 가루를 내어 국수로 만드는 등 특성과 용도가 곡류와 비슷하기 때문에 보통 곡류로 취급한다.

곡류는 종류에 따라 재배조건이 다르나 아열대가 원산인 벼는 고온 다습한 지역에서 재배되고 맥류는 온대의 서늘한 지역에서 더 잘 자라며 잡곡류는 어느 지역에서나 재배된다.

5-1. 곡류의 특성

곡류의 구성성분은 종류에 따라 차이가 나지만 전분이 주를 이루므로 특별한 맛이 없고 오히려 이 때문에 오랫동안 상식하여도 질리지 않으므로 주식이 된다. 우리나라를 비롯한 일본과 동남아시아, 인도, 중국 남부 등에서는 쌀을, 유럽, 북아메리카, 중국 등에서는 밀을 그리고 남미에서는 옥수수를 주식으로 한다. 건조한 곡류의 수분함량은 대략 14% 이하로 매우 단단하고 부피가 작아 오랫동안 저장하여도 쉽게 변하지 않으며 유통이 간편할 뿐만 아니라 생산량이 많아 모든 식품재료 가운데 가장 중요하다.

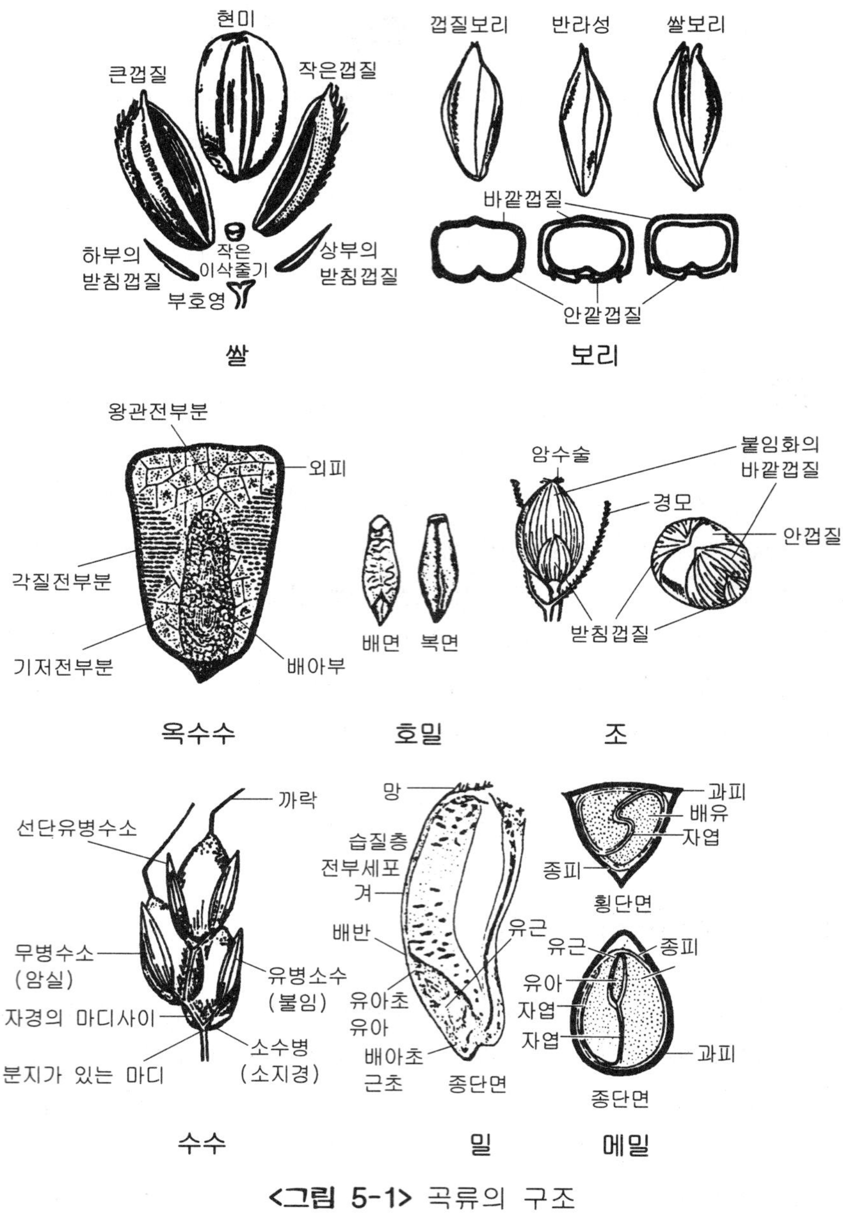

<그림 5-1> 곡류의 구조

5-2. 곡류의 구조

곡류 중 쌀과 맥류는 알갱이 모양은 비슷하지만 보리나 밀은 중앙에 홈이 파여 있고 조나 수수는 알갱이가 작다. 옥수수는 종류에 따라 원형, 방추형, 모난 것 등이 있다. 이들은 모두 왕겨 등의 과피와 내부에 종피, 배유, 배아 등으로 이루어져 있다.

알갱이를 쪼개서 단면을 보면 외부층은 과피와 종피로 되어 있고 배유는 알곡식의 대부분을 차지하며 전분립으로 충만되어 있다.

배아는 극히 어린 식물체로써 큰 껍질 쪽 밑에 붙어 있는데 유아(幼芽), 배축(胚軸), 유근(幼根)으로 되어 있다. 배아는 생장점과 제 1~3 본엽이 이미 분화되어 있는데 이것을 초엽이, 종근이 될 유근은 근관(根冠)과 근초가 각각 보호하고 있다.

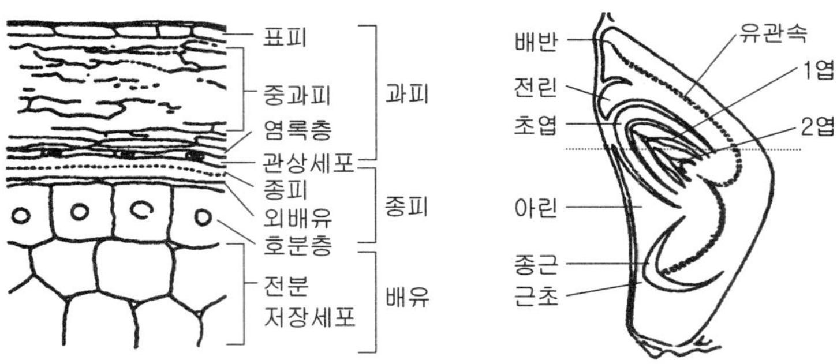

<그림 5-2> 곡류의 단면과 배의 구조

5-3. 곡류의 저장과 변패

곡류는 한 번 생산한 것을 1년 내내 먹어야 하기 때문에 오래 저장을 하여야 하며 안전하게 저장하기 위해서는 잘 말려야 한다. 말려서 포장한 것은 가급적 낮은 온도에서 습기가 다시 들어가지 않도록 하는 조건에서 저장한다. 포대에 담아서 창고에 저장하는 재래식 방식이 많이 적용되고 있으나 대규모 농가가 있는 선진국에서는 낱알을 원통형 사일로에 저장하는 방법을 적용하고 있다. 이런 저장은 곡물의 건조 기능까지 겸하고 있다.

곡류는 살아 있는 생명체이므로 저장하는 동안 호흡작용이나 기타 작용으로 품질이 저하된다. 저장하는 동안에 바구미, 곡식나방 등 곤충의 피해를 특히 많이 받는다.

이들은 곡식을 알갱이 내부에서 갉아 먹거나 외부로부터 먹어 들어가고 곤충 자체 즉 곤충이 낳는 알이나 사체, 분비물, 변 등이 오염물질이 된다.

피해를 가장 많이 주는 쥐 역시 곡식을 먹어치우는 일 이외에도 곤충과 마찬가지로 부수적인 오염을 시켜 식품에 손상을 가져온다. 미생물 중에서는 건조에도 잘 견디는 곰팡이류가 곡식에 번식하여 맛, 변색 등을 일으키고 독소를 생성한다.

1. 곡류의 저장요인

저장된 곡류는 수확 후 생리적으로 비교적 안정된 휴면상태에 있다. 그러나 저장 중 곡물 자체에서 생리적 변화가 일어나게 되고 해충, 곰팡이 등의 미생물이 번식하여 피해를 입게 된다. 이때 가장 큰 영향을 미치는 요인은 수분과 온도이다.

1) 수분

잘 말린 곡류의 수분함량은 대략 12% 이하이다. 곡물의 수분함량은 상대습도에 따라서 달라진다. 즉, 곡물 중에 함유된 수분의 수증기압과 공기 중의 수증기압 사이에 평형상태가 유지되는데 이를 평형수분이라 한다.

벼를 저장할 때 저장초기의 수분함량은 변화가 크지만 5일 정도가 지나면 변화가 적어지다가 20일 정도가 지나면 평형수분 상태에 이르게 된다. 어떤 온도에서 평형수분함량에 이르게 되지만 흡습의 경우와 방습의 경우에 따라 약간 차이가 나기 때문에 곡물을 저장할 때는 주위 공기의 상대습도가 중요하다.

곡물은 저장 중에 호흡작용을 하게 되는데 이 과정에서 탄산가스가 발생되는데 탄산가스 발생량과 곡물의 수분과의 관계는 <그림 5-3>과 같다.

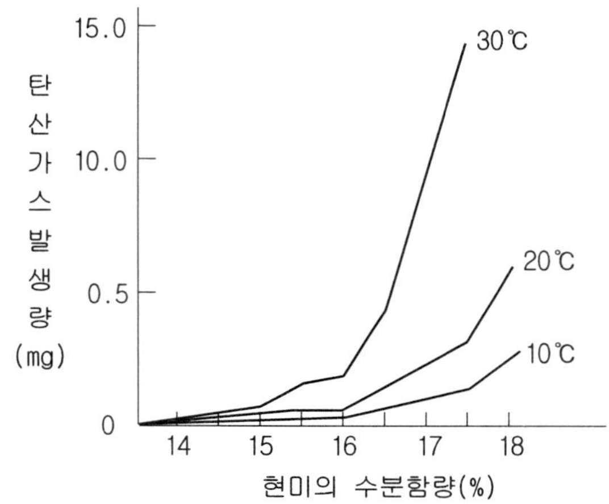

<그림 5-3> 현미의 수분함량과 호흡량

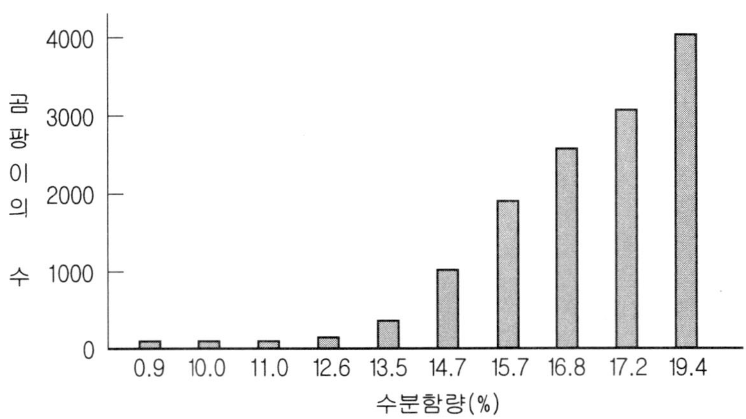

<그림 5-4> 온도와 곡류 곰팡이와의 관계

2) 온도

일반적으로 곡물의 온도가 20℃가 넘으면 곡립의 호흡작용과 해충 및 미생물의 번식이 왕성해지고, 그 이하가 되면 미생물의 활동이 거의 정지된다. 해충은 20℃ 이상에서는 잘 번식하고 15℃ 이하에서는 번식률이 낮아지고 10℃ 이하에서는 거의 번식하지 못한다.

2. 저장중의 변화

곡류는 저장 중에 병충해 및 호흡작용에 의하여 변질되므로 잘 건조한 다음 저온에서 저장하여야 한다. 곡류의 저장 중 일어나는 변화는 다음과 같다.

1) 생물학적 변화

곡류는 저장기간이 길어지면 발아력이 떨어지고 빛깔이 탁해지며 생기가 떨어진다. 또한 경우에 따라서는 강층에 많이 함유되어 있는 유지 성분이 산화되어 산패취가 발생하거나 곰팡이 냄새가 날 수 있다.

저장하는 동안 발열반응이 나타날 수 있는데 보통 수분함량이 15% 이하일 때의 발열반응은 충해에 의한 경우가 많고 15% 이상에서는 곰팡이에 의한 경우가 대부분이다.

발아율의 변화는 곡식의 종류, 수분함량, 공기 중의 습도, 품종 등에 따라 일정하지 않으나 우리나라의 경우 수확한 다음 해의 우기를 지나면 발아율이 크게 떨어진다.

2) 물리적 변화

쌀의 경우 저장기간이 길어지면서 흡수력과 흡수 팽창률이 점차 적어지고 강도는 높아진다.

3) 화학성분의 변화

쌀의 경우 저장 중에 호흡작용이 일어나고 있기 때문에 곡물의 수분함량이 높고, 저장고의 온도, 습도가 높을수록 쌀 성분의 소모가 커진다. 그러나 대체로 일반성분의 변화는 크지 않으며 수분함량은 상대습도에 따라 차이가 달라진다.

비타민 B_1 은 일반적으로 변화가 큰데 수분이 15~16% 인 쌀은 1년 후 30~40%가 감소하나 12~13% 인 경우에는 약 20% 감소된다.

장기간 저장된 쌀의 맛이 떨어지는 이유는 유리 지방산이 주요 원인으로 작용하며 공기 중의 산소에 의하여 산화가 일어나기 때문이다.

<표 5-1> 저장 중 현미의 성분변화

	저장 시작	1년차	2년차	3년차
수 분	14.5	13.7	13.7	13.8
단백질	10.1	10.4	10.2	10.1
지 방	2.8	2.8	2.6	2.4
탄수화물	84.9	84.9	84.4	84.6
섬 유	0.9	0.9	1.4	1.5
회 분	1.3	1.3	1.4	1.4

3. 생물에 의한 피해방지

저장 중의 곡물피해는 주로 곰팡이와 해충에 의한 것이다. 해충의 발생을 방지하거나 예방하기 위해서 aluminium phosphide 정제인 phostoxin, quick phos(1~5정/m^3)와 panaplate가 많이 사용되고 있다.

일단 해충이 발생할 경우에는 훈증법이 효과적이다. 일반적으로 사용되는 훈증제에는 chloropicrin과 methyl bromide가 있다. 밀폐한 창고 $1m^3$ 당 chloropicrin의 경우에는 16g, methyl bromide는 10g을 기화시켜 3일 동안 밀폐하여 놓은 다음 신속히 개방하여 환기시킨다.

4. 저온저장

곡류저장에 효과적이고 경제적인 조건은 온도 10~15℃, 습도는 70~80% 이다. 우리나라의 경우 저장고의 온도를 15℃ 이하로 내려야 하는 기간은 4월 하순부터 10월 초순에 이르는 5~6개월 정도이다.

저온저장 창고에는 냉풍순환식과 직접냉각식이 있는데 전자는 창고 밖에 설치해 놓은 냉동건조장치로서 냉각공기를 만들어 습도를 조절하여 창고 속을 순환시키는 방식이고 후자는 창고 내에 냉각관을 직접 배치하여 창고 내의 공기를 냉각시키는 방식이다. 일반적으로 전자가 많이 사용되고 있다.

저온저장의 장점은 해충과 미생물의 번식을 억제하며, 쌀을 비교적 신선한 상태로 유지할 수 있어서 생리작용 등에 의한 손실을 최소화할 수 있고 수분 감소 등에 의한 무게 변화가 적다. 또한 도정한 쌀의 맛이 좋으며 비타민 등의 성분변화가 적고 발아율이 좋다. 해충을 제거하기 위하여 훈연 처리할 필요가 없으며 현미 도정효과가 좋다.

이 같은 장점을 갖고 있지만 냉각장치의 설치 운영 및 비용의 문제 등으로 실용화하기 어려운 점이 많다. 이웃 일본에서는 이런 문제를 극복하기 위하여 폐광을 사용하거나 비닐 팩에 포장한 다음 호수에 넣어 보관하는 방법 등을 실험하였으나 방수포장비, 입지 조건, 관리조건 등으로 실용화는 되지 못하였다.

5. 기타 저장

이밖에 미곡저장에 관한 여러 가지의 시도가 있는데 그 대표적인 것은 기밀저장, 탄산가스 치환법, 통기저장법 등을 들 수 있다.

기밀저장(air tight storage)은 곡류에 증식하는 미생물이나 해충은 대부분 호기성이기 때문에 산소를 제거할 경우 이들 미생물이나 해충에 대한 문제는 자동적으로 해결이 가능하다. 즉, 저장고를 밀폐하여 두면 곡류의 호흡으로 산소가 소비되고 탄산가스가 많아지므로 유해 미생물이나 해충은 사멸하게 된다.

탄산가스 치환법(carbon dioxide exchange method)은 포장용기에 곡류를 넣을 때 탄산가스를 주입하여 밀봉하면 좋은 품질을 유지할 수 있다. 그러나 이는 기체 투과성이 적은 우수한 포장재와 포장기술이 필요하며 비용이 많이 드는 단점이 있다.

통기저장은 별도의 건조시설 없이 저장고에 환풍장치를 설치하여 저장하는 동안에 안전수준까지 수분을 건조하는 것이다. 이 방법은 시설비나 건조 비용이 크게 들지 않아 비교적 유리한 방법이다.

제 6 장

쌀(rice)

6-1. 벼의 기원과 특성

1. 벼의 기원

세계적으로 재배되고 있는 벼는 아시아 벼(*Oryza sativa*)와 아프리카 벼(*Oryza glaberrima*)로 나뉜다. 아프리카 벼는 아프리카 서부 세네갈에서부터 나이지리아에 걸쳐 재배된다. 아프리카 벼(*Oryzae glaberrima*)는 약 3,500년 전 마리(Mali)의 Niger강 중류의 하천 델타의 야생 벼 가운데 *Oryzae barthii* 라는 야생종이 진화하여 일년생 *glaberrima* 으로 진화한 것으로 생각되어진다. 그러나 아프리카 벼 *glaberrima* 는 아시아 벼 *sativa* 와 교배종을 만들면 그 일대 잡종은 불임이 되어 후대를 얻을 수 없다. 그밖에도 여러 가지 형태적 생리적 특성이 달라 아프리카 벼는 아시아 벼와는 독립적으로 진화 발달된 것으로 판단된다.

요즘에는 아프리카 벼의 생산성이 아시아 벼보다 떨어지기 때문에 아시아 벼로 교체되고 있는 실정이다. 여기를 제외한 아시아 지역과 아프리카 동북부, 유럽, 호주, 남, 북미 대륙 등지에서 재배되는 벼는 모두 아시아 벼에 속한다.

아시아 벼의 기원은 크게 인도 기원설, 동남아 기원설, 중국 기원설로 나뉘는데 인도 기원설은 갠지스 강 하류에서 아셈 지방에 걸쳐 벼의 유전변이가 많고 야생종이 있는 것으로 보아 이 지방이 벼의 원산지이고 재배가 시작된 지대일 것이라고 추정한다.

동남아 기원설에 따르면 운남-버마-아셈을 연결하는 고원지대는 해발 1,500~2,000m, 북위 28도 정도로 기후가 온화하고 수리가 좋아 고지대에서는 자포니카 벼가 저지대에는 인디카 벼가 재배된다. 운남에는 양자강, Song Hong, Mekong, Salween, Irrawaddy 강들의 상류가 시작되어 베트남, 라오스, 미얀마로 연결되어 강 상류에서는 자포니카가, 하류에서는 인디카가 재배되어 상 하류의 교류가 활발하여 품종이 다양하게 변이된 것으로 추정된다. 운남의 서쪽은 미얀마의 Irrawaddy 강 상류, 그 서쪽은 인도 아셈의 Brahmaputra 강 상류이다. 벼의 다양한 유전적 변이는 이곳으로 연속되어 갠지스 강 하류까지 연속되므로 고온 다습한 아셈 지방이 벼 식물의 발생지라고 생각되는 이유가 된다.

한편 중국 기원설을 보면 고고학적으로 볼 때 가장 오래된 벼를 경작한 유물들과 인류문명의 유물이 중국에서 출토된 것을 볼 때 아시아 벼 *Oryzae sativa* 의 기원이라는 여러 가지 주장들이 제기되고 있으나 그에 따른 반론들도 만만치 않은 실정이다.

아시아 벼는 크게 다음의 3가지로 구분된다. 즉 인디카(Indica), 자포니카(Japonica) 그리고 부루(bulu)로 구분되는데 부루는 자바(Java)로 불리기도 하는데 인디카와 비슷하여 여기에 넣기도 한다.

인디카 벼는 지역적인 생태조건에 오랫동안 적응하면서 그 특성이 약간씩 달라졌다. 그 분화된 것을 보면 인도네시아의 "쩨레"(Tjerhe), 파키스탄, 인도, 미얀마 등의 "아만"(Aman), "아우스"(Aus), "뽀로"(Boro) 등으로 구분된다. 쩨레는 인도네시아처럼 연중 고온이고 비가 연중 고르게 내리는 지역에서 논벼의 형태로 발달한 품종이고, 뽀로는 밭벼로 발달된 품종이다. 계절변화가 약간 있는 북위도에 적응한 품종은 아만, 아우스 등이며 뽀로는 생육기간이 긴 품종이다.

방글라데시에서는 아우스 종은 3~4월에 파종하여 7~8월에 수확하고 아만 종은 7~8월에 파종하여 11~12월에 수확한다. 뽀로 종은

10~11월에 파종하여 3~5월에 수확한다. 이 가운데 주된 작물은 아만이고 뽀로는 관개사정이 좋은 지역에서 겨울에 재배되는 종이다. 아우스는 보조적으로 고온 장일 조건에서 재배된다. 아만 종은 보통 이식 재배하지만 산파하는 것도 있는데 이들은 아우스와 같이 3~4월에 산파하여 11에서 12월에 수확하는 생육기간이 매우 긴 품종들이다.

미얀마에는 여름에 재배하는 카욱(Kauk)과 겨울에 재배하는 메이인(Mayin)이 있고, 인도에는 여름에 재배하는 카리프(Kahrif)와 겨울에 재배하는 라비(Rabi)가 있으며, 인도네시아에는 건기품종인 쩨레(Tjehre)종과 우기에 심는 부루(Bulu)종이 있다.

몬순기후 지대에서는 장마로 넓은 지대가 침수되어 있다가 장기간에 걸쳐 서서히 물이 빠지는 지역에서는 심수도라는 품종이 분화되었는데 60일 정도 기본 생장을 한 다음에는 잎이 수면 위로 나와 동화작용을 한다. 물 속 깊이 잠겨있을 경우에는 수중 마디에서 부정근이 나와 영양분을 흡수하기도 한다.

2. 벼의 특성

자포니카 종은 키가 작고 쌀알이 둥글고 굵으며 지어진 밥은 끈기가 강하다. 즉, 세포막이 얇아 밥을 지으면 쉽게 파괴되고 내부의 전분 알갱이는 세포 외부로 방출되어 호화되기 때문에 부드럽고 점성이 있는 것으로 느껴진다.

주로 온대지방, 즉 중국의 양자강 하류, 한국, 일본, 호주 일부, 캘리포니아 등지에서 재배되며 도정수율이 높다.

한편 인디카 종은 키가 크고 쌀알이 길다. 세포막이 두껍기 때문에 밥을 짓더라도 세포막이 파괴되지 않아 전분입자가 세포막 내에서 호화되므로 끈기가 약하다.

주로 동남아시아와 중국의 남부지역에서 재배된다.

자바 종은 키가 크고 쌀알이 약간 둥글고 크며, 끈기는 인디카 종보다 강한 편이다. 이들 각각은 메벼와 찰벼, 또는 논벼와 밭벼로 구별되고 있다.

논벼와 밭벼는 식물학상 같은 종류이다. 벼는 본래 밭에서 재배되고 있었으나 잡초가 생겨 논에 재배하면서 물이 있는 곳에서 잘 견디는 품종을 선발, 재배하여 왔다. 따라서 밭벼(upland rice)를 논에 재배하면 밭에서 보다 생산량이 많으나 논벼를 밭에 재배하면 생산량이 오히려 떨어진다. 논벼와 밭벼는 수분관계뿐만 아니라 형태적으로도 약간의 차이가 있는데 특히 미질의 차이가 커서 밭벼는 논벼에 비해 끈기가 적은 편이나 찹쌀의 경우에는 논벼에 비해 큰 차이가 없고 오히려 떡으로 만들면 굳는 속도가 더디다. <표 6-1>은 우리나라 벼의 고품질 품종을 나타낸 것이다.

<표 6-1> 우리나라 벼의 고품질 추천품종(2003년)

품 종		수량(kg/10a)	벼키(cm)	내냉성	현미천립중(g)	도열병	벼멸구
조생종	상미	531	66	중강	20.7	중강	약
	오대	481	77	강	22.0	중	약
	중화	503	77	중강	20.2	중강	약
중생종	화성	493	82	강	22.4	약	약
	화봉	552	78	약	22.2	중강	약
	수라	552	75	강	21.5	중	약
	화영	505	77	강	22.8	중강	약
중·만생종	일품	534	79	강	21.3	중	약
	남평	547	80	중	21.7	중	약
	신동진	596	80	중강	27.3	약	약
	새추청	558	95	약	20.5	중	약
	대안	511	76	중	21.7	중	약
	추청	453	100	중	20.0	약	약
	주남	576	73	중강	23.2	중	약
	일미	522	79	중강	19.8	중강	약

3. 벼의 수확시기

벼는 수확시기에 따라 품질이 달라지는데 벼를 너무 일찍 베면 청치(青米)가 많고, 쌀알의 골이 깊어서 완전히 도정하면 도정수율이 낮고 품질이 떨어지며 저장 중에 충해를 받기 쉽다.

이와 반대로 벼 베기를 너무 늦게 하면 겨층이 두꺼워지고 색깔이 나빠 미질이 떨어지며 동할미(胴割米)와 탈립(脫粒)이 많아지고 새, 쥐 등에 의한 피해를 받기 쉽다. 또한 수확하기도 힘들다.

따라서 벼베기의 적당한 시기는 알갱이에 양분의 이행이 끝난 시기라고 할 수 있지만, 전체의 벼이삭 또는 낱알이 같은 날짜에 성숙되는 것이 아니므로 실제로 베어야 할 시기는 대부분의 종실이 성숙한 때이다.

벼를 베었을 때 곡식의 수분 함량은 대체로 20% 정도인데 탈곡을 할 때에는 16% 정도로 건조된 것이 좋다. 그러나 통일품종과 같이 탈립되기 쉬운 품종은 베고 말리는 작업을 하는 과정에서 손실이 많으므로 베는 동시에 탈곡을 하고 건조하는 것이 좋다.

일반적으로 인공건조의 경우에는 가급적이면 비교적 낮은 온도로 건조시간을 충분히 주어 서서히 건조함으로써 쌀알이 부서지는 것을 방지할 수 있다.

4. 벼의 구조

왕겨를 벗겨낸 것을 현미(brown rice)라 하는데, 크기가 장경(長徑) 5~6mm, 폭 3~3.5mm, 두께 2.5mm 내외로 끝이 뾰쪽하고 짧은 방추형 알갱이의 배 기부(基部)에 배아(胚芽)가 있으며 알갱이 표면에는 5개의 골(溝)이 져 있다.

현미는 종피, 배, 배유의 세부분으로 되어 있으며, 등 쪽의 과피에는 영양과 수분을 배아 및 배유에 공급하는 굵은 유관 속이 세로로 질러 있는 반면 배 쪽에서는 유관속이 없어 배부보다 충실도가 떨어진다.

종피는 엷은 층으로 되어 있어 수분투과가 어려우며 쌀이 완숙되면 질긴 피막을 형성하여 쌀을 둘러싼다. 이 막은 산, 알칼리에 강하고 반투과성 격막으로 물만을 투과하며 다른 용존 물질 즉, 식염, 산, 색소 등은 통과하지 않는다.

이처럼 내부를 보호하는 종피는 소화시키기 힘들다. 호분층은 단백질과 지방질이 많아서 단지립층(蛋脂立層)이라고도 하며, 물의 투과를 방해하는 1~2층 또는 여러 층으로 되어 있다. 전분세포는 세포막이 엷고 다량의 전분을 함유하며, 단백질이 존재하기도 하나 외부보다는 적다.

이러한 과피, 종피, 외배유, 호분층을 합하여 강층(糠層)이라 한다. 호분층 및 배(胚)는 단백질, 지방질, 비타민류가 풍부하나 도정되면 제거된다.

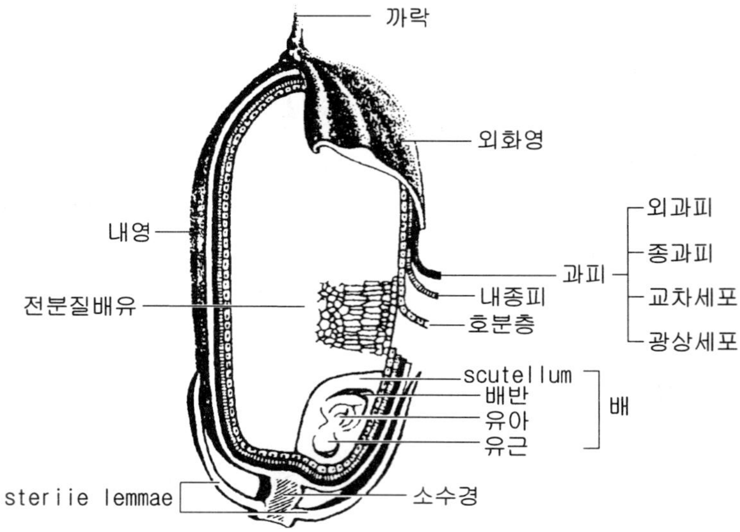

<그림 6-1> 벼의 구조

벼 알갱이의 배 쪽이 희고 불투명한 것을 복백미(腹白米)라 하고 미립의 중앙부가 하얀 것을 심백미(深白米)라고 하는데 이처럼 전분 세포층은 전분의 집적이 좋지 않아 공기층의 형성되고 이에 의해서 빛이 난반사되므로 백색을 띤다. 복백미는 부스러지기 쉬운 불량미이며 심백미와 함께 비중이 낮다.

배는 유아, 배축, 유근 등으로 구성되어 있으며 유아, 유근은 각각 초엽(鞘葉)과 근초(根鞘)로 둘러싸여 있다. 배유와 접하는 곳에 흡수층이 있는데 이곳에 당화효소를 함유하고 있다. 이 당화효소는 발아할 때 활성화되어 배유부의 전분을 분해하여 저분자 당을 만들어 낸다.

6-2. 도정

과피, 종피, 외배젖 및 호분층을 합하여 쌀겨 층이라고 하는데 현미의 곡립조직에서 겨층은 5~6%, 씨눈은 2~3%를 차지한다. 현미를 도정할 때 나오는 부산물을 쌀겨라고 하는데 백미로 할 경우 약 8~9% 가량이 만들어진다. 여기에는 겨층과 쌀겨가 포함되기 때문에 도정률은 보통 91~92% 가 된다.

호분층은 현미의 배 부위가 1~3층, 등 쪽의 가장 두터운 부분에서는 5~6층의 세포층으로 이루어져 있어 등 쪽은 배 쪽보다 도정하기가 어렵다.

도정은 물리적 힘을 사용하는 것으로 그 원리에는 다음의 4가지가 있다. 즉, 마찰작용, 찰리작용, 절삭작용, 충격작용이 그것인데 마찰작용은 곡립이 서로 마찰되는 작용으로서 이 작용에 의하여 곡립면이 매끄럽게 되고 윤이 나며, 또 알갱이가 고르게 된다. 마찰에 의한 도정 효과는 비교적 적으나 찰리작용과 함께 일어날 때는 도정 효과가 비교적 크다.

찰리작용은 마찰작용을 강하게 작용시켜 낱알면의 표면을 벗기는 것으로, 마찰과 유사한 작용으로 볼 수 있다.

절삭작용은 금강사 숫돌의 롤러같이 단단한 물체의 모난 부분으로 조직의 낱알을 분할하는 작용인데, 절삭하는 단위가 작을 때는 연마라 하고, 단위가 클 때에는 연삭이라고 한다.

충격작용은 어떤 물체를 큰 힘으로 낱알에 충격을 가하여 조직을 벗기는 작용이다. 그러나 실제로 도정을 할 때에는 이들 각 작용이 별도로 일어나는 것은 아니고 동시에 작용하여 도정이 된다.

1. 도정도, 도정률 및 도감률

도정도(degree of milling)는 쌀겨 층이 벗겨진 정도를 판단하는 기준으로 쌀겨 층이 완전하게 벗겨진 것을 10분 도미, 쌀겨 층의 반이 벗겨진 것을 5분 도미로 표시하는 방법이다.

도정률은 도정된 정미량이 현미량의 몇 %에 해당되는 가를 나타내는 방법이다.

도감률은 도정할 때 제거되는 쌀겨, 씨눈 등으로 없어지는 양이 현미량의 몇 %에 해당되는 가를 나타내는 것으로 무게에 대한 %로 나타낸다.

<표 6-2> 도정도, 도정률, 도감도

도정도	도정률(%)	도감도(%)
현미	-	-
5분도미	96	4
7분도미	94	6
10분도미	92	8

2. 도정도 결정법

도정의 정도를 결정하는 방법에는 다음과 같은 것들이 있다.

1) 쌀의 표면색에 의한 방법

소량의 쌀을 검정 종이 위에 놓고 이를 태양빛 밑에서 보아 겨층이 완전히 제거되어 있으면 백미, 그리고 그 제거된 정도에 따라 도정도를 구분하는 방법이다. 이것은 태양빛을 사용할 경우 그리고 숙달된 사람이 하는 경우에는 상당히 정확하며 간단히 그리고 신속히 할 수 있는 장점이 있다.

2) 도정시간에 의한 방법

백미를 만드는데 걸린 시간을 미리 정해놓고 이것의 반에 해당되는 시간이면 5분도미로 하며 시간에 비례하여 도정도를 결정하는 것으로 어느 정도 실용성이 있다.

3) 전력 소비량에 의한 방법

백미를 도정하는데 소요되는 전기 소요량을 기준으로 하여 이에 대한 비례로 도정도를 결정하는 방법이다.

4) 화학적 방법

erosin과 methylene blue를 methanol에 녹인 May Grunwald 시약을 2배의 methanol로 희석하여 소량의 쌀을 함께 시험관에 넣고 30분간 가볍게 흔든 다음 염색액을 흘려 내 보낸 뒤 2~3회 물로 씻는다. 이렇게 하면 종피부는 청색으로 염색되고 배유부는 엷은 청홍색 또는 엷은 홍색, 호분층은 엷은 녹색 또는 엷은 청색 그리고 배아는 엷은 황록색으로 물든다.

이 방법은 염색된 색의 강도를 비교하는 것은 아니며 염색된 조직의 비율을 대조하여 보는 것이다.

3. 도정중의 변화

쌀은 도정 중에 화학적 물리적 변화를 겪는다. 현미는 그 부위에 따라 화학적 조성이 다르다. 따라서 도정도가 높아지면 단백질, 지방, 섬유질, 회분, 비타민, 칼슘, 인 등이 줄어들고 전분은 상대적으로 증가하게 된다.

또한 도정과정에서 쌀의 모양, 크기, 개당 무게 감소가 일어나는데 도정시 일반적으로 쌀알의 길이가 가장 크게 변하고 폭 및 두께는 비교적 작게 변화한다. 용적중(容積重)은 도정 초기에는 겨층이 부풀면서 감소되었다가 도정이 진행되면서 표면이 매끈해지므로 용적중은 다시 증가한다.

4. 도정기

백미제조에 필요한 도정장치는 정미기(精米機), 제강연마장치(除糠

硏磨裝置), 정선선별장치(精選選別裝置)로 구분된다.

1) 정미기(精米機)

정미기(rice milling machine)의 구동원리는 압력을 이용한 것과 속도를 이용한 것이 있는데 압력식 정미기는 도정실 내의 강철롤러 회전 속도가 1분간에 300m 이하인 것으로 쌀알에 강한 압력을 가하여 쌀알 상호간의 마찰로 겨층을 박피상으로 벗겨내서 도정한다.

여기에는 원통마찰식이 있는데 정미기로 가장 널리 쓰이며 수직형 원통 마찰식 정미기와 수평형 원통 마찰식 정미기가 있다. 미국의 Engelberg 정미기에서 유래되었으며 추의 저항을 이용하여 쌀끼리 서로 마찰 및 찰리(擦離) 작용을 일으켜서 도정한다. 도정부, 제강(除糠)장치, 승강기(昇降機), 원료탱크의 4 부위로 구성된다.

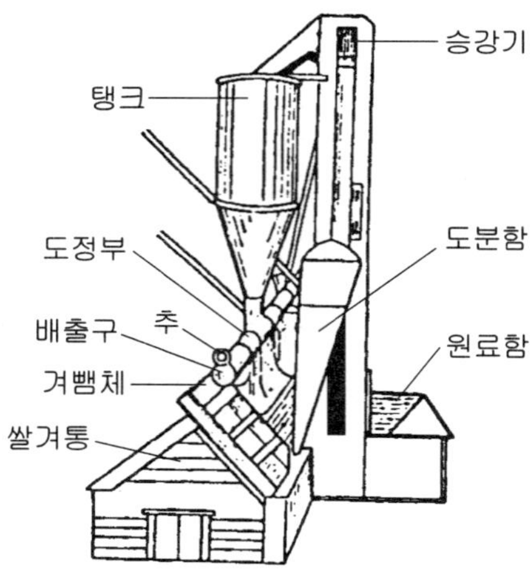

<그림 6-2> 수직형 원통 마찰식 정미기

속도를 이용한 정미기에도 수평형과 수직형 연삭식(垂直型 硏削式)이 있는데 일반적으로 이용하는 쌀의 도정에는 수평형이 사용되며 주조미와 같은 특수 용도로는 수직형 연삭식을 사용한다.

연삭식은 도정력이 크고 싸라기가 적어서 쌀은 물론 보리나 그 밖의 모든 도정에 쓰일 수 있으므로 만능도정기라고도 한다. 연삭식의 구조도 마찰식과 마찬가지로 도정부, 제강(除糠)장치, 승강기(昇降機), 원료탱크의 4 부위로 구성되어 있으며 도정부는 회전하는 금강사 롤러와 안쪽에 돌기가 있는 바깥 원통으로 구성되어 있으며, 내부 롤러가 회전할 때 발생하는 연삭과 충격작용에 의하여 도정된다.

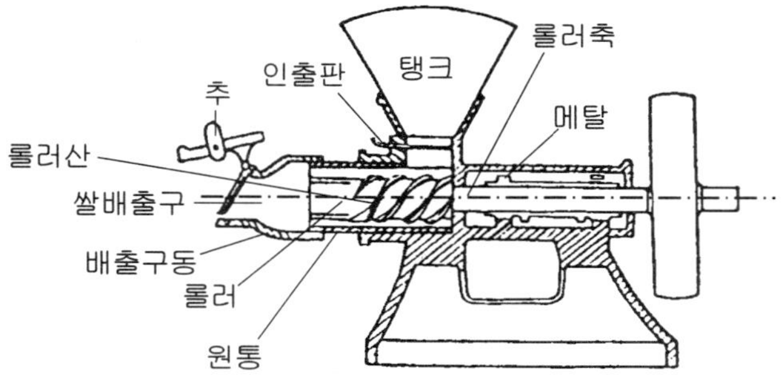

<그림 6-3> 수평형 원통 마찰식 정미기

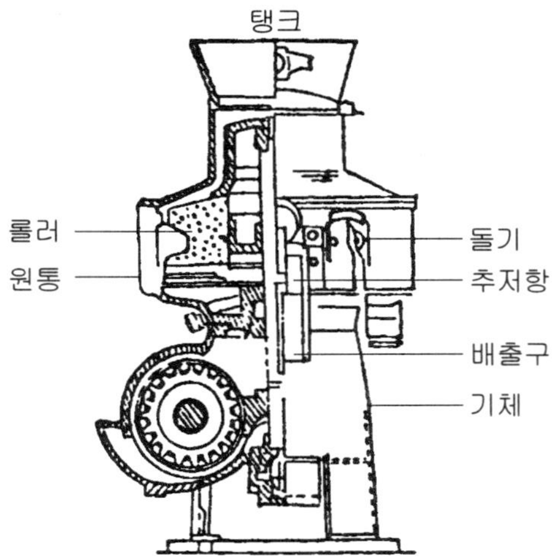

<그림 6-4> 수직형 연삭식 정미기

2) 제강연마장치(除糠研磨裝置)

정미기에는 제강장치가 붙어 있어 어느 정도 쌀겨를 제거한다. 그러나 완전하게 쌀겨를 제거하기 위해서 별도의 제강장치가 있는데 이들 장치로는 풍구, 아스퍼레이터(aspirator), 정전식 등이 있다.

풍구는 풍력을 이용하여 겨를 날려버리는 것으로 쌀과 쌀겨 및 기타 이물질을 비중의 차이에 의하여 분리시킨다. 아스퍼레이터는 쌀겨를 진공을 사용하여 빨아들이고, 정전식 제강장치는 염화비닐로 만든 롤러의 표면이 마찰할 때 생기는 정전기를 이용하여 쌀겨를 제거한다. 쌀알을 연마하는 장치로는 연마기가 있는데 이는 회전축 부분에 가죽조각을 장치하고 이것의 바깥 둘레에 원통쇠망을 둘러 쌀이 들어가면 회전부에서 확산되면서 회전부와 쇠망 사이의 마찰에 의하여 연마하는 장치이다.

3) 정선, 선별장치(精選, 選別裝置)

정선 및 선별장치에는 원료미의 정선과 정미의 선별용으로 나눌 수 있는데, 원료미 정선용으로는 주로 석발 정선기(石拔 精選機)가 사용된다. 이것은 비중의 차이를 이용한 것으로 돌과 같은 이물질을 제거한다. 정미선별은 정미에서 싸라기, 돌 등을 제거하는 것으로 원통체 또는 진동체를 사용한다.

5. 일반미, 청결미, 배아미 및 주조미 도정

도정에는 가공하고자 하는 용도에 따라 일반미, 청결미, 배아미 및 주조미 도정으로 구분된다.

1) 일반미 도정

일반미 도정은 적당한 횟수를 순환시켜야 한다. 순환횟수는 추, 배출구동의 저항 등과 관계가 깊기 때문에 적절하게 순환시켜 도정과 겨 빼기를 하는 것이 좋다.

도정의 기술은 그 미질에 따라 적당하게 저항을 조절하는 방법에 달려 있다. 저항은 주로 추의 위치에 따라 달라지는데 사용하는 전류량으로 구분 지으면 즉, 미질이 같은 쌀은 같은 정도의 암페어가 되게 도정하면 품질이 비슷한 쌀을 얻을 수 있다.

일반적으로 도정 초기에는 저항을 세게 걸었다가 점차 약하게 하는 것이 원칙이다.

2) 청결미 도정

근래에 식생활의 간편화를 추구하면서 청결미가 등장하게 되었다. 청결미란 일반미 도정과 마찬가지로 강층을 제거하지만, 다시 이것을 습식연미기(濕式硏米機)를 이용하여 쌀 표면에 붙어 있는 쌀겨나 이물질을 제거한 쌀을 말한다. 이물질이 없고 윤기가 나며 밥을 짓는데 물로 씻지 않아도 된다.

청결미 도정 시 가습량을 조절하는 것은 강층을 95% 정도 제거한 다음 가습량을 0.5% 정도로 하여 연미(硏米)도정하는 것이 적당하다.

3) 배아미 도정

쌀의 배아에는 비타민 B_1 등 영양분이 많지만 대부분 도정과정 중에 분리되어 떨어지고 만다. 배아미 도정이란 배아가 배유부에 붙어 있도록 하는 도정방식을 말하며 그 방법에는 다음과 같은 것이 있다.

즉, 기술적인 방법으로 도정초기에 추의 저항을 세게 하였다가 나중에 약하게 하면 쌀겨는 충분히 제거된다. 이때 배아가 떨어질 무렵이 되면 마지막 2~3회는 추를 거의 놓지 않고 정미기를 통과시킬 경우 어느 정도 연미작용은 일어나지만 배아는 붙어있게 할 수 있다.

또 다른 방법으로는 쌀을 도정하는 도중에 일단 중지하여 식힌 후 다시 도정하는 것으로, 도정하는 과정 중에 발생하는 열을 식히면 도정도 잘 되지 않지만 배아의 분리도 잘 일어나지 않는다. 보통 5분도미 정도를 만든 다음 식히고 다시 도정하기 시작하는데 시간과 공간 그리고 인건비가 많이 소요되므로 그렇게 실용적인 방법은 아니다.

4) 주조미 도정

고급 청주를 만들기 위해서는 좋은 쌀은 물론이거니와 도정을 철저히 하여야 한다. 알코올발효 시 단백질과 지방 함량이 높을 경우 술의 맛과 향미가 떨어지고 잡균이 증식할 위험이 커진다. 쌀겨에는 지방 함량이 높기 때문에 전혀 들어가서는 안 되며, 또한 단백질은 쌀의 외부에 많기 때문에 도정 시 최대한 깎아 낼 필요가 있다.

주조미는 도정도가 높은 도정에 적합한 수직형 연삭식 정미기를 주로 사용한다. 도감률을 60%로 할 경우 지방은 현미의 1/30, 회분은 1/6로 감소된다. 보통 주조미 도정은 도감률이 75% 이하가 되도록 도정한다.

6-3. 쌀 가공품

1. 밥과 죽

쌀을 가공하는 가장 기본적인 것으로 물을 부어 밥을 짓거나 죽을 끓여 먹는다. 또 물에 불린 쌀을 쪄서 먹기도 하였다. 우리나라에서 밥 짓는 것은 식생활의 가장 기본적인 것으로 쌀을 씻어 적당량의 물을 붓고 끓이거나 물에 불린 후 끓여서 밥을 짓는다. 물이 적으면 고두밥이 되고 물이 많으면 진밥이 된다.

보통 되기의 밥물의 양은 쌀의 용량, 즉, 부피의 1.2배 정도가 적당하고 중량으로는 1.5배가 적당하다. 쌀의 건조도에 따라 밥물의 분량을 조절하는데 햅쌀의 경우는 쌀의 1.1배가 알맞고 묵은 쌀이면 1.5배가 필요하다. 밥을 지으면 부피가 쌀의 약 2.5~2.7배가 된다.

열이 너무 과하거나 오래 가열하면 밑바닥의 쌀이 타서 누룽지가 된다. 누룽지가 많이 생기면 탄 냄새가 나서 좋지 않지만 약간의 누룽지는 밥맛을 구수하게 해준다.

밥을 짓는 일차적인 목적은 쌀 전분을 호화시키는 것이지만 수분을 적당하게 공급하여 먹기 좋게 만들고 구수한 맛을 내게 하는 것이다. 대규모의 솥에서는 위층과 아래층에 골고루 열 침투가 어려워 수증기로 쪄서 만들기도 한다. 가정에서는 열을 높이고 끈기를 부여하기 위하여 압력 밥솥을 사용하기도 하는데 이 경우는 현미밥처럼 잘 부풀지 않는 것에는 효과가 있으나 일반미에는 큰 효과가 없다.

요즘에는 물에 불린 쌀을 용기에 담아 바로 밥을 지어 무균상태에서 포장한 1회용 즉석 밥이 시중에 판매되고 있다.

밥을 지을 때 물을 많이 붓게 되면 죽이 된다. 밥알이 보이지 않을 정도로 묽은 것을 죽이라고 하는데 노인식이나 환자식에 좋다. 일부 남방 국가에서는 밥 대신에 죽을 먹기도 한다.

2. α 화 쌀과 미숫가루

우리나라에서는 예부터 벼 수확을 하기에 앞서 왕겨를 제거하지 않은 벼를 쪄서 건조시킨 다음 올해쌀이라고 하여 간식용으로 이용하였다. 이와 비슷한 방식이 열대지방에서도 행해지고 있는데 이는 저장성을 높이기 위한 방법으로 사용된다. 열대지방은 고온다습하여 벼 상태로 저장하더라도 벼를 약간 찐 다음 건조하는데 이것을 par-boiled rice 라고 한다. 이렇게 하면 장기저장에 견딜 뿐 아니라 겨층(糠層)이나 배아의 비타민류가 배유에 이행되고, 도정하더라도 비타민의 손실이 줄어든다.

α 화 쌀은 물을 가하고 가열하여 α 화 시킨 다음 고온 상태에서 수분이 15% 이하가 되도록 한 것으로 그 만드는 방법은 다음과 같다. 즉, 쌀을 묽은 식초산 용액에 충분히 담구어 둔 후 적당량의 물과 함께 100℃ 이상으로 끓여 밥을 지어 품온이 내려가지 않게 80~130℃로 조절하여 놓고 상압 또는 감압 하에서 수분을 5% 이하가 되도록 제거한다.

미숫가루는 쌀, 찹쌀 또는 보리를 이용하여 만들 수 있는데 이들 곡류를 찐 다음 건조시키고 가루로 만들어 곧바로 먹을 수 있게 한 것이다. 미숫가루는 과거 간식용으로 많이 이용되었다.

3. 떡

떡은 곡식을 분말로 만들어 물과 함께 반죽한 다음 쪄서 만든 음식을 말한다. 떡을 찌는 도구로 시루가 있었는데 곡물의 가루로 찐 시루떡이나 쌀을 찐 다음 절구에서 치는 도병류를 만드는데 사용되었다. 조선시대 문헌에 나오는 떡 종류를 살펴보면 1670년 음식지미방(飮食知味方)에 석이편법 · 밤설기법 · 전화법 · 빈자법 · 잡과법 · 상화법 · 증편법 · 섭산산법 등이 수록되어 있고 1815년에 나온 규합총서에는 석탄병 · 백설기 등 27종의 떡 종류와 만드는 방법이 기록되어 있다.

1) 찌는 떡(蒸餠)

쪄서 만든 떡으로 시루떡이라고도 한다. 멥쌀이나 찹쌀을 물에 불린 다음 가루로 만들어 시루에 넣고 증기로 쪄서 만든 것으로 설기떡과 켜떡으로 구분된다. 설기떡은 멥쌀가루를 이용하여 한 덩어리로 찌는 백설기 등을 말하며, 켜떡은 멥쌀이나 찹쌀가루를 고물을 켜켜 넣어가며 찐 떡을 말한다.

2) 치는 떡(搗餠)

시루에 찐 떡을 절구 등에서 쳐서 만든 것으로 절편, 인절미 등이 있다. 멥쌀 또는 찹쌀 등을 이용하는데 대표적인 찹쌀도병이 인절미이며, 단자 등도 여기에 해당된다.

3) 지지는 떡(油煎餠)

찹쌀가루를 반죽한 다음 둥근 모양으로 빚어 기름에 지진 떡으로 전병 · 화전 · 주악 · 부꾸미 등이 있다. 화전은 둥글게 만든 반죽에 진달래, 국화 등 꽃잎을 얹고 지진 떡이며, 주악은 찹쌀로 만든 반죽에 깨, 유자청 등을 넣고 튀긴 것이다. 부꾸미는 물에 불린 찹쌀, 녹두, 찰수수 등을 갈아 반죽하여 지진 후 소를 넣고 반달모양으로 접은 떡을 말한다.

4) 삶는 떡

찹쌀을 반죽하여 모양을 만든 다음 이를 끓는 물에 삶아 익힌 후

고물을 묻인 것으로 경단류, 단자류 등이 있다.

4. 미과

쌀은 소맥분에 비하여 전분 알갱이가 단단하고 글루텐이 없어 가공적성이 밀처럼 다양하지 못하다. 미과는 일본에서 주로 발전된 과자로 멥쌀이나 찹쌀을 이용하여 만든다. 예들 들면 가늘게 썬 떡을 볶아서 맛을 낸 과자로 아라래가 있는데 그 제조방법은 다음과 같다.

즉, 도정한 찹쌀을 씻어 물에 충분하게 침지시킨 후 물을 빼고 약 120℃의 증기로 15분간 찐 다음 떡 제조기를 사용하여 떡을 만들고 이를 3~5℃에서 2~3일 동안 서서히 건조시킨다. 이를 적당한 크기로 절단한 다음 다시 일광 또는 그늘에서 건조시키는데 이렇게 하면 수분이 균일하게 분포된다. 잘 건조된 떡을 약 185℃에서 균일한 색이 날 때까지 튀긴다. 튀겨낸 것을 간장, 샐러드기름, 설탕, 조미료 등을 섞은 조미액에 담근 다음 110℃ 정도에서 약 10분 간 건조시키면 아라래가 된다.

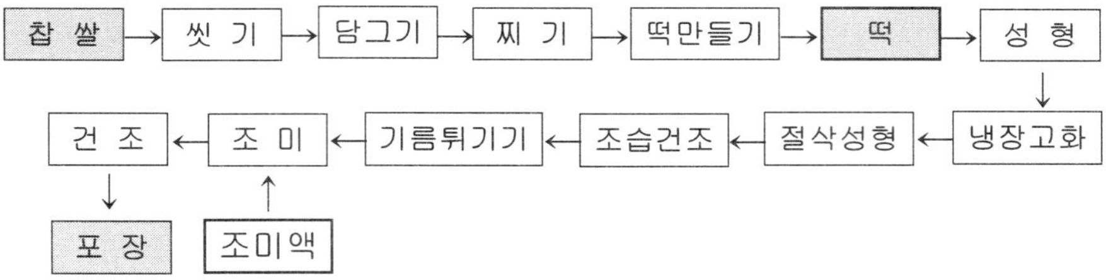

<그림 6-5> 미과 제조 공정도

5. 술

1) 물

술의 품질은 물에 영향을 많이 받는다. 양조용수로써 갖추어야 할 조건은 무색무취, 중성 또는 약 알칼리성이어야 하며, 철, 암모니아,

아질산, 유기물 및 유해 미생물이 적고 칼륨, 인산, 칼슘, 마그네슘 등이 적당히 들어 있어야 한다.

철분은 술의 색깔을 나쁘게 하고 향미를 해친다. 따라서 술을 담그는 용기는 철제품을 사용하지 않는 것이 좋다. 물에 함유된 칼륨, 인산, 마그네슘 등은 미생물의 영양원이 된다. 이들 성분은 쌀에도 함유되어 있지만 부족할 경우에는 보충해 주는 것이 바람직하다. 질산은 젖산을 사용하지 않은 주모를 사용할 때 질산 환원균에 의하여 아질산으로 환원되어 정상보다 빨리 발효되는 것을 방지한다. 쌀에는 질산이 거의 함유되어 있지 않으므로 청주를 만들 때에는 질산 칼슘의 형태로 물에 첨가하여 주기도 한다.

술을 담그는데 좋은 물은 경수가 좋은데 경수에는 칼륨, 칼슘, 마그네슘 등이 많이 함유되어 있다. 칼륨은 쌀에 많으나 세척하거나 담금 중에 유출되는 양이 많아 가장 부족하기 쉽다. 하지만 지나친 경수는 술에 쓴맛을 남기기 때문에 주의하여야 한다.

2) 누룩

누룩은 밀가루나 밀기울을 물로 반죽하여 원판형의 모양을 만든 다음 이를 자연에서 발효시킨 것이다.

누룩은 밀의 분쇄 정도에 따라 분국(粉麴)과 조국(粗麴)으로 나뉘는데 분국은 밀을 가루로 만든 것을 사용하여 만든 것을 말하고, 여기에 밀기울이 섞이지 않은 것을 특별히 백국(白麴)이라 하여 주로 약주 제조용으로 쓰인다.

누룩은 다음과 같이 만든다. 통밀을 잘 씻은 다음 말리고 이를 거칠게 분쇄한다. 물을 분쇄한 밀에 약 25~30% 정도 넣고 충분히 수화시킨 다음 수분이 균일하게 베어들면 보자기에 싸서 누룩 틀에 넣고 발로 밟아서 얇은 원판 형이나 네모지게 만들어 따뜻한 방에 볏짚을 깔고 그 위에 놓아두고 10일 정도 띠운다.

잘 발효된 누룩은 쪼갰을 때 속에까지 담황색 또는 회백색을 띠는 곰팡이가 잘 번식되어 있고 특유의 향기가 있다. 이상 발효된 것은 부패한 냄새나 메주 뜬 냄새가 나며 속이 갈색으로 되어 있다.

누룩에는 *Aspergillus, Rhizopus* 속 등의 곰팡이류와 *Saccharo-*

myces 속의 효모, 기타 고초균이나 젖산균 등이 들어 있다. 누룩은 야생의 균주를 자연 발생시킨 것이기 때문에 지역이나 만든 시기, 방법 등에 따라 그 품질이 달라질 수 있다. 따라서 품질이 일정하지 못한 누룩으로 쌀 막걸리를 담을 경우 그 맛의 차이가 나타나기도 한다.

3) 종국(種麴)

재래 방식으로 만드는 누룩은 야생의 곰팡이와 효모가 증식한 것이다. 따라서 여러 가지 잡균에 오염되어 있는 경우가 대부분이다. 이들 잡균에 의하여 발효가 잘 되지 않거나 좋지 않은 술맛이 나게 된다.

이 같은 이유로 당화력이 강한 곰팡이를 선정 배양하여 만든 것을 종국이라고 한다. 이렇게 만든 종국은 누룩을 만드는데 첨가하면 훨씬 품질이 좋은 누룩을 만들 수 있다. 사용하는 균주는 주로 당화력이 강한 것이고 황국균(*Asp. oyrzae*)이나 백국균(*Asp. kawachii*)을 사용한다.

황국균은 현미, 백국균은 좁쌀 또는 밀기울에 0.1~0.3% 를 접종하고 상자에 담아 살균된 배양실에서 배양한다. 37℃ 이하로 맞추고 습도를 유지하기 위해서 광목을 물에 적셔 덮어두거나 물을 분사하여 습도가 떨어지지 않도록 한다.

발효시간은 약 72시간 정도 소요되며 포자가 잘 형성되면 25℃ 정도에서 24~48시간 건조하여 수분함량을 5% 이하가 되도록 한다. 냉장하면 3개월 정도 보관이 가능하다.

4) 입국(粒麴)

증자한 전분질 원료에 종국을 접종하여 단시간에 번식시킨 것을 말하며 일종의 개량누룩을 말한다. 즉, 국(麴)은 살균해 놓은 전분질 원료에 순수 배양한 균을 접종한 것을 말하는데 그 주 기능은 쌀 전분과 단백질을 분해하여 당과 아미노산을 만드는 것이다.

이스트는 이것들을 영양성분으로 삼아 알코올과 아미노산 그리고 향기성분 등을 만들어낸다.

국을 만드는 제국실은 온도와 습도가 잘 조절되어야 한다. 입국하는 목적은 전분질의 당화에 필요한 곰팡이를 증식시켜 술 제조할 때 전분질의 당화에 필요한 아밀라아제와 유기산을 충분하게 생성하는데 있다.

보통 원료를 국제조용 상자에 담아 접종한 후 10시간 정도가 지나면 접종된 곰팡이 포자가 발아하고 품온이 올라가기 시작한다. 30℃를 유지할 수 있도록 잘 뒤집어 준다. 품온이 올라가면 다시 뒤집어 주는 것을 반복하여 국을 완성한다.

<그림 6-6> 누룩 빚기 : 거칠게 빻은 통밀을 물과 반죽한다.

<그림 6-7> 성형 : 틀에 반죽한 분쇄 통밀을 담는다.

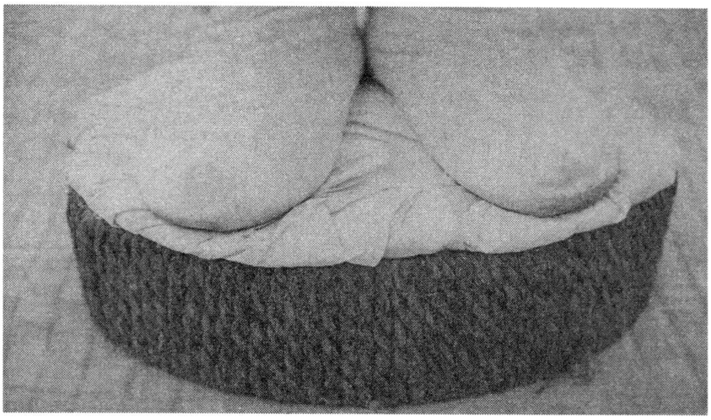

<그림 6-8> 누룩 디디기 : 발로 반죽한 통밀가루를 눌러 단단하게 한다.

<그림 6-9> 발효 : 성형을 마친 누룩을 발효하는 모습

5) 주모

주모란 술덧을 발효하기 위해서 효모를 집중 배양해 놓은 것인데 밑술 또는 술밑이라고도 한다. 일종의 스타터로 볼 수 있다. 일반적으로 약주나 탁주 공장에서 주모 육성방법은 개방된 용기에 코오지와 물을 배합하고 플라스크에 배양된 효모를 접종하여 22℃ 내외에서 배양한다. 코오지에는 산 생성능이 강한 *Asp. kawachii* 를 접종하여 산이 많이 생성되어 있으므로 잡균이 쉽게 오염되지 않아서 순수한 효모를 얻을 수 있다.

주모의 종류에는 젖산이나 구연산을 첨가하는 속양 주모와 이들을 첨가하지 않은 입국 주모가 있다. 입국 주모는 입국 중에 산이 들어 있어 별도로 젖산 등을 첨가할 필요가 없다. 물 18ℓ, 주모 4ℓ, 입국 1kg 을 순서로 넣어 담근다. 이 때 온도는 22~25℃ 로 유지하여야 하며 3~4일 정도 배양한다.

주모는 특유의 향기가 있어야 하며 신 냄새나 부패취가 나지 말아야 한다. 효모 수는 5~7억/㎖ 정도가 되어야 한다.

6) 쌀 막걸리

물에 불린 쌀을 증기로 쪄서 완전하게 호화시킨 다음 누룩과 물을 첨가하여 술을 담그는데 누룩 이외에도 주모나 조효소제 등을 넣고 발효시킨다. 재료를 한꺼번에 담그지 않고 원료의 일부를 남겨 두었다가 1, 2차에 나누어 담그기도 한다.

재료의 배합비율은 공장에 따라 다르지만 담금 초기에는 효모를 증식시키고 후기에 알코올 발효를 하도록 2단계로 나누어 담그는 것이 일반적이다.

쌀 막걸리의 담금 예를 보면 1단 담금에서 물을 원료 총량의 150~180%, 주모2%, 입국은 8~30%를 넣어 발효시키다가 24시간이 지나면 2단 담금을 하는데 찐 쌀과 물을 첨가하고 필요에 따라 누룩이나 효소제를 첨가한다. 온도는 30℃ 이하를 유지하여야 한다. 산도가 일정하면 잡균의 증식을 막을 수 있다.

하루에 1~2회 저어 주면서 발효를 진행시키면 효모의 발효력에 의하여 왕성하게 거품이 일어난다. 시간이 지나면서 발효가 안정되면 거품이 가라앉고 맑은 발효액이 보인다. 이렇게 해서 발효가 완결되면 술덧을 걸러서 알코올 도수를 조정하여 제품을 완성한다.

발효과정 중 전분의 당화작용이 알코올화 작용보다 강하면 효모의 작용이 약화되어 발효가 잘 되지 않는데 이런 현상을 감패(甘敗)라고 한다.

한편 젖산균이 지나치게 증식하면 산도가 높아지고 효모의 작용은 약해진다. 이렇게 되면 알코올 도수는 낮고 신맛이 강한 술이 되어 마실 수가 없게 되는데 이것을 산패(酸敗)라 한다. 이상발효의 원인은 온도이므로 발효온도를 30℃ 이하로 유지되도록 주의하여야 한다.

7) 청주(sake)

찐 쌀에 *Asp. oryzae* 를 증식시킨 코오지를 잘 섞고 물을 넣어 당화시킨 다음 알코올 주모를 넣어 발효시킨 것이다. 쌀은 한꺼번에 사용하지 않고 발효가 진행되고 있는 동안 3회에 걸쳐서 첨가한다.

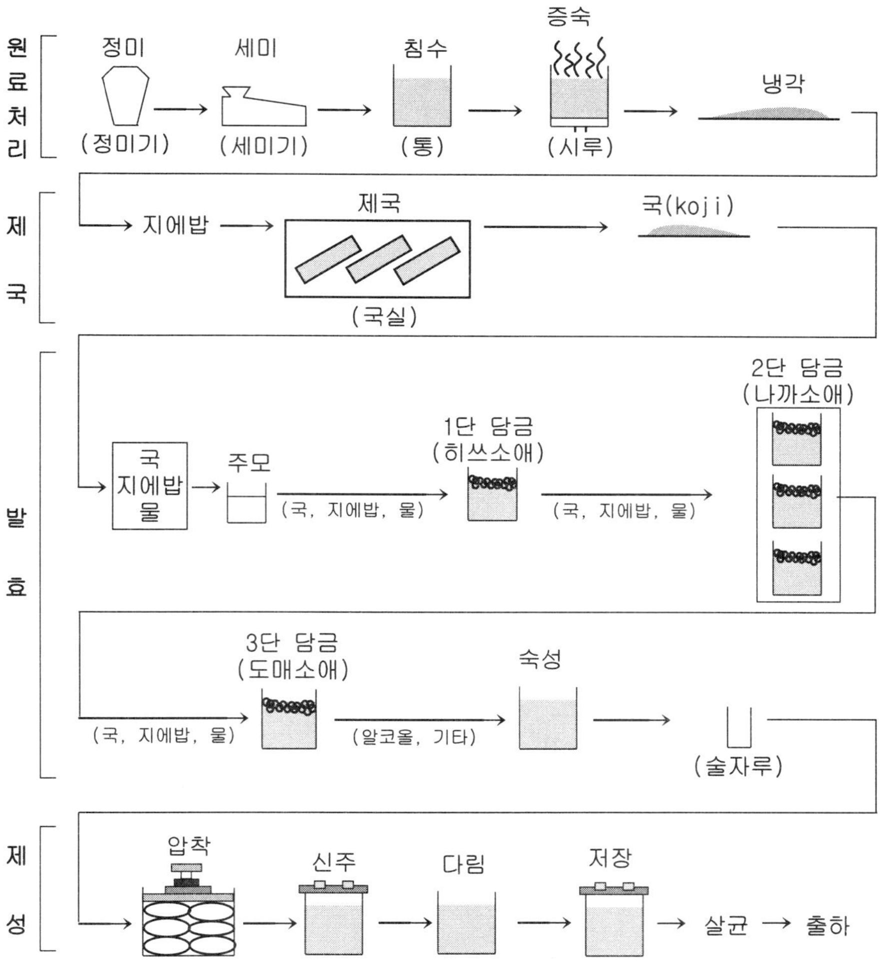

<그림 6-10> 청주 제조공정

즉, 찐 쌀과 쌀 코오지를 7 : 3으로 하여 전체 양의 110%에 해당하는 물을 부은 다음 3~5일 간은 7~9℃의 낮은 온도에서 쌀이 으깨지도록 저어서 코오지 중의 효소를 용출시키고 다음에 번식할 미생물의 증식을 기다린다.

점차 온도를 올려 30~35℃로 15일 정도 놓아두면 질산 환원세균, 젖산균, 효모의 순으로 번식, 소멸하여 아질산과 젖산의 생성, 아질산의 소실, 아미노산과 당분의 함량변화 등이 일어난다. 그 후 효모의 증식이 충분해지면 품온을 7℃ 정도로 하여 휴지시킨다.

이와 같이 만들어진 주모에 찐쌀, 코오지, 물을 넣으면서 1일, 3일, 4일째에 반복하여 담금을 하는데 술덧 총 1,500kg에 물 1,900ℓ를 가하여 14℃ 정도 되는 낮은 온도에서 발효하면 알코올 생성량이 많아지고 향미가 우수해진다. 숙성시키기 시작한지 24~25일이 지난 술덧에 알코올을 첨가하고 다시 숙성시켜 여과한 다음 50~60 ℃로 살균하여 포장한다.

제 7 장 보리(barley)

7-1. 보리(大麥)의 기원과 특성

1. 보리의 기원

재배종 보리의 기원과 발생에 대해서는 일원설과 이원설 등 여러 가지 견해들이 제시되고 있지만 구체적으로 밝혀진 예는 드물다. 현재 *Hordeum* 속에는 20종 이상의 야생종이 있으나 그 대부분은 재배종 보리의 조상으로 적합하지 않다. 일부 견해에 의하면 2조대맥(*Hordeum distichum* L.)이 선사시대에 4조 또는 6조대맥(*Hordeum vulgare* L.)으로 분화 발달하였거나, 6조대맥의 조상이 처음부터 멸종했을 것이라는 가능성을 제시하였다.

재배종에 가장 가까운 야생종으로는 *H. spontaneum* C. Koch를 들 수 있다. 이삭이 2조형인 이 종은 장기간의 종자 휴면성, 거친 까락 등 야생종의 특성을 갖고 있다. 현재 서부 아시아의 온대지방, 특히 홍해로부터 코카서스 및 카스피해에 이르는 지역에 분포하고 있다. 보리의 기원과 관련하여 2조와 6조의 소수형의 분화에 대하여 유전학적으로 설명하는 것은 다소 복잡하다.

한편 쌀보리는 겉보리가 재배화한 후 동아시아 지역에서 분화하여

서방으로 전파된 것으로 생각되고 있다.

보리가 야생종 상태에서 재배종으로 변천 분화하는 과정에 대하여 많은 연구가 되었음에도 불구하고 아직도 여러 가지 의문점이 남아 있다. 그러나 현재까지 연구된 결과에 따르면 이원발생설이 타당하며 2조 야생종인 *H. spontaneum* 이 재배종 보리의 가장 가능성 있는 원종이라는 것과 6조 대맥은 그동안 축적된 돌연변이와 자연교잡의 결과로 분화 발달되었을 것으로 판단된다.

보리의 재배역사는 고고학자들에 따르면 신석기 시대로 거슬러 올라간다. 보리를 식용하였다는 자세한 고고학적 기록은 존재하지 않으나 인류 문명지에서 발견되는 보리 낟알들의 흔적은 보리가 식량원으로서 이미 오래전부터 이용되었음을 알 수 있다.

<그림 7-1>에서 보는 바와 같이 농경생활이 정착되면서 재배종 보리의 전파도 확대되었다. 동방으로부터 유럽 등 서방지역으로의 전파는 중, 신석기 시대에 이루어졌을 것으로 믿어지며 기원전 6,000년경에는 그리스에까지 보리 재배가 전파되었다고 한다. 성서의 기록들도 보리가 구약시대에 식량으로 이용되었음을 보여주고 있다.

아프리카 지역에의 전파도 그 연대는 확실하지 않으나 유럽에서처럼 오래된 것으로 추정된다. 기원전 3,000년경의 이집트 고왕조 유적에서는 6조종이 발견되었으나 2조종은 발견되지 않았다. 그러나 나일계곡에 있는 유적지에서는 2조 야생종(*H. spontaneum*)에서부터 재배종 보리까지 다양한 종류의 보리 흔적이 발견되었다.

북미지역에서의 재배역사는 영국으로부터 초기 개척 이주자에 의해 1602년 재배종 보리가 도입되면서 시작되었다. 캐나다는 1606년부터 재배되었다고 한다.

동아시아 지역으로의 보리전파는 지금도 야생형이 있는 근동지역에서 인도의 인더스강 유역을 통해 중국의 산간지를 거쳐 우리나라에 들어왔고 다시 일본으로 전파된 것으로 추정된다. 기원전 2,700년경의 신농(神農)시대의 오곡(五穀) 파종양식에 보리가 포함되어 있고, 갑골이나 골편에 보리의 형상이 발견되는 것으로 보아 중국의 보리재배 역사는 오래 되었음을 알 수 있다. 그동안의 유적에 의하면 약 4,000년 전에 중국에서 이미 보리가 재배되고 있었다고 추정된다. 인도에서도 힌두교의 종교의식에 보리가 사용된 것으로 보아 보리가 오랜 재배역사를 갖고 있으며, 일본의 겉보리는 한국으로부터 전해진 것으로 추정되는데 기원전 100년경부터 재배된 것으로 추정된다.

식용으로서의 보리의 이용은 호밀과 함께 보리로 만든 빵은 15세기 영국 농민의 주식이었으며, 20세기 초반까지만 하여도 보리는 덴마크 농촌지역의 주된 식량이었다. 근동 및 극동 국가들에서는 아직까지 보리가 주요 식량자원으로 남아 있는 곳도 있지만 식미감이 떨어지고 도정하기가 어려우며 가공적성이 좋지 않아 식용으로서의 중요성은 점차 감소되었다.

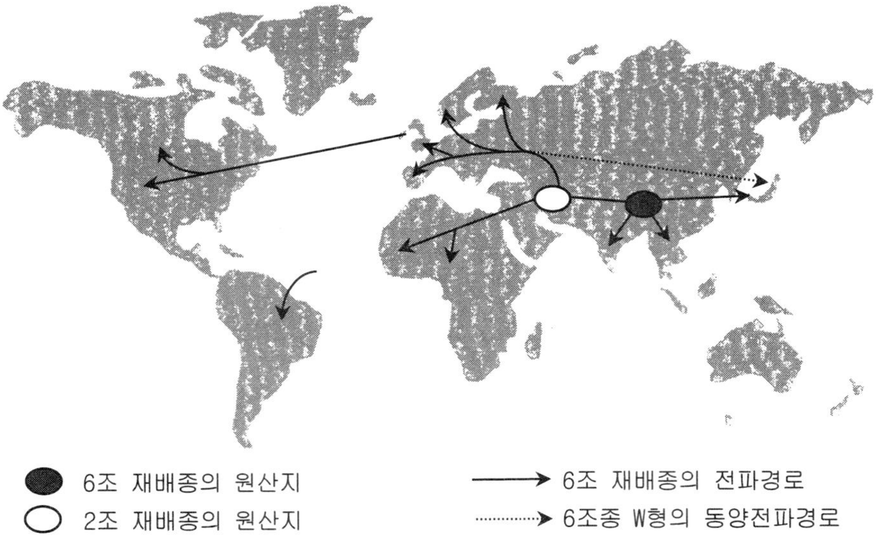

<그림 7-1> 보리 재배종의 전파경로

2. 보리의 형태와 구조

보리의 형태를 가장 쉽게 구별할 수 있는 부위는 이삭이다. 이삭은 수축절(穗軸節, rachis node)과 수축절간(穗軸節間, rachis internode)으로 이루어진 수축(穗軸, rachis)이 골격을 이루고 있다.

각 수축절에 있는 3개의 소수(小穗)가 수축을 중심으로 지그재그 형태로 양쪽에 3줄씩 종실이 달리는 이삭형태를 갖는 보리를 여섯 줄 보리(6條 大麥)이라 하고, 3개의 소수 중 바깥 쪽 2개의 소수(小穗)는 퇴화하여 임성(稔性)을 띠지 못하고 수축 양쪽으로 두 줄의 임성 종실을 갖게 되는 보리를 두 줄 보리(2條 大麥)이라 한다.

우리나라의 경우 이러한 이삭의 형태에 따라 여섯 줄 보리를 일반 보리라 하고 두 줄 보리를 맥주 보리하고 하는데 이는 우리나라 기후 특성상 종실의 크기가 큰 두 줄 보리만을 맥주 제조용으로 사용하고 있는데서 비롯된 것이다.

외국의 경우 이러한 이삭의 특성과는 상관없이 곡실의 품질이 우수한 보리는 맥주 양조용으로 사용하고 나머지는 주로 사료로 이용하고 있다.

보리의 종실(種實, 穀粒, grain, kernel)은 겉보리(皮麥, 껍질보리, covered · husk barley)와 쌀보리(裸麥, hull-less · naked barley)로 구분된다.

겉보리는 씨방벽(子房壁, ovary wall)으로부터 유착물질(留着物質)이 분비되어 내영(palea)과 외영(lemma)이 과피(果皮, pericarp)에 단단하게 붙어 있다. 반면 쌀보리는 유착물질이 분비되지 않아 성숙 후에 외부의 물리적 충격에 의하여 밀과 같이 껍질(husk)이 쉽게 분리된다.

겉보리의 과피는 종피(種皮, seed coat · testa)와 밀착하여 발육 과정에서 파열된다. 쌀보리는 덜 압착되지만 더 단단하다.

보리 곡실의 구조는 가장 바깥쪽에 껍질(husk)이 있고 껍질에 과피와 종피가 붙어 있다. 영과의 내부구조는 종피 안쪽에 호분층(湖粉層, aleurone layer)과 배(胚), 배유(胚乳, endoaperm)로 이루어져 있다. 껍질은 표피(表皮, epidermis)와 후각조직(厚角組織, coll-enchyma), 유조직(柔組織, parenchyma)으로 구성되어 있으며, 과피는 씨방벽(子房壁, ovary wall)이 발달하여 형성된다. 종피는 주심(珠心) 을 싸고 있는 바깥 세포층이 발달한 것이다.

호분층은 3층의 두꺼운 호분세포(胡粉細胞) 조직으로 되어 있고 호분층 안에 배유전분조직(胚乳澱粉組織, starch endosperm)이 있다. 호분층에는 단백질체(蛋白質体, protin body)와 종자가 발아할 때 배유의 분해(endosperm digestion)에 관여하는 효소(酵素, enzyme)를 함유하고 있다.

배유부는 커다란 렌즈형이나 작은 구형의 전분립으로 대부분 채워져 있으며 나머지는 단백질과 섬유소 등으로 이루어져 있다. 배유의 전분립은 메성(non-waxy)과 찰성(waxy)이 있으나 대부분 메성이며, 찰성 품종은 최근에 육성되고 있다.

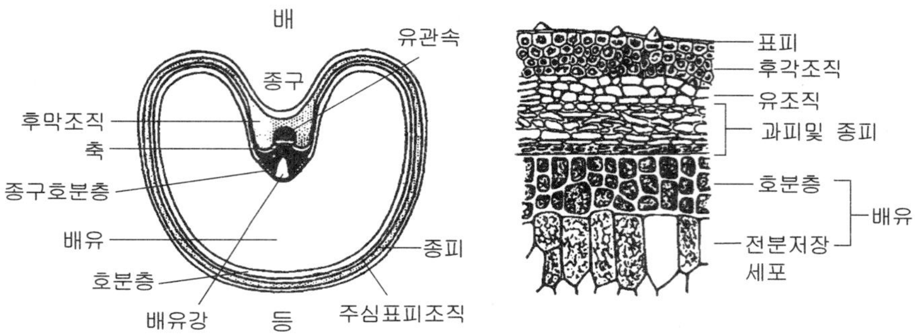

<그림 7-2> 보리 곡립의 횡단면과 껍질 내부구조

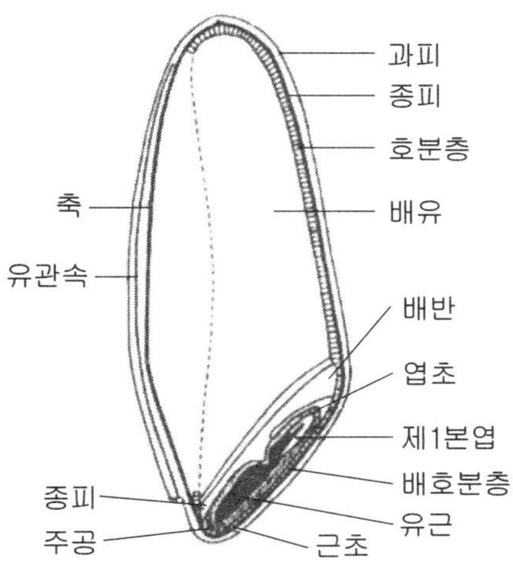

<그림 7-3> 보리 곡립의 종단면

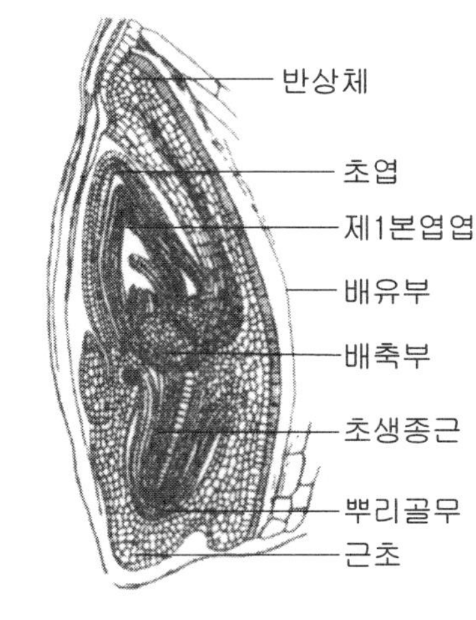

<그림 7-4> 보리 배의 구조

보리의 배(胚)는 종실의 외영기부에 배유의 배반(胚盤, scutellum)에 붙어 있으며, <그림 7-4>와 같이 잎, 줄기 및 뿌리의 분화원기(分化原基, primordium)가 잘 발달되어 있다. 종자 상태의 배는 뿌리 분화원기에 종자근(種字根, seminal root)이 보통 3본이 분화되어 근초(根鞘, coleorhiza)에 싸여 있고, 어린 싹(幼芽, shoot) 부분은 대개 제 4엽까지 분화되어 초엽(鞘葉, coleoptile)에 싸여 있다. 뿌리 분화원기는 종실의 기부쪽으로 붙어 있는데 끝 부분이 뾰쪽하게 돌출되어 있어 품종에 따라서는 탈곡 및 정선 과정에서 끝 부분에 피해를 입는 경우가 종종 있다.

영과의 색은 보통 청색, 황색(백색), 혹은 흑색을 띤다. 흑색은 멜라닌성 화합물에 의하여 착색된 것이다. 과피는 안토시아닌에 의하여 적색을 띠고 호분층은 청색을 띤다.

곡립의 크기는 길이, 두께, 폭으로 측정할 수 있으나 환경에 따른 차이가 크다. 이 가운데 곡립의 길이만이 변화가 적다.

3. 보리의 수확

보리의 수확은 일반적으로 종자가 성숙하여 최고의 건물중을 보일 때에, 그리고 안전한 저장을 할 수 있을 정도로 수분함량이 감소되었을 때 해야 한다. 너무 일찍 수확하면 수량이 감소되고 종자 활력이 떨어진다. 수확 시기가 너무 늦을 경우에는 탈립되고 수확·탈곡할 때 기계적인 손실을 가져온다. 따라서 수확적기는 수량과 품질을 동시에 고려하여야 한다. 수확적기의 종실의 수분함량은 작물에 따라 다르지만 보리의 경우에는 대략 17~23% 정도이다.

수확한 보리는 건조시켜야 하는데 종자의 품질이 저하되지 않도록 조심하여야 한다. 종자의 수분함량은 저장종자의 활력에 크게 영향을 미친다. 맥류종자의 수분 함량이 10% 이하이고 저장 습도가 58% 이하이면 3년 이상 수명이 유지되지만 종자의 수분 함량이 20%이거나 저장 습도가 90% 이상이면 수명이 1개월 정도밖에 안된다고 한다.

저장 중 종자 수분함량과 저장온도, 습도 이외에 저장된 종자상태나 취급상 부주의에 의한 종자 손상과 정선 정도 등도 저장종자의 활력에 영향을 미친다. 수확과정에서 받는 기계적 손상과 정선 작업할 때 줄기나 잎 같은 혼입물도 저장력을 떨어뜨린다.

7-2. 보리 도정

1. 정맥 가공공정

도정해야 할 보리에는 모래, 돌, 기타 이물질 등이 많으므로 바람과 체 등을 이용하여 원료를 정선한다. 보리 크기별로 대립, 소립 또는 대립, 중립, 소립 등으로 구분하면 도정이 용이할 뿐만 아니라 도정률이 높아지고 도정도가 고르게 되어 유리하다.

보리 도정은 주로 수직형 연삭식 또는 수평형 원통 마찰식으로 도정하는데 수평형을 사용할 경우 도정력이 약하므로 반드시 혼수 공정이 필요하다.

즉, 혼수는 수평형 원통 마찰식에서 하는데 물을 가하면 껍질이 쉽게 벗겨지며, 알갱이가 부드러워져서 압편이 잘 되며 보리알이 매끈하게 박피되어 제품의 외관이 아름답다. 물을 섞어주는 정도는 수분이 보리알의 내부까지 침투되지 않고 겨층까지 만 스며드는 정도이어야 한다. 가수량의 원맥의 중량대비 박피용은 5~8%, 완성용은 3~5% 정도가 적당하다.

물을 가한 후 보리를 탱크에 넣어 두거나 도정할 때까지 일정 시간 방치하여 둔다. 혼수한 물의 대부분은 겨에 스며든다. 지나치게 혼수할 경우에는 수분이 정맥에 들어가서 수분함량이 증가하므로 품질과 저장성이 나빠진다.

2. 정맥기

정맥 가공 장치는 원통 마찰식과 연삭식이 있는데, 도정 원리는 정미기와 거의 비슷하다. 수평형 원통 마찰식의 경우 보리에 물을 가하여 보리의 외피를 질기게 한 후 도정한다. 롤러의 나선(螺線)이 적어서 피치(pitch)가 거친 것과 원통의 돌기(突起)가 낮은 것을 사용한다. 마찰을 크게 하기 위해서 롤러의 끝에 돌기를 더 붙인 것도 있다. 정맥할 때 보리겨가 많이 생기므로 배출구의 하부에 흡인식 배풍관이나 출구 등을 장치하는 것이 좋다.

연삭식은 수직형이며 정미의 경우에 준하나 원래 이것은 정맥용으로 사용된다.

3. 할맥 도정

보리는 쌀과 달리 깊은 골을 갖고 있다. 이 같은 고랑 때문에 도정 후에도 보리의 외관과 식미가 좋지 않다. 일반도정한 보리쌀은 강층이 남아있어 밥을 지으면 흡수율과 흡수속도가 떨어져 밥이 잘 퍼지지 않는다. 이런 문제를 해결하기 위해서 밥을 지을 때 보리쌀만 먼저 장시간 물에 담가 두어야 한다. 따라서 이 골을 완전히 제거하기 위하여 보리알의 고랑을 따라서 절단하여 도정하는 것을 할맥도정이라 한다.

할맥 도정방법은 다음과 같다. 즉, 원료 보리쌀을 입도별로 선별하여 작은 것은 일반 도정을 하고 비교적 큰 입자를 할맥 도정한다. 겉질 보리는 15~20%, 쌀보리는 10~15% 정도를 도정한다. 다음에는 이것을 할맥기에 넣어 두 쪽으로 쪼갠다. 절단한 보리를 다시 2차 도정을 거쳐 골의 강층을 완전히 제거하고 제품으로 한다.

할맥 도정한 보리는 취반성(炊飯性)이 좋아지고 식미가 좋게 된다. 할맥과 일반 정맥의 취반시간과 흡수율은 <그림 7-5>와 같다.

즉, 일반 정맥은 밥을 짓기 시작한지 약 50분이 지날 때까지 흡수율이 할맥이나 쌀에 비하여 현저하게 떨어져 밥이 잘 되지 않는다. 그러나 할맥의 경우 흡수율이 쌀보다 높아 밥을 짓는데 전혀 문제가 되지 않는다. 이처럼 할맥의 흡수율이 일반 정맥보다 현저하게 높은 이유는 고랑을 따라 보리를 두 쪽으로 나누게 되면 배유부가 외부로 노출되어 물의 흡수가 매우 빨라지게 되기 때문이다.

할맥으로 밥을 지을 경우 백도가 눈에 띠게 좋아지는데 이는 절단된 배유부가 다른 부위에 비하여 팽창률이 높아 상대적으로 하얗게 보이기 때문이다. 이처럼 보리를 할맥할 경우 식미감을 저하시키는 고랑이 제거되고, 쉽게 호화되며, 밥을 지었을 때 하얗게 보이므로 소비자의 기호를 향상시킬 수 있다.

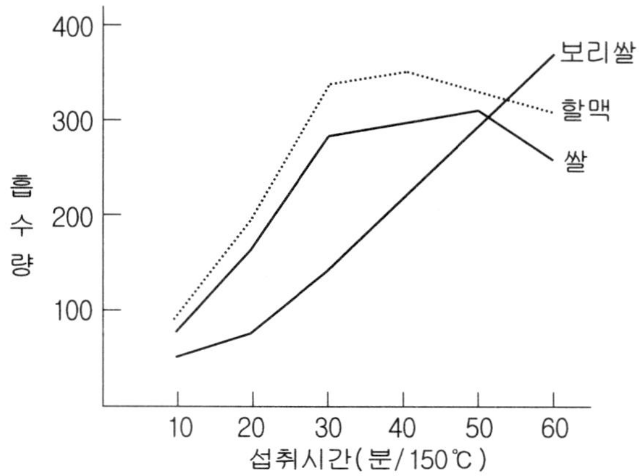

<그림 7-5> 할맥, 쌀, 보리쌀의 취반시간과 흡수량

7-3. 보리 가공품

1. 압맥

보리는 식미감이 나쁘고 취반성이 좋지 않으며 소화율도 다른 곡류에 비하여 떨어진다. 따라서 쌀과 같은 정도로 연하게 하기 위하여 보리 알갱이에 압력을 가하여 조직을 강제로 파괴시킨 것이 압맥이다.

압력을 가하는 장치로 가열압편기(加熱壓篇機)가 있다. 압편기의 구성은 예열부(豫熱部)와 압편롤러로 되어 있다. 압맥을 만드는 과정은 다음과 같다. 즉, 보리의 수분함량을 14~16% 로 조정한 것을 압편기 상부의 예열통에 넣고 증기로 60~80℃ 로 가열시킨 후 다시 단시간에 고압의 증기로 연화시킨다. 그 다음 밑 부분에 위치한 압편롤러로 압편한 다음 신속히 냉각시키면 광택이 있는 압맥을 만들 수 있다.

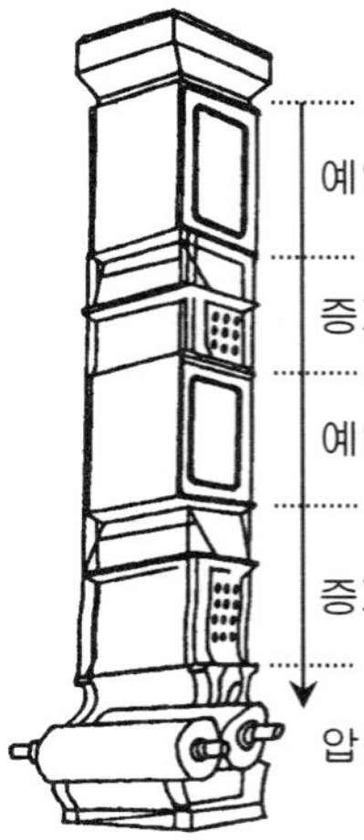

<그림 7-6> 가열 압편기의 구조

2. 보리 플레이크

보리 flake는 물에 불린 보리를 압착하면서 동시에 건조시킨 것을 기름에 튀기거나, 높은 온도의 오븐에서 팽화시킨 것으로 그 제조공정은 다음과 같다.

즉, 보리쌀을 씻어 물에 2시간 정도 담가 놓으면 수분함량이 45~55% 정도 된다. 드럼 건조기를 이용하여 수화된 보리를 압착하면서 곧바로 건조시키는데 이 때 드럼 간격은 0.12~0.15 mm가 적당하다. 압력은 70 lb/in^2에서 20초 정도 건조한다. 이렇게 건조된 것을 기름에 튀기는데 튀김온도와 시간은 160℃에서 10초 튀기든가, 180℃에서 4초 정도 튀기면 된다.

3. 맥아

맥아란 보리가 어린 싹이 난 것을 말한다. 보리는 발아할 때 효소의 활성이 타 곡류에 비하여 크기 때문에 맥아로 제조하여 식혜, 물엿, 맥주, 위스키 등 각종 식품제조에 사용된다.

맥아의 효소에서 가장 중요한 것은 amylase로 전분을 분해하여 당을 만드는 역할을 한다. *α*-amylase는 발아가 안 된 보리에서는 발견되지 않지만 발아를 시작한지 2~4일 경이 지나면 생성되고 발아가 진행됨에 따라 점차 증가한다. 반면에 β-amylase는 발아하지 않은 보리에서도 다량 함유되어 있지만 발아를 시작하면 그 양이 감소되다가 발아 개시 2~3일이 지나면 다시 급격하게 양이 늘어난다.

β-amylase의 생성은 발아를 시작한지 하루 정도의 호흡량과 직접 관련이 있다. 즉, 1일 차에 지속적인 공기 공급이 β-amylase를 생성하는데 주요한 역할을 한다.

발아기간 중에 생성되는 α, β-amylase의 양에는 다음과 같은 인자들이 영향을 미친다.

① Amylase 의 함량은 유전인자에 따른 품종적 특성이 크다.

② 동일한 품종일 경우 보리 알갱이가 큰 것이 작은 것보다 더 많은 amylase를 생성한다.

③ 녹맥아의 수분 함량이 많을수록 amylase의 함량은 높아진다.

④ 저온에서 발아시키면 amylase 함량이 더 많아진다. 고온에서 발아할 경우 amylase 가 생성되는 시간을 앞당길 수는 있지만 그 양은 저온에서 발아한 것보다 적다.

맥아의 제조과정은 다음과 같다. 먼저 원료 보리에 들어 있는 이물질을 제거하고 곡립을 크기별로 분류하는데 이를 정선이라고 한다. 정선과정을 통하여 일정한 품질의 맥아를 만들 수 있다. 정선된 보리를 발아시켜 맥아로 만드는 과정을 제맥(製麥)이라고 하는데 이 과정은 침맥(沈麥), 발아(發芽), 배조(焙燥)의 3단계로 이루어진다.

침맥(沈麥)은 보리의 발아와 생육에 필요한 수분을 공급해 주는 과정으로서 흡수 속도는 수온, 통풍, 보리 알갱이의 크기와 품질에 따라 달라진다. 온도가 높으면 흡수 속도가 빨라진다. 수분함량이 증가할수록 발아에 필요한 에너지를 공급하기 위해서 호흡량이 늘어나기 때문에 산소를 충분히 공급하여 주어야 한다.

침맥 과정 중에 산소가 부족하면 무기발효가 일어나게 되고, 이렇게 되면 ethanol, 젖산, ester, aldehyde가 생성되는데, 특히 ethanol과 aldehyde가 많이 축적되면 보리가 죽게 된다. 따라서 침맥은 급수와 단수를 반복하는데 이 과정에서 보리의 탄닌 성분과 오염 미생물을 제거하고 부족된 산소를 공급하게 된다. 침맥 시 사용되는 물의 온도는 8~16℃ 정도가 적합하다.

발아(發芽)는 배아(胚芽, embryo)가 배유(胚乳, endosperm)의 영양분을 이용하여 잎과 뿌리로 자라는 것을 말한다. 이 과정에서 각종 효소가 생성된다. 발아에 관여하는 요소에는 수분, 온도, 산소가 필요하다. 발아에 필요한 수분량은 30% 정도이지만 제맥에 필요한 수분함량은 42~46%를 유지해야 한다. 발아 적온은 20℃ 이나 호흡률이 상승하면 온도가 올라가기 때문에 13~16℃가 적합하다.

발아기간은 7~10일 정도이며 발아종료 시점은 amylase 생성 및 발아에 따른 물질 손실 등을 고려하여 결정한다.

배조(焙燥)는 맥아를 건조하는 과정을 말한다. 발아된 보리는 수분을 함유한 상태인데 이를 녹맥아라고 한다. 더 이상의 물질 손실을 방지하기 위하여 생육을 정지시키고 장기 저장할 수 있도록 처리하는데 배조는 건조와 배조로 이루어지며 건조과정에서 수분을 8~10% 이하로 제거하여 생육을 중지시키고 저장성을 주는 과정이며, 배조는 맥주 제조공정에서 수분을 4% 이하로 감소시키면서 맥아 특유의 색깔과 향미를 부여하는 과정을 말한다.

4. 식혜

식혜는 쌀이나 찹쌀을 맥아를 사용하여 당화시켜 만든 전통 음료이다. 쌀의 도정도나 품질은 그다지 상관이 없으나 찹쌀일 멥쌀보다 당화가 잘 된다. 맥아는 발아 정도에 따라 장맥아와 단맥아로 구분되는데, 식혜를 만들 때는 amylase 활성이 강한 장맥아를 쓴다.

식혜를 만드는 방법은 다음과 같다. 즉, 쌀이나 찹쌀을 세척한 후 밥을 짓는데 이 때 물의 양을 밥 보다는 약간 적게 하여 고두밥을 짓는다. 그 이유는 추출한 맥아즙을 넣어줄 때 밥이 덩어리지지 않도록 하기 위함이다.

밥의 온도를 78~80℃ 정도로 식히고, 여기에 맥아를 부수어 따뜻한 물에 풀고 이를 체로 거른 액을 넣는다. 55~62℃에서 5~7시간 놓아두면 대체로 당화가 끝나는데, 이것을 4~5시간 더 두어 두면 식혜의 독특한 향미가 나게 된다.

당화 온도가 40~50℃ 이하가 되면 당화가 늦어질 뿐만 아니라, 젖산균이나 효모에 의해 젖산이나 알코올이 생길 수 있다. 또 70℃

이상이 되면 효소가 파괴되어 당화가 잘 일어나지 않는다.

완성된 식혜는 효소의 활성을 없애기 위하여 끓인 다음 냉장 보관한다. 식혜는 단맛이 높고 특유의 방향과 향미가 있는 것이 좋다.

5. 맥아 엿

물에 불린 곡류를 찐 다음 여기에 맥아즙을 가하여 당화시켜 만든 것으로 그 주성분은 맥아당과 dextrin이다. 맥아 엿은 모든 곡류를 원료로 사용할 수 있지만 순수한 전분을 원료를 사용하여야 좋은 제품을 얻는다. 맥아 엿은 맥아에 함유된 amylase를 이용하여 전분만을 선택적으로 당화시킨다. 전분 외의 기타 성분들에는 amylase가 작용하지 않아 분리가 용이하므로 어떠한 곡류도 원료로 사용할 수 있을 뿐만 아니라 서류 등도 그대로 사용할 수 있다. 찹쌀이나 차조를 사용하면 당화하기가 쉬워 좋은 맥아엿을 얻을 수 있다.

맥아엿 제조는 그 원료가 곡류인지 전분인지에 따라 그 제조방법이 약간 다르다. 맥아엿 제조공정도는 <그림 7-7>과 같다.

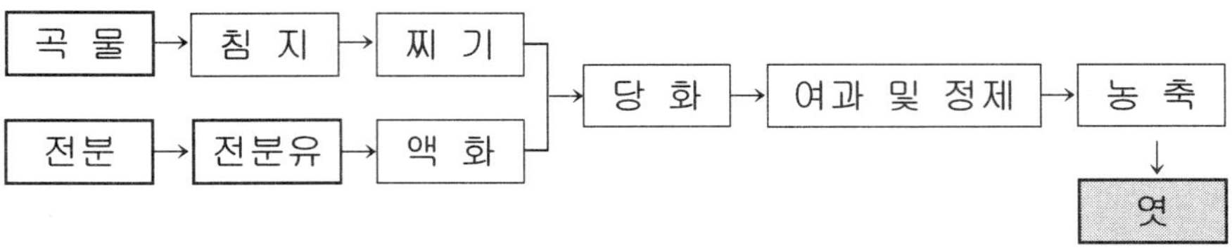

<그림 7-7> 맥아 엿 제조공정도

1) 곡류를 원료로 한 맥아 엿 제조

원료의 배합비는 용도에 따라 다르지만 일반적으로 곡물의 경우 곡물에 대하여 건조맥아 5~20% 정도를 넣는데 평균적으로 10%를 사용한다. 녹맥아의 경우에는 건조맥아의 3배가량을 사용하며 물 사용량은 곡류의 3배를 넣는다.

맥아나 물 사용량이 많으면 맥아당의 생성량이 많아지나 dextrin 함량은 적어지므로 목적에 맞도록 맥아와 물 사용량을 조절하여야 한다.

맥아 엿을 만드는 방법은 다음과 같다.

먼저 잘 도정된 쌀이나 조를 잘 씻은 다음 상온에서 3~5시간 침지한 다음 물을 빼내고 증기로 찐다. 호화된 원료에 50℃ 정도의 물을 배합비에 맞추어 넣고 60℃ 정도의 온도에서 맥아를 넣고 교반한 후 이 온도에서 6~8시간을 유지한다. 그 후 다시 6~8시간 방치시킨 후 완성한다.

맥아 amylase의 당화 최적온도는 50~55℃이나, 엿은 적당량의 dextrin이 있어야 하므로 당화온도를 약간 높은 55~60℃ 정도로 맞춘다.

당화 완료시점은 곡류 알갱이를 손가락으로 잡았을 때 알갱이가 납작하게 되어 바깥쪽의 섬유질만이 남게 되는 때이다. 요오드 반응을 사용하여도 된다.

당화가 끝나면 맑게 위에 뜬 당화 상징액(上澄液)을 떠내고 찌꺼기는 삼베 자루에 넣어서 압착한다. 이렇게 하여 얻은 당액을 1번 액이라고 하는데 약 9 brix 정도 된다. 짜고 난 찌꺼기는 다시 증기로 쪄서 맥아를 가하고 당화하면 2번 액을 얻는데 이것은 대략 6~7 brix가 된다. 1번 액으로만 만든 엿은 색깔이나 점성이 좋다. 수율을 높이기 위하여 1번 액과 2번 액을 섞어 사용하기도 한다.

여과한 당화액을 스팀 솥에 넣고 서서히 가열하면 단백질이나 기타 불순물이 응고하여 하얀 거품으로 떠오른다. 떠오르는 거품은 수회에 걸쳐 걷어 내면 맑은 엿을 얻을 수 있다. 불순물을 완전하게 제거하고자 할 때에는 당액에 규조토나 산성백토를 가하여 색소나 기타 불순물을 흡착하여 제거할 수 있다.

농축시킬 때는 이중 솥을 사용하거나 증발 농축시킨다. 장시간 증발 농축시키면 착색되어 품질이 나빠질 수 있다. 농축 정도는 수분이 15~20% 정도가 되는 것이 적당하다.

2) 전분을 원료로 한 맥아 엿 제조

전분을 α-amylase 또는 산을 사용하여 액화시킨 후 β-amylase로 당화시키는 것이다. 만드는 방법은 다음과 같다. 즉, 원료전분에 물을 넣어 18~20 brix로 맞춘 다음 교반하면서 서서히 가열하여 호화시킨다. 75℃ 정도에서 효소를 넣는데 효소량은 고구마 전분의 경우 액화효소(역가 3,000 단위) 0.34%, 밀 전분은 0.45% 정도 가한다. 효소는 분말로서 그대로 전분에 가하거나 30~40배의 40℃ 정도되는 물에 녹여 가한다.

호화가 시작되면 바로 가열하는 것을 멈추고 교반만을 계속하다가 점도가 원상으로 돌아가면 다시 가열한다. 이 과정을 3~5회 반복한다. 마지막에는 95℃ 정도로 가열하면 효소가 불활성화 된다.

액화 종료점은 30% 알코올 액에 침전이 생기지 않거나, 요오드 반응이 적자색을 띨 정도가 적당하다.

액화된 고온의 dextrin액은 가급적 빨리 56~61℃ 까지 냉각시킨다. 액화 액이 천천히 냉각되면 pH가 현저히 떨어지는 수가 있다. 온도를 떨어뜨린 액화 액의 pH를 β-amylase의 최적 pH인 5.6~5.8 정도로 조절한다.

맥아는 미리 거칠게 마쇄하여 체로 친 다음에 40℃ 가 되는 온수를 약 30배를 가하여 1시간 정도 추출한 액을 전분 액화액에 넣고 56~61℃를 유지하면서 교반한다. 맥아 사용량은 맥아의 역가, 당화시간, 제품의 종류, 당화율 등에 따라 달라지나 역가가 200단위가 되는 맥아를 사용할 경우 맥아 사용량과 당화시간과의 관계는 <표 7-1>과 같다.

<표 7-1> 맥아 사용량과 당화시간과의 관계

당화시간	3	4	5	6	7	8
맥아량 (전분에 대한 %)	0.9	0.7	0.5	0.4	0.35	0.3

당화가 끝나면 90℃ 이상으로 가열하여 당화효소를 불활성화 시킨다. 당화액을 가열하면 단백질이나 수지류가 응고되어 거품으로 떠오른다. 규조토를 보조제로 하여 당화액을 filter press 등으로 여과한다. 일반적으로 맥아엿은 그 맛과 향취가 살아 있도록 하기 위해서 탈색이나 이온교환정제 등을 하지 않는다. 맥아엿의 주성분은 맥아당이다.

6. 맥주

1) 맥주의 역사

맥주는 보리를 발아시킨 맥아의 당화효소를 이용하여 맥아 자체에 남아 있는 전분을 당화시키거나, 옥수수 등의 곡류를 호화시켜 맥아의 amylase로 당화시킨 다음 이스트를 이용하여 알코올 발효한 것이다.

맥주는 고대 바빌로니아와 이집트 등에서 시작된 것으로 알려져 있다. 바빌로니아에서는 맥아를 밀가루와 혼합하여 빵을 굽고 그 빵을 부수어 따뜻한 물에 넣고 자연 발효시켜 맥주를 만들었다고 한다. 고대 이집트 벽화에서도 맥주를 만드는 모습이 그려져 있는 것으로 보아 맥주는 고대 이집트에서는 인기 있는 음료로 자리 잡고 있음이 틀림없다.

근대적 맥주는 중세 유럽의 수도원에서 맥아와 홉을 사용하여 술을 담근 것에서 유래된다. 맥주를 대량 생산할 수 있게 된 것은 산업혁명 이후의 일이며 19세기 열처리 방법이 알려지면서 맥주를 장기간 보관할 수 있게 되었다. 그 후 이스트를 순수 배양하면서 맥주의 품질이 좋아지게 되었다. 20세기에 들어와 냉동냉장 시스템이 도입되고 살균과 포장방법이 발전하면서 오늘날의 다양한 맥주가 자리잡게 되었다.

2) 맥주의 종류와 특성

맥주는 사용하는 원료의 종류와 제조 방법에 따라 그 특성이 달라진다. 유럽의 전통적인 맥주는 맥아, 물, 홉 그리고 이스트만을 사용한다. 독일에서는 맥주는 맥아만을 가지고 만들어야 한다는 법을 만들기도 하였다. 그러나 오늘날 대부분의 나라에서 다양한 맛을 내거나 원료 및 제조 공정의 비용을 절감하기 위해서 맥아 이외에 옥수수 전분 등 여러 가지 곡류를 사용하기도 한다.

맥주는 물이 90~93%를 차지하고 그 외 알코올, 탄수화물, 유기산, 탄산가스 등이 함유되어 있다. 비중은 1.008~1.01이고 물보다 점성이 있으며 -1.8℃에서 얼기 시작한다.

맥주의 맛과 향은 사용하는 원료의 종류와 제조 방법에 따라 달라지는데 특히 전분의 종류와 사용량, 양조용수의 수질, 홉의 품질과 양 그리고 맥주 양조용 이스트의 종류에 따라 그 차이가 크게 난다.

맥주는 발효방식에 따라 다음과 같이 구분된다. 즉, 하면발효맥주(bottom fermented beer)인 Lager와 상면발효맥주(top fermented beer)인 Ale로 구분된다. 하면발효맥주는 하면효모를 이용하여 5~10℃ 정도의 저온에서 발효시키는 것을 말하며, 상면발효맥주는 상면효모를 이용하여 더 높은 온도인 10~20℃에서 발효시키는 것으로 발효시간이 짧다.

Lager 맥주는 독일의 lagern(lay down, store)에서 유래된 것으로 낮은 온도에서 발효시키고, 긴 저장기간 동안 충분하게 숙성되어 독특한 향미를 갖는다. 보통 생산지의 이름을 따라 Dortmunt, Pilsner, Bock(독일산 독한 흑맥주) 등으로 불린다.

Ale 맥주에는 Stout(흑맥주), 비터, 포터, 발리와인, 트레피스트, 램벅, 알트 등 여러 가지 종류가 있다.

3) 맥주 제조

맥주 담그기는 맥아를 만드는 과정과 양조(당화와 발효) 그리고 제품화로 구분된다. 원료보리의 품질이 좋아야 좋은 맥아를 만들 수 있고, 좋은 맥아로 품질이 우수한 맥주를 만들 수 있다.

맥아에 함유된 가용성 물질을 따뜻한 물을 사용하여 용출하는 것을 담금이라고 한다. 적절한 온도와 시간을 유지하면 맥아에 함유된 효소의 작용에 의하여 아직 보리에 남아 있는 전분질은 이스트가 이용할 수 있는 당으로 바뀌게 된다.

이렇게 추출한 액을 맥아즙(wort, malt extract)이라고 하는데 맥아즙에는 대부분 발효성 당이 들어 있으며 그밖에 dextrin, 단백질, 아미노산, 무기질, 색소, 향미 성분 등이 함유되어 있다.

맥아즙을 여과한 후 홉을 넣고 끓여 부유 응고물을 제거한다. 홉은 맥주 특유의 쌉쌀한 맛과 향을 내며 맥아즙에 들어 있는 단백질을 응고시켜 맥아즙을 맑게 하는 역할을 한다. 이렇게 만들어진 맥아즙은 발효공정으로 들어간다.

발효과정은 전 발효와 후 발효로 구분된다. 전 발효는 냉각한 맥아즙에 이스트를 넣고 발효탱크에서 7~12일간 발효시키는 과정이다. 발효과정 중 알코올과 이산화탄소, 발효 부산물, 이스트 균체의 증식이 이루어지며 이때 발열반응을 수반한다.

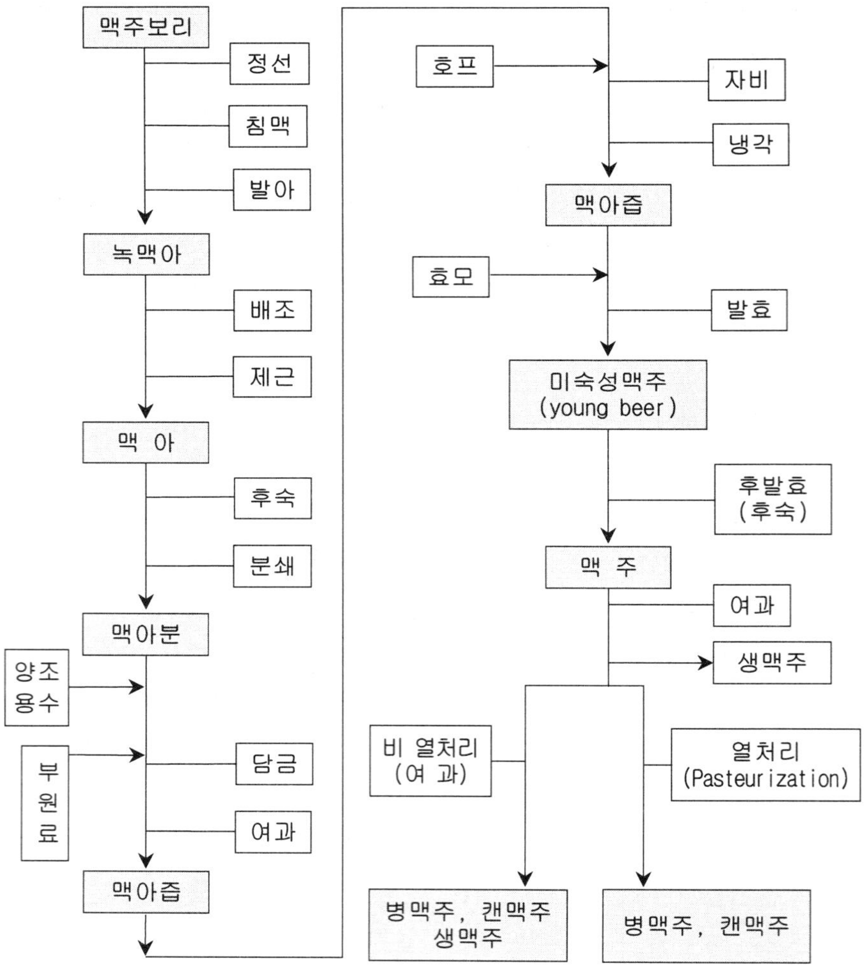

<그림 7-8> 맥주 제조공정

전 발효 과정에서 만들어진 맥주는 아직 숙성되지 않은 것으로 맥주의 맛과 향이 충분하지 않다. 이것을 young beer라고 하는데 전 발효가 끝난 숙성되지 않은 맥주를 후 발효 탱크에 옮겨 저온에서 1~3개월 정도 서서히 숙성시킨 후에 맥주의 향미가 조화를 이루게 된다.

숙성이 끝난 맥주는 여과한 다음 병이나 캔에 넣어 제품으로 만든다. 장기간 보관, 유통과정을 거치기 위해서는 저온살균을 하고, 맥주에 잔류하는 효모를 완전히 제거한다.

제 8 장

밀(wheat)

8-1. 밀의 기원과 품종

밀(小麥, wheat, *Triticum aestivum*)은 기원전 10,000~15,000년부터 중동에서 재배되었고 기원전 6,700년대에 이집트, 이라크, 터키 등지에서 발견된다. 밀은 생육 습성, 밀의 색깔 및 밀이 익은 다음의 조직에 따라 분류된다.

밀은 파종시기에 따라 겨울밀과 봄밀로 구분되는데 겨울밀은 따뜻한 지방에서 가을에 파종하여 싹이 난 다음 겨울을 나고 봄에 다시 6~7월에 수확한다. 봄밀은 겨울이 매우 추워 동해(凍害)를 입는 지역에서 심는 밀로서 봄에 파종하여 6~7월에 수확한다.

밀은 종피의 빛깔에 따라 적소맥(赤小麥)과 백소맥(白小麥)으로 구분된다. 또한 배유부가 단단한지 아니면 부드러운지 여부에 따라 경질소맥(硬質小麥)과 연질소맥(軟質小麥)으로 구분된다.

밀의 종류에는 20여 종이 있는 것으로 알려져 있다. 이 가운데 실용상 중요한 것은 보통밀(*Triticum aestivum* L. and *Triticum vulgare* Host)과 듀럼 밀(*Triticum durum* Desf.)이다. 세계적으로 재배되는 밀은 90% 이상이 보통밀이고, 5~7% 정도 듀럼밀이 경작된다. 밀의 종류별 재배를 보면 경질 적 춘소맥(hard red spring wheat)은 95% 정도를 캐나다에서 생산하고, 경질 적 동소맥(hard red winter wheat)은 50% 정도를 미국에서 생산하는데 이들은 글루텐 함량이 많아서 강력분 제조에 사용된다. 한편 미국에서 1/5을 생산하는 연질 적 동소맥(soft red winter wheat)은 주로 박력분 제조에 쓰인다.

듀럼 밀은 경질 소맥으로 마카로니나 스파게티 제조에 이용되며 지중해나 중동지역에서 많이 재배되고 있다.

8-2. 밀의 구조 및 특성

밀은 과피와 종자로 구성되며, 종자는 종피, 외배유, 내배유로 각각 구성되어 있는데, 이들 종자의 단면구조는 <그림 8-1>과 같다.

밀알의 부위별 중량비는 배아 2.8~3.5%, 과피, 종피, 외배유, 호분층 등의 겨층이 7.8~8.6%, 배유부 87~89%이며, 품종에 따른 차이가 크다.

밀의 전분 알갱이는 외부와 내부의 성질이 다르다. 외부 전분립은 검(gum)질로 수분을 흡수하면 팽윤하지만 가열하더라도 물에 녹지 않는다. 밀 전분의 점성은 주로 이러한 외부 전분의 성질에 의한 것이다. 반면 내부의 전분은 가압, 가열하면 물에 잘 녹는다.

이와 같이 양자의 전분은 화학적 성질이 다른데, 예를 들면 밀 전분에 맥아를 작용시키면 외부는 덱스트린, 내부는 말토오스로 되기 쉬우며 그 비율은 20 : 80으로 나타난다.

밀의 주요 단백질은 글리아딘과 글루테닌으로 거의 비슷한 비율로 함유되어 있다. 소맥분에 물을 가하여 반죽하면 글리아딘에 의해서 점성을 나타내고, 글루테닌에 의해서 탄성을 갖게 된다. 이들이 글루텐을 형성하여 점탄성을 갖게 된다.

글루텐은 발효과정에서 발생하는 CO_2가스를 포집하여 빵의 형태를 이룬다. 마카로니와 스파케티를 만드는 듀럼 밀은 글루텐이 너무 많고 끈적거려 빵을 만드는데 적합하지 않다. 밀의 구성 아미노산은 약 37%가 글루탐산이고 그밖에 류신, 프롤린, 아르기닌 등이 있으나 히스티딘, 리신, 시스틴, 트립토판 등의 함량이 적어 영양상으로는 불완전하다.

밀의 지방은 전립분일 경우 1.3%, 배아에는 12%가 들어 있으나 다른 곡류에 비하여 적은 편이다. 회분은 전립분에서는 0.6%, 소맥분은 0.5% 이하 이다. 회분 함량은 소맥분의 품질 평가기준의 하나이다.

밀에는 비타민 B_1이 현미보다 적게 들어 있으나 쌀과 달리 배유에도 함유되어 있어서 제분하더라도 50~70%는 남는다. 비스킷을 만들 때 중조나 탄산암모니아 등의 알칼리를 사용하면 비타민 B_1은 거의 소실된다.

밀기울 중 단백질 함량은 15%, 섬유 10%, 지방 3%, 전분 52%, 회분 6%로 미강처럼 단백질은 많으나 섬유질이 많아서 식용에 부적합하다. 이밖에 비타민 E를 함유하고 있으며 배아에는 비타민 B_1이 2mg% 정도 함유되어 있다.

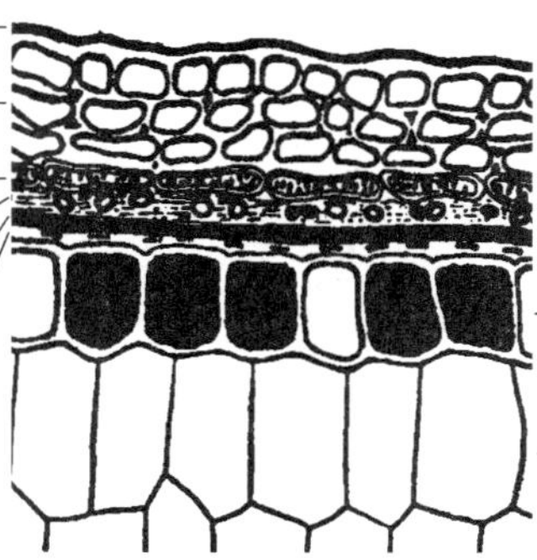

<그림 8-1> 밀의 단면구조

8-3. 밀과 소맥분의 품질

밀 알갱이의 세포가 치밀하고 반투명한 것을 초자질, 불투명한 백색을 띠는 것을 분상질 그리고 그 중간 성질을 띠는 것을 중간질이라고 한다. 이 같은 차이는 유전적 인자에 따라서 차이가 나며, 환경에 의한 영향도 크다.

즉, 춥고 건조한 기후 조건에서는 초자질의 밀이 생산되고, 덥고 습기가 많은 지역에서는 분상질의 밀이 주로 생산된다. 보기를 들면 캐나다산 강력분을 만드는데 사용하는 초자질의 밀을 우리나라에서 심을 경우 분상질 또는 중간질의 밀이 된다.

사용하는 비료에 따라서도 밀의 품질이 달라지는데 N와 K의 비율에 따라 차이가 난다. 질소질 비료를 많이 줄 경우에는 초자질의 밀이 되고, K가 많으면 분상질로 되는 경향이 있다.

초자질의 밀(glassy, flinty)은 단백질 함량이 11~13% 정도로 많고, 조직이 치밀하다. 반면 분상질의 밀(mealy)은 단백질 함량이 9% 이하 정도로 적고 전분의 함량이 많다. 또한 조직이 치밀하지 못하여 하얀 색을 보인다. 중간질 밀(semi-glassy, semi-flinty)은 단백질 함량이 9~11% 정도로 초자질과 분상질을 중간 정도이다.

곡립의 비중은 초자질이 1.35, 분상질이 1.28 정도를 나타낸다.

소맥분의 품질은 글루텐의 함량과 특성, 회분 함량 및 빛깔 등에 따라 달라진다. 즉, 소맥분에 물을 넣고 반죽하면 소맥분의 단백질 중 글리아딘과 글루테닌이 서로 엉켜 글루텐을 형성하여 점탄성을 갖게 된다. 단백질 함량이 대략 11% 이상인 것을 강력분(bread flour), 9~11% 인 것을 중력분(pastry flour) 그리고 그 이하 인 것을 박력분(cake flour)이라고 한다.

소맥분 알갱이의 조직 특성에 따라 경질, 반경질, 중간질, 연질로 구분하는데 경질분(hard flour)은 단백질이 덩어리지기 때문에 입도가 크고 따라서 손으로 비벼보면 꺼칠꺼칠하다. 그러나 연질분(soft flour)은 결정입자가 없어서 매우 매끄럽고, 글루텐 함량이 낮아서 쿠키, 튀김용으로 사용된다.

경질분은 단백질 함량이 높아 빵을 만드는데 사용되고, 중간질분은 국수 등 여러 가지 면을 제조하는데 쓰인다. 소맥분의 특성과 용도는 <표 8-1>과 같다.

소맥분의 품질 지표로 중요시 여기는 것이 회분 함량이다. 회분은 점탄성을 감소시키므로 그 함량에 따라 종류별 소맥분의 등급을 결정하는데 1등품은 0.5~0.55%, 2등품 0.7~0.75%, 3등품 1.3~1.4%

로 구분한다. 소맥분의 회분 함량은 품종, 재배 환경조건에 따라서도 달라지지만, 제분율에 따라 크게 차이가 난다.

<표 8-1> 소맥분의 특성과 용도

입 질	분 질	단백질함량 (%)	습부율 (%)	건부율 (%)	용 도
초자질	경 질	> 12	> 36	> 12	마카로니 · 스파케티 · 빵
초자질	반경질	10.5~12	중간	중간	빵 · 면
중간질	중간질	9.5~10.5	중간	중간	면 · 과자
분상질	연 질	< 9.5	< 25	< 8	케이크 · 쿠키 · 튀김용

즉, 제분율을 높여, 다시 말하면 소맥 대비 소맥분의 생산량을 많게 하면 회분 함량도 증가하는데 이렇게 할 경우 소맥분의 색이 검게 되고 품질이 떨어진다. 한편 배유에 카로티노이드 색소가 많을 경우 소맥분이 노란색을 띠게 되는데, 스파게티나 마카로니를 만드는 듀럼밀과 같은 경우에는 노란색이 매우 강하게 나타난다.

밀의 제분율과 회분 등의 관계는 <표 8-2, 3>과 같다.

<표 8-2> 밀의 제분율과 회분

제분율 (%)	소맥분의 회분 (%)	밀기울의 회분 (%)
30	0.35	2.13
60	0.45	3.83
70	0.46	4.27
75	0.55	4.77
80	0.70	5.21
85	0.95	5.30
90	1.18	5.36
95	1.40	5.40

<표 8-3> 소맥분의 구분 및 회분, 단백질 함량과의 관계

구 분	회 분(%)	단 백 질(%)
Short patent flour	0.39	10.8
Long patent flour	0.45	11.1
Straight flour	0.48	11.3
Clear flour	0.60	12.3

8-4. 소맥과 소맥분의 품질검정

1. 소맥

1) 이물질

원료 밀에는 흙, 모래, 잡초의 씨앗, 쇳가루, 해충의 사체, 분비물, 알 등 여러 가지 이물질이 들어 있다. 이물질이 많을 경우 소맥분의 품질과 수율이 떨어진다. 체를 사용하여 이물질을 구분한다. 밀 알갱이 보다 약간 큰 체눈과 약간 적은 체눈을 가진 2개의 체로 사별한 부분을 합하여 Dockage이라고 하는데 이물질의 양 및 정립도(整粒度)의 판정기준으로 한다.

2) 용적중(容積重)

일정한 부피의 원맥을 중량으로 표시한 것으로 g/1ℓ로 표시하거나 lb/1bushel 로 나타낸다. 용적중이 높을수록 제분율이 높다.

3) 천립중(千粒重)

원맥 1,000개의 무게를 g으로 나타낸 것으로 용적중과 비슷한 목적으로 사용된다.

4) 수분

원맥의 수분 함량은 저장성과 큰 관계가 있을 뿐 아니라 밀가루의 수율을 파악하는데 중요하다. 원맥의 수분함량은 13% 이하가 되어야 하며, 이보다 많을 경우에는 미생물이나 해충이 발생할 우려가 크다.

근래에는 적외선을 이용한 자동 수분측정기가 사용되기도 한다.

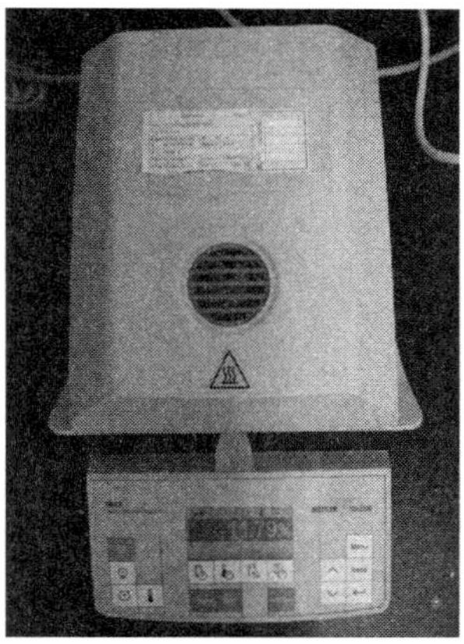

<그림 8-2> 적외선 자동 수분측정기

5) 회분(灰分)

원맥의 회분 함량은 소맥분의 제분 수율과 직접적인 관계가 있다. 배유부의 겉쪽에는 회분 함량이 높다. 따라서 원맥의 강층이 두꺼울수록 제분 수율은 낮아진다. 회분 측정은 550℃에서 회화(灰化)시켜 행한다.

6) 초자율(硝子率)

원맥 알갱이의 가운데를 가로로 잘라 투명도의 정도를 나타내는 것으로 보통 50개의 밀알을 곡립 절단기로 절단 관찰하여 그 단면의 대부분이 유리질이며 분상질이 30% 이하일 경우에는 초자질 입자로 하며, 반면 단면의 대부분이 분상질이며 유리질이 30% 이하인 경우를 분상질(粉狀質) 입자로 하고, 그 중간을 중간질 입자로 하여 그 각 입자를 세어서 다음 식으로 계산한 것이 초자율이다.

$$\text{초자율}(\%) = \frac{(\text{초자질 개수} \times 1) + (\text{중간질 개수} \times 0.5)}{\text{총 밀알 수}}$$

7) 단백질(蛋白質)

소맥분의 단백질은 품종과 재배 환경에 따라 그 양과 질이 다르다. 일반적으로 gluten의 함량이 많으면 제빵적성이 좋으나 언제나 그렇지는 않다. 즉, 글루텐의 양도 중요하지만 그에 못지않게 질도 중요하다.

단백질 정량은 Kjeldahl 법을 사용한다. 소맥분의 질소단백질 환산계수인 5.7을 곱하여 계산한다.

다른 방법으로는 소맥분에 물을 넣고 반죽한 후 흐르는 물에서 계속하여 짓이기면 전분은 물에 씻겨 나가고 글루텐만 남게 된다. 남은 글루텐을 습부량(濕麩量)으로 나타낸다. 이를 wet gluten이라고 하는데 이를 오븐에서 완전히 수분을 제거하면 dry gluten이 된다. Dry gluten을 건부량(乾麩量)이라고도 한다. 오븐에서 구워낸 dry gluten의 부피와 형태를 보고 그 소맥분의 특성을 간접 평가할 수 있다.

한편 박력분은 글루텐의 함량이 적을 뿐만 아니라 그 특성이 매우 약하여 강력분이나 중력분처럼 반죽한 다음 물로 수세하면 글루텐이 응집되지 못하여 대부분 흩어지고 만다. 따라서 박력분의 글루텐을 추출할 경우에는 소금을 반죽과 함께 사용하며 체를 밑에 놓고 수세하여야 글루텐이 빠져나가는 것을 막을 수 있다.

8) 제분(製粉)시험

시료 밀을 test mill을 사용하여 직접 제분하는 방법으로 대규모 제분에 준하여 소맥분의 수율, 회분, 단백질 등을 비교하여 제분율과 그 특징을 비교한다.

2. 소맥분 시험

원맥을 제분하여 밀가루로 만든 다음 시험하는 것으로 제과제빵 회사, 제면 회사 등에서도 중요시 여기는 시험이다.

1) 색도(色度)

소맥분에 회분함량이 높을 경우 즉, 강층이나 이물질이 많이 혼입되어 있을 경우 백색이 감소되는데 이와 같은 색의 변화를 비교하여 소맥분의 품질을 평가할 수 있다. 색도를 비교하는데 사용되는 방법에는 Pekar법이 있다.

Pekar법은 적당한 크기의 유리판에 비교하고자 하는 여러 가지 소맥분을 올려놓고 금속주걱으로 눌러서 매끈하게 한 다음 비교하고 이를 물에 담갔다가 바로 꺼낸 직후의 색깔과 잠시 후 말랐을 때의 색을 비교한다.

물에 적신 소맥분을 잠시 건조한 다음 보게 되면 강층이 많이 혼입된 것은 산화효소에 의하여 착색이 심하게 된다.

2) 제빵시험

소맥분의 단백질, 회분 함량, wet gluten, dry gluten 등 여러 가지 일반시험을 거친다 하더라도 제빵적성을 정확하게 판정하기란 쉽지 않다. 따라서 직접 빵을 만들면서 흡수율, 부피, 기공, 색상, 맛과 향 등에 대한 평가를 하는 것이 중요하다. 그렇게 한 다음 일반시험 결과와 비교함으로써 소맥분에 대한 제빵특성을 정확히 판단할 수 있다.

3) 제면시험

일정량의 소맥분에 소금과 물을 넣고 기계제면을 하여 생면의 신장률, 면의 건조 수축률 등을 측정하고, 만들어진 면을 건조한 다음 삶아 그 신장도, 흡수율, 용출률, 부피 팽창 등을 측정하여 소맥분의 제면적성을 시험한다.

4) Falling number

Falling number는 곡류 분말을 증류수와 함께 100℃ 비등수조에서 호화시킨 다음 플런저(plunger)가 낙하하는 시간을 측정하여 전분이 가수 분해된 정도를 나타낸 것이다. 즉, 플런저가 낙하하는 시간이 짧을수록 가수분해가 많이 일어났으며 amylase 활성이 더 높은 것을 의미한다. 실험방법은 다음과 같다.

수분함량 14% 기준으로 test tube에 시료 7.00±0.05g 을 계량하여, 증류수 15㎖에 넣은 후, 다시 여기에 증류수 10㎖를 가해 증류수 총 양을 25㎖가 되게 한다. 이것을 고무마개로 막아 20~30회 균일하게 교반하여 현탁액을 만든다. 이것을 100℃ 비등수에서 60초 동안 호화시킨 다음 플런저가 낙하하는데 걸린 값을 falling number 한다. 이 값은 실험자에 따른 오차가 크기 때문에 5~6회 반복 측정하여 평균값을 기록한다.

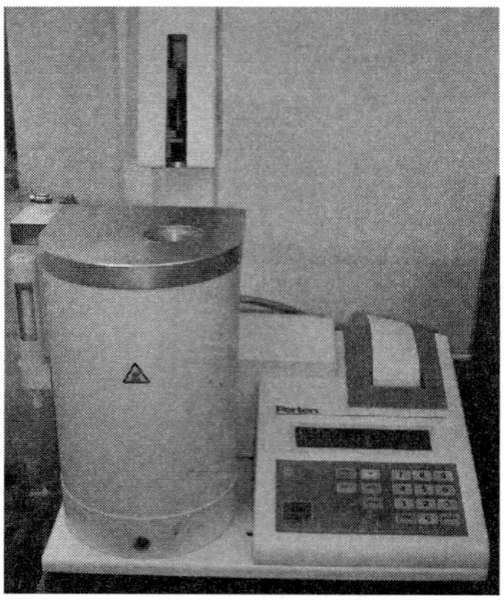

<그림 8-3> Falling number

5) Farinograph

Farinograph는 소맥분에 물을 넣고 반죽하는 과정에서 소요되는 힘을 측정하는 것으로 일정한 되기(강도, consistency)에 도달하는데 필요한 수분함량(흡수율)과 소맥분의 특성을 알 수 있다. 이러한 이유로 Farinograph는 소맥분의 물성 측정에 많이 사용된다.

실험방법은 다음과 같다. 즉, 소맥분의 수분함량을 측정한 뒤 Farinogram 프로그램에 입력하면 그 수분함량에 상응하는 소맥분(300g 기준)의 양이 산출된다. 여기에 맞게 소맥분을 계량하여 넣은 후 커브의 중앙이 500±10 F.U.(Farinogram Unit)에 도달할 때까지 흡수량을 조절한다. 이때 반죽온도는 30±0.2℃로 유지한다. 들어간 물의 양을 소맥분에 대한 %로 나타낸 것이 흡수율이다.

Farinogram으로부터 반죽의 되기(강도, consistency), 흡수율(water absorption), 반죽 형성 시간(development time), 안정도(stability), 반죽 파괴 시간(time to break down) 등의 값을 측정할 수 있는데 이것은 <그림 8-4>에서 보는 것과 같다.

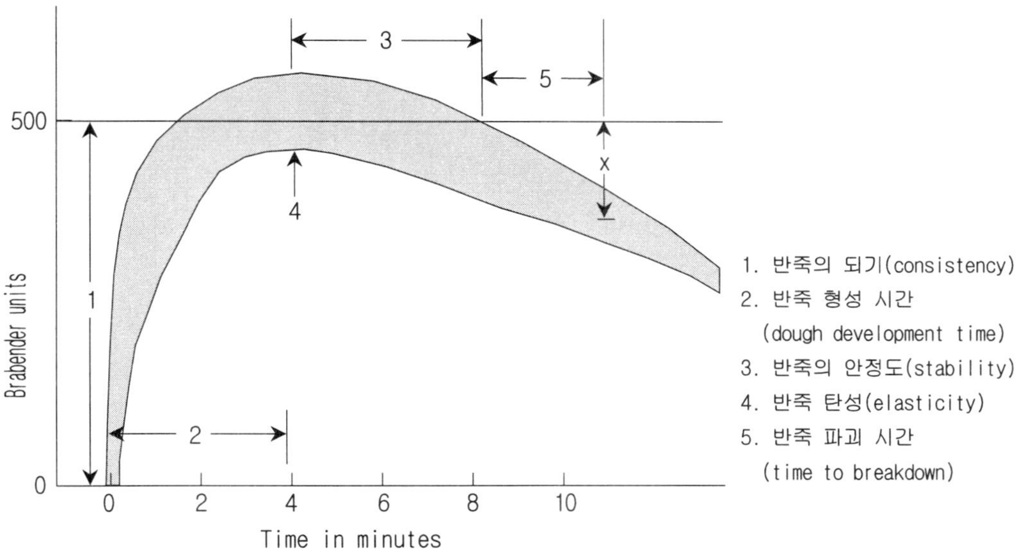

<그림 8-4> Farinogram

Consistency(반죽의 강도 또는 되기)는 물의 함량이나 소맥분의 특성 즉, 단백질의 양과 질, 펜토산, 손상 전분 등에 의하여 영향을 받는데, 동일한 소맥분을 실험할 경우 500 F.U.를 넘어 서면 반죽이 되다는 것을 의미한다. 이를 500 F.U.에 맞추기 위해서는 물 사용량을 증가하여야 한다. 반대의 경우 즉, 동일한 소맥분이 500 F.U. 아래로 consistency가 떨어지면 반죽이 질다는 것을 뜻하므로 물 넣는 양을 줄여야 500 F.U.를 맞출 수 있다.

Water absorption(수분 흡수율)은 단백질 함량과 질, 펜토산, 전분의 손상도, 제분기술 등에 따라 달라지는데, 수분 흡수율이 증가한다는 것은 단백질 함량, 손상전분, 펜토산 등이 많은 것 등을 의미한다. 산과 소금의 경우에는 반죽의 신장성에 대한 저항도를 증가시켜 소맥분의 흡수율을 감소시킨다.

수분흡수율(water absorption)은 수율과 관계가 깊을 뿐만 아니라 빵의 경우 맛과 촉감에도 많은 영향을 미치기 때문에 특히 제빵산업에서 소맥분을 흡수율을 높이는 것은 매우 중요한 문제이다. 또한 수분함량이 높을 경우 노화가 지연되어 좋은 품질을 유지할 수 있다.

Dough development time 또는 Peak time(반죽 형성 시간)은 반죽을 시작하여 최고점 또는 최대 반죽강도(maximum dough consistency)에 도달하는 시간이다.

Stability(반죽의 안정도)는 반죽이 500 F.U.에 도달했을 때에서 500 F.U.를 벗어날 때까지의 시간을 말한다. 글루텐 함량이 높은 강력분이 박력분에 비해 반죽의 안정도가 크게 나타난다.

Time to breakdown 또는 departure time(반죽 파괴 시간)은 반죽을 시작하고부터 반죽이 진행되어 500 F.U.를 떠나는데 걸린 시간을 말한다.

Mixing tolerance index(MTI, 반죽 내성)는 최고점(peak)에서 5분이 지난 후 점과의 차이를 F.U.으로 나타낸 수치를 말한다.

<그림 8-5>의 Farinograph는 강력분, 중력분, 박력분을 나타낸 것으로 일반적으로 밀가루의 단백질 함량이 낮아질수록 흡수율, 반죽시간 및 반죽의 강도가 낮다. 단백질 함량이 높은 강력분은 중력분이나 박력분에 비하여 500 F.U.를 다다르려면 물 사용량이 많고, 반죽형성기간이 길며, 반죽의 안정도가 크게 나타난다.

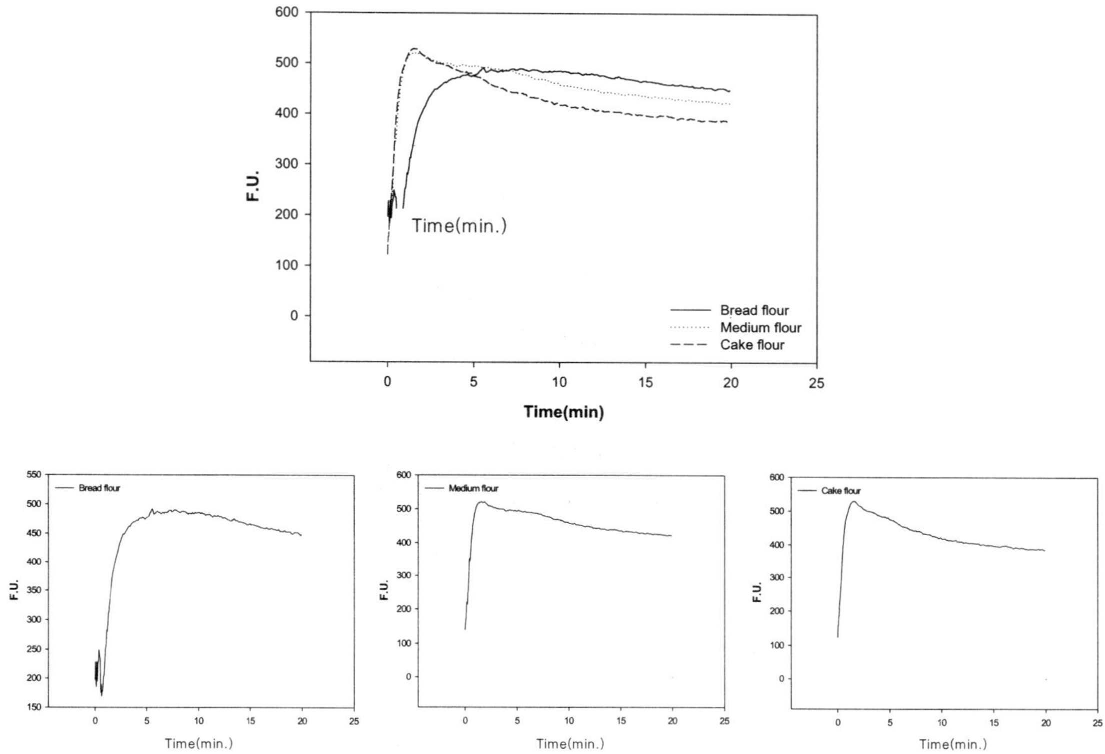

<그림 8-5> Farinograph

<표 8-4> Farinogram parameters for the various flour

Samples	Farinogram parameters					
	Consistency (F.U.)	Water absorption	Development time(min.)	Stability (min.)	Time to breakdown (sec.)	Farinograph quality number
Bread flour	500.0±2.83[1)]	65.0±0.07	6.9±1.63	11.3±1.41	830.0±76.37	138.0±12.73
Medium flour	521.5±3.54	54.6±0.07	1.7±0.00	6.4±0.21	342.0±22.63	57.0±4.24
Cake flour	529.5±2.12	53.6±0.07	1.8±0.07	3.3±0.00	191.0±41.01	32.0±7.07

1)Values are Mean±S.D., n=5

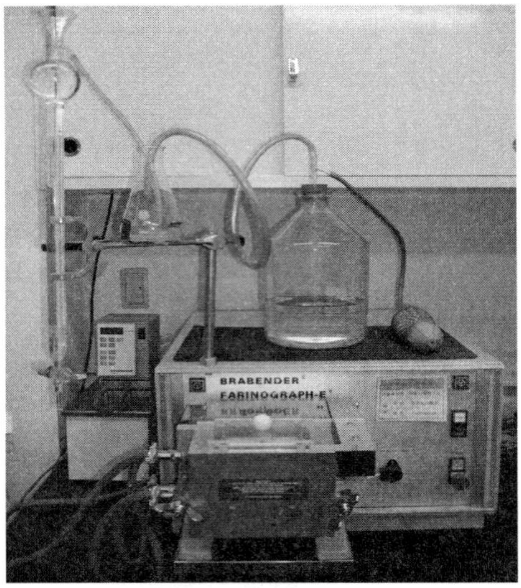

<그림 8-6> Farinograph

6) 호화도(RVA, Rapid visco analyzer)

신속점도계(Rapid visco analyzer)는 곡류 분말의 호화 특성을 측정하는 것이다. 알루미늄 용기에 소맥분 3.5g을 넣고 증류수 25㎖(±0.1㎖)를 가한 다음 플라스틱 회전축을 사용하여 일정한 힘으로 20회 정도 균일하게 교반하여 현탁액을 만든다. 50℃로 맞춘 신속점도계에서 1분간 빠른 속도로 교반한 다음, 1분에 12℃씩 상승시키면서 95℃까지 가열하고, 이 상태에서 2.5분 유지시킨 후 50℃로 냉각시키면서 호화 개시온도(pasting temperature), 최고점도(peak viscosity), 최고 점도시간(peak time), 최고점도 후에 나타나는 최저 점도인 유지 강도(holding strength), 최종점도(final viscosity), 최고점도에서 최저 점도를 뺀 값인 break down 및 최종점도(final viscosity)에서 최저 점도를 뺀 값인 set back값이 자동으로 기록된다. 필요에 따라 10회까지 반복 측정하는데 보통 5회 정도 한다.

Pasting temperature(호화 개시온도)는 호화 시 요구되는 최소한의 온도를 나타낸다. 일반적으로 전분이 호화되는 정도는 아밀로오스와 아밀로펙틴의 조성 비율, 전분입자의 크기, 형태, 전분구조의 치밀도 등에 의하여 영향을 받는다.

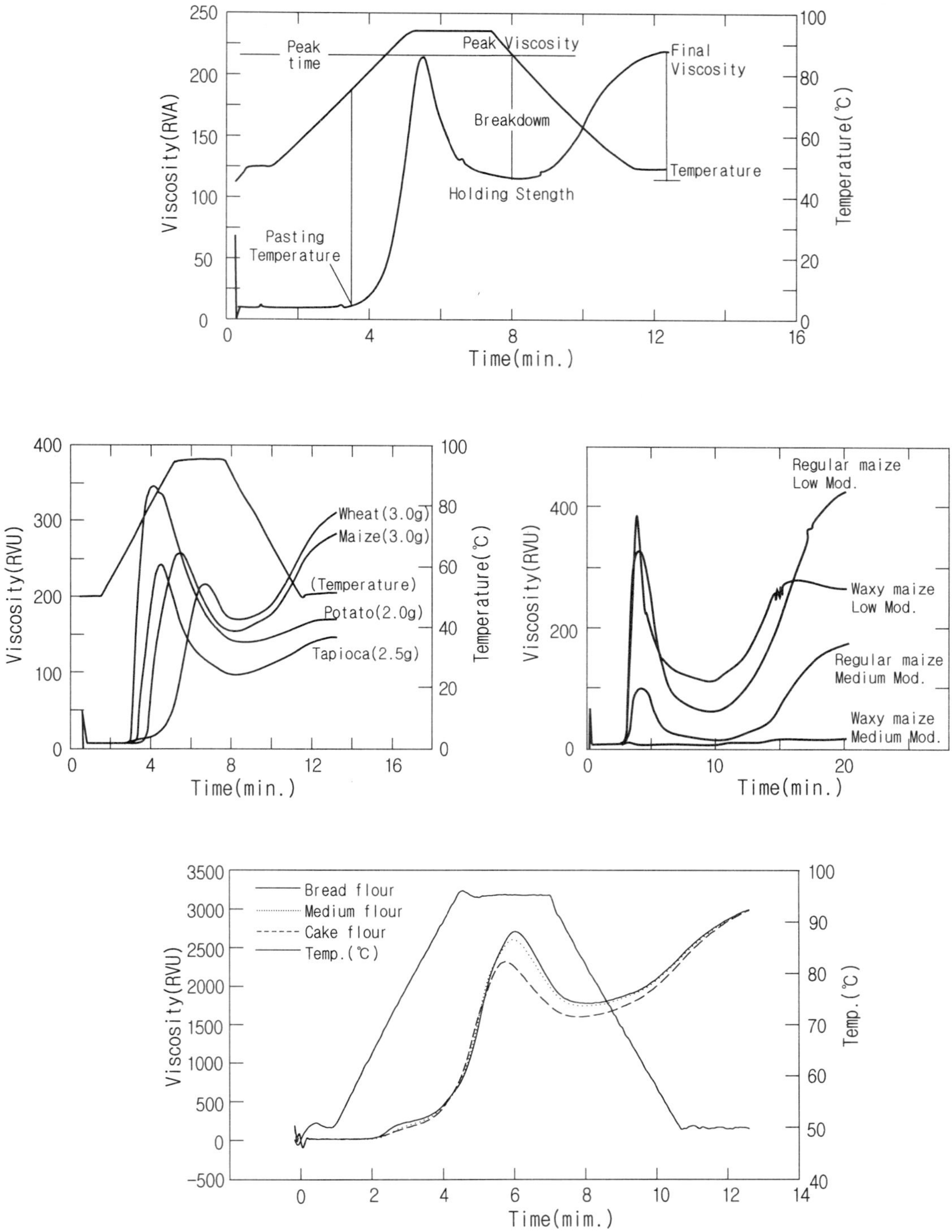

<그림 8-7> R.V.A graph

<표 8-5> RVA data on the various flour (unit : RVU)

Samples	Initial pasting temp.	Peak viscosity		Holding strength		Break down	Final viscosity	Set back
	(℃)	RVU	Time (min.)	RVU	Time (min.)	RVU	RVU	RVU
Bread flour	67.33±0.6[1)]	225±0.6	6.27±0.0	148±1.4	8.34±0.1	77±0.8	249±1.1	101±0.3
Medium flour	68.03±0.0	216±0.8	6.20±0.0	145±0.7	8.20±0.0	71±1.5	248±1.4	103±0.8
Cake flour	82.73±0.5	193±1.1	6.00±0.0	133±1.5	8.00±0.1	60±2.6	249±1.1	116±0.4

[1)]Values are Mean±S.D., n=5

Peak viscosity(최고 점도)는 전분이 호화되는 과정 중 나타나는 최고의 점도를 말한다. 최고 점도는 전분의 수화능력을 나타내며, 최종 제품의 품질과도 상관관계를 갖는다. 일반적으로 효소의 함량이 많으면 효소의 활성이 증가하여 최고점도가 낮아진다. 최고 점도에 이르는 시간은 6~7분 정도가 소요된다.

Holding strength(유지 강도)는 최고 점도 후에 나타나는 최저 점도를 말하며, 8~9분 정도가 지나 holding strength가 나타난다.

Break down은 최고 점도에서 holding strength인 최저 점도를 뺀 값을 말한다. Break down값이 작을수록 전분의 호화상태가 쉽게 파괴되지 않음을 의미한다. 이것은 온도, 반죽의 정도, 전단력, 전분의 상태 등에 영향을 받는다. 일반적으로 변성 전분은 break down에 대한 저항이 커지므로 그 값은 작아진다. 예를 들면 옥수수 전분은 최고 점도가 높고 최저 점도와 차이가 크게 나지만 산을 이용하여 만든 변성 옥수수 전분은 최고 점도가 옥수수 전분에 비하여 매우 낮아지고 최고 점도와 최저 점도의 차이가 크게 나지 않는다.

Final viscosity(최종 점도)는 호화된 전분을 강제 냉각시킨 다음의 점도를 말한다. 옥수수나 밀 전분의 경우 최종 점도가 높게 나타나며, 감자나 고구마 전분의 최종 점도는 낮게 나타난다.

Set back값은 최종 점도에서 최저 점도를 뺀 값으로, 수치가 클 경우 쉽게 노화됨을 알 수 있다.

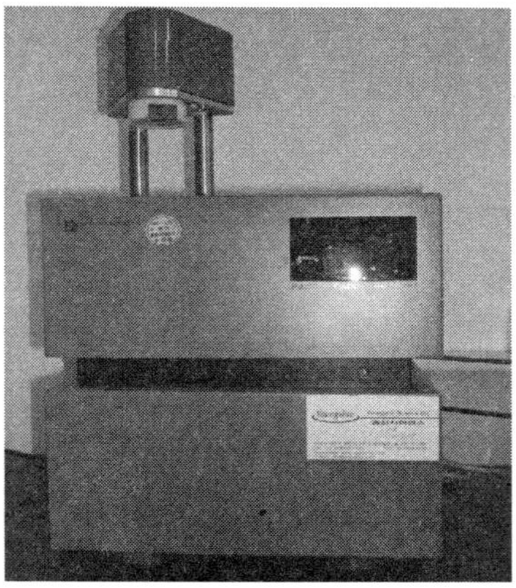

<그림 8-8> Rapid Visco Analyzer

7) Alveograph

Alveograph는 소맥분의 물성을 측정하는 분석기기이다. 기기 사용방법은 다음과 같다. 즉, Alveograph의 압력을 92/60으로 세팅한 후 소맥분 250±0.5g을 넣고 1분간 공회전을 시킨다. 소맥분의 수분함량에 맞추어 2.5%의 NaCl용액을 넣고 반죽하는데 이때 반죽 온도는 24℃로하고, resting chamber 온도는 25℃로 한다.

반죽 판을 6개 준비하여 반죽을 시작한지 9분이 지난 다음 일정한 양의 반죽을 밖으로 밀어내면서 5~6cm씩 일정하게 잘라 반죽판 위에 직각으로 올려놓는다. 롤러로 9~12회 정도 눌러 반죽을 균일한 두께가 되도록 하여 순서대로 반죽을 resting room에 넣고 20분간 휴지시킨다.

20분 후 alveograph의 공기 방출 판의 중앙에 반죽을 넣고 템퍼를 닫은 다음 링(ring)과 외곽 링을 돌려 잠근다. 템퍼와 링을 직각으로 들어 낸 후 공기를 주입하면 만들어진 반죽이 팽창한도에 이르렀을 때 파괴된다. 이때 Alveolink에 나타나는 데이터는 다음과 같다.

· P_{max} : tenacity(maximum pressure required for the formation of the sample, 반죽의 변형에 필요한 최대 저항력과 관계되는 압력)

· L(㎜) : extensibility(length of curve, 팽창된 반죽이 터질 때까지의 신장성)

· G(2.22 $\sqrt{L}$) : index of swelling 팽창 지표

· W : baking strength(surface area of the curve, 굽기 강도)

· P : pressure at bubble breaking point(버블이 터지는데 필요한 압력)

· Ie : elasticity index(Ie : pressure at 4cm from beginning of the curve/P, 탄성지수)

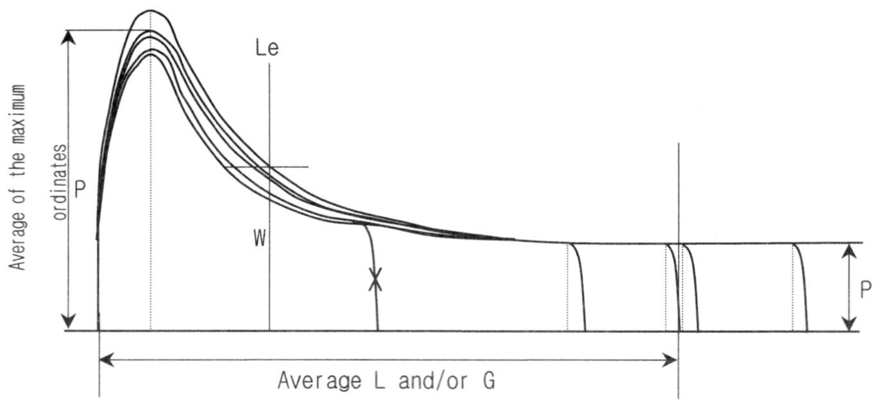

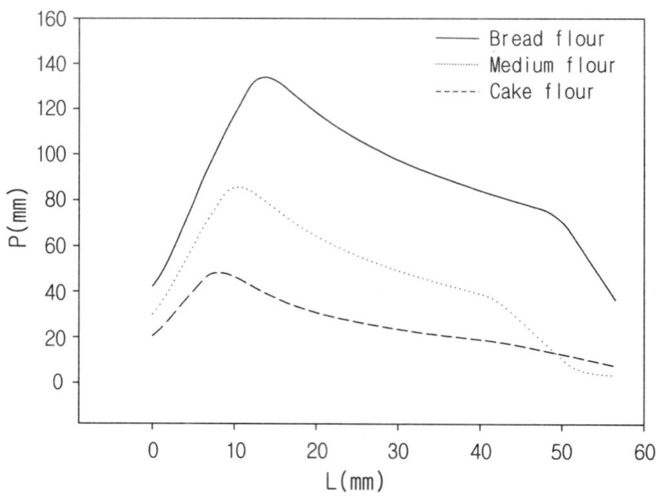

<그림 8-9> Alveograph

<표 8-6> Alveogram parameters on the various flour

Samples	Overpressure *P* (mm)	Extensibility *L* (mm)	Swelling index, *G* (mm)	Deformation energy, $W\ (10^{-4}\times J)$
Bread flour	148±3.54[1)]	50±1.41	15.7±0.21	314±14.14
Medium flour	94±1.41	50±0.00	14.5±0.07	159±0.00
Cake flour	53±0.00	47±5.66	15.2±0.92	89±6.36

[1)] Values are Mean±S.D., n=5

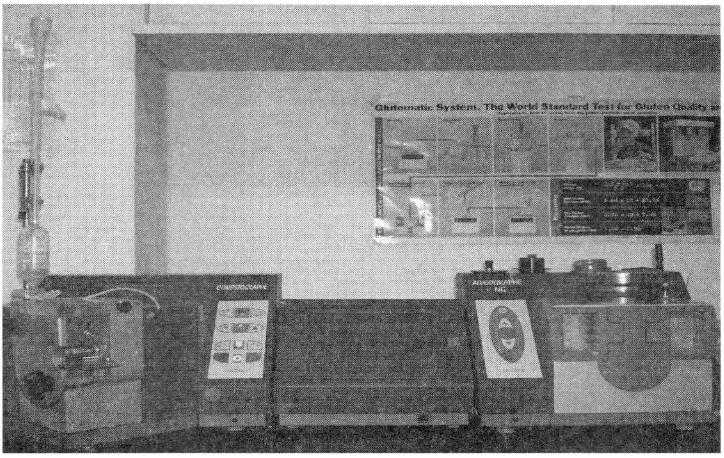

<그림 8-10> Alveograph

8) Rheofermentometer 측정

Rheofermentometer는 밀가루 반죽의 발효과정에서 발생하는 탄산가스의 양과 반죽이 제빵과정 중 부풀어짐을 간접 측정하여 제빵성을 예측할 수 있게 하는 것이다.

Rheofermentometer를 통하여 측정 가능한 데이터는 다음과 같다.

· **H'm** : Maximum height of the gaseous release curve(가스방출 커브에서 최대 높이)

· **T_1** : Time spent to reach H'_m(최대 팽창 높이까지 소요되는 시간)

· **T_x** : Appearance time of the doughs porosity(time when the dough begins to release CO_2, 반죽에서 CO_2 가스가 손실되기 시작할 때의 시간)

· **Total volume** : 전체 부피(A1+A2 커브에서 가스 발생량)

· **Retention volume** : Carbon dioxide volume in mℓ kept in the dough at the end of the test(A1, 실험이 끝났을 때 반죽이 보유하고 있는 가스부피)

· **Dough tolerance** : ⊿ T2 = T2 - T'2

· **A2** : The volume of CO_2 lost(The carbon dioxide volume released by the dough during its fermentation, 손실된 가스의 부피)

Rheofermentometer의 실험방법은 다음과 같다. 즉, Alvelograph 믹서에 반죽온도를 28.5℃로하고 소맥분은 250g, 효모(compressed yeast) 3g을 넣고 1분간 혼합한다. 소금 5g을 넣고 증류수는 소맥분의 수분함량에 상응하는 양을 Mixograph 데이터를 기초로 하여 넣은 후 6분 30초간 믹싱한 후 350g을 측정에 사용한다.

측정 조건의 protocol type은 온도 28.5℃에서 duration 180분으로 하고, 반죽 무게는 350g, 원추의 무게는 2kg, piston은 standard로 quantity는 1.2%로 하여, 3시간 동안 측정한다.

일반적으로 전분은 효소에 의해 저분자 덱스트린, 발효성 당류 등으로 분해가 되고, 이러한 발효성 당류를 효모가 이용하여 CO_2가스를 생성한다. 그러므로 효소의 첨가 비율이 증가될수록 전체 가스 생성은 많아지고, 가스 발생 후 커브 최대 높이 까지 소요되는 시간은 짧아진다.

또한 반죽의 strengthener로 유화제를 사용할 경우 반죽내의 글루텐과 전분의 상호작용을 통하여 가스 보유력을 높여 반죽의 부피도 증가시킨다. 가스 보유율은 나중에 baking하였을 때 빵의 볼륨을 높이고 crumb 구조를 균일하게 하여 좋은 제품을 형성하게 된다.

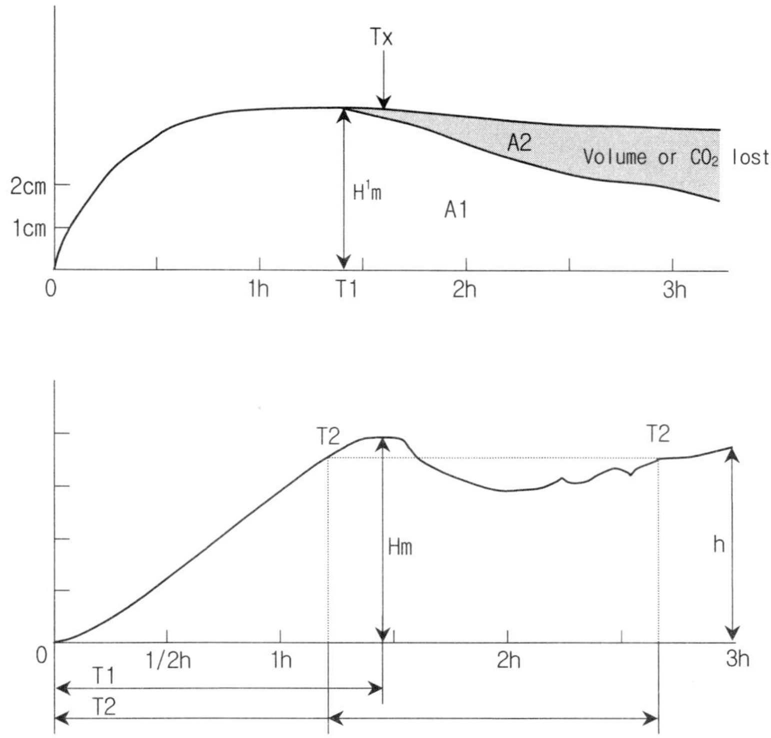

<그림 8-11> Principle of rheofermentometric analysis.

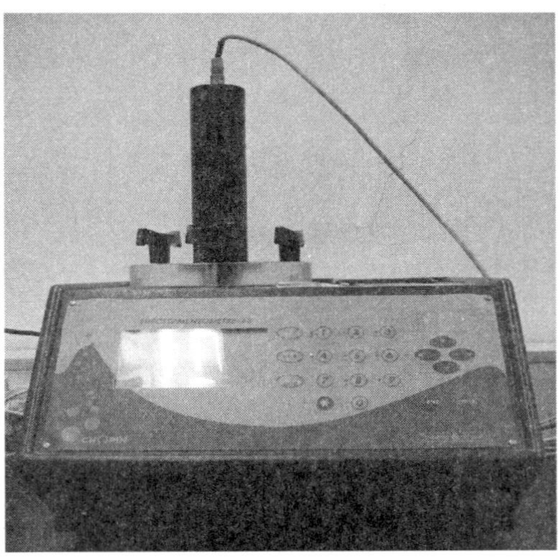

<그림 8-12> Rheofermentometer

9) Rheometer

Rheometer는 식빵, 케이크, 쿠키 등의 hardness, max. G force (weight), springness 등을 측정하는 것으로 그 방법은 다음과 같다. 식빵의 경우 가로, 세로 40 mm, 높이 30 mm로 자른 다음 직경 20 mm인 adapter를 사용하여 감지센서의 최대 값을 2 kg로 고정시킨 뒤 하강속도는 60mm/min.로 하여 측정한다.

일반적으로 저장 기간이 경과함에 따라 hardness 와 max. G force는 증가한다.

<그림 8-13> Rheometer

10) 수분활성도

수분활성도는 Rotronic Hygroskop(BT-RS1, Swiss)를 사용하였으며, 시료는 3g 정도를 플라스틱 용기에 넣고 Aw값에 더 이상 변화가 없을 때까지의 값을 측정한다.

<그림 8-14> 수분활성 측정기

11) Crumb 색도

색도는 색차계 Color reader(CR 300 Chroma Meter, Minolta Camera Co., Osaka, Japan)를 사용하여 식빵의 crumb 부위를 가로, 세로, 높이 각각 20 mm, 20 mm, 10 mm로 준비한 시료를 표준 백색판(Calibration palate CR-A43, L=95.91, a=0.00, and b=2.27) 위에 올려놓고 측정한 값을 Hunter 명도(L, lightness), 적색도(a, redness), 황색도(b, yellowness)로 나타낸다.

8-5. 제분(製粉)

밀은 쌀, 보리 등의 곡류와는 달리 배유부가 무르기 때문에 도정을 하면 쉽게 부스러져 싸라기가 많이 생기게 된다. 따라서 밀은 도정하기 않고 보통 제분하여 밀기울을 제거하고 가루로 만들어 사용한다. 밀은 배유부가 83%, 밀기울 14.5%, 배아 2.5%로 되어 있는데 이들을 분리하지 않고 그대로 제분한 것을 통밀(whole wheat 또는 graham)이라고 한다. 통밀은 씹는 촉감이 좋지 않고 소화가 잘 되지 않아 이용도가 낮으나 근래에는 건강식품으로 각광받고 있다.

밀을 제분하면 입자로 식용하는 것에 비하여 소화율이 높아진다.

특히 밀의 고랑은 쌀에 비하여 깊기 때문에 도정할 경우 제거하기가 힘들지만 제분하면 밀기울 중에 남기 때문에 배아부 만을 깨끗하게 분리할 수 있다.

<그림 8-15> 현대식 제분공장

1. 정선

우리나라에서 사용되는 원맥은 대부분 미국, 호주, 캐나다 등에서 수입된 것이다. 제분회사는 부산, 목포, 인천 등 주로 항구도시에 위치하고 있는데 이는 외국에서 들어온 배가 가져온 밀을 하역하기 쉽기 때문이다. 밀은 진공을 이용하여 빠르게 배에서 뽑아낸 후 컨베이어 벨트를 타고 사일로로 저장되는데 도중에 집진기를 이용하여 먼지, 티끌 등이 제거된다.

정선과정은 예비 정선과 본 정선으로 나뉜다. 예비 정선은 분리기(separator)를 사용하여 밀알보다 큰 다른 잡초의 종자, 지푸라기, 탈곡이 안 된 곡립, 줄기 등을 제거하고 밀알보다 작은 모래, 작은 곡립 및 먼지 등을 제거한다. 본 정선에서는 구멍이 있는 철판 체, 자석분리기(magnetic separator), 디스크 분리기(disk separator), 브러시 머신(brush machine), 세척기(washer) 등이 사용된다.

각각의 장치들이 사용되는 방법은 다음과 같다.

① 분리기(separator) : 철망이나 구멍이 뚫린 금속판의 체 위에

밀을 보내면서 진동시키거나 원운동을 시키면 원맥과 기타 협잡물이 분리되는데 이때 바람을 불어 비중이 가벼운 것을 날려버리기도 한다.

② 디스크 분리기(disk separator) : 분리기만으로는 밀 알갱이와 비슷한 크기의 이물질을 제거하기가 어렵다. 따라서 분리기를 통과한 밀을 오목부위로 파여진 원판 위를 통과하면서 밀알과 다른 형상의 협잡물을 제거한다.

③ 풍력 분리기(air separator) : 주로 먼지, 밀짚 등 비중이 가벼운 이물질을 제거하는 장치로서 밀을 위에서 아래로 떨어뜨리면서 아래서 바람을 불어 원맥을 선별한다.

④ 스카우러(scourer) : 밀이 흐르는 철제원통에 붙어 있는 날개가 고속으로 회전하며 누르는 작용으로 연마시켜서 분리되는 이물질을 풍력으로 분리하는 장치이다.

⑤ 브러시기(brush machine) : 고속으로 회전하는 솔로 흐르는 밀을 연마하여 여기서 분리되는 이물질을 풍력으로 분리하는 장치이다.

⑥ 정미기 : 수평형 원통 마찰식 정미기와 같은 것으로 저항을 약하게 하면 서로 연마되어 밀알에 붙어 있는 협잡물이 분리된다.

⑦ 자석 분리기(magnetic separator) : 밀을 수직 또는 경사지게 낙하시키면서 밀이 흐르는 곳에 강력한 자석을 장치하여 밀에 함유된 모든 쇳조각이나 철 부스러기를 흡착시켜 제거하는 장치이다.

⑧ 종자 분리기(seed separator) : 중앙의 기둥 주위에 나선형의 seat를 2~4중으로 감아서 설치한 것으로 안쪽의 seat에 밀을 떨어뜨리면 원료 중의 콩과 같은 둥근 모양의 잡곡은 낙하 도중에 속도가 커지므로 원심력이 생겨 외부의 배출부로 나오게 되나 밀알은 둥글기가 어려워 그대로 안쪽 seat를 내려와 안쪽에 있는 배출구로 나오게 되므로 이를 이용하면 밀과 모양이 다른 씨앗을 제거할 수 있다.

⑨ 세척기(washer) : 세척기는 세척용 스크루 이송기(screw conveyer)와 탈수기로 이루어져 있다. 원맥을 투입하면 흐르는 물에 의하여 세척용 스크루 이송장치로 가게 되면서 세척되고 탈수기로 이동해 물이 빠지게 된다.

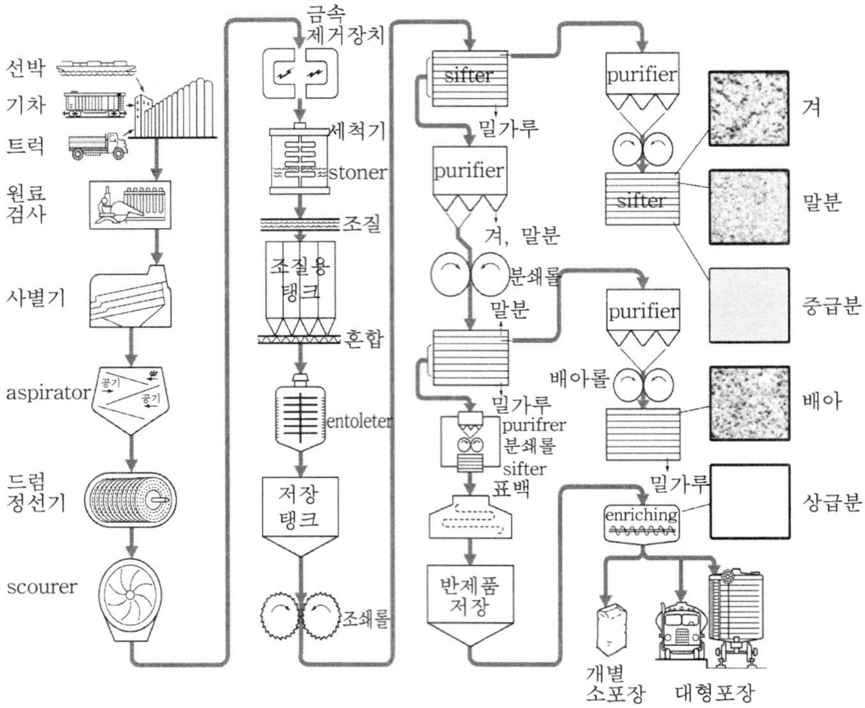

<그림 8-16> 제분 공정도

<그림 8-17> 종자분리기

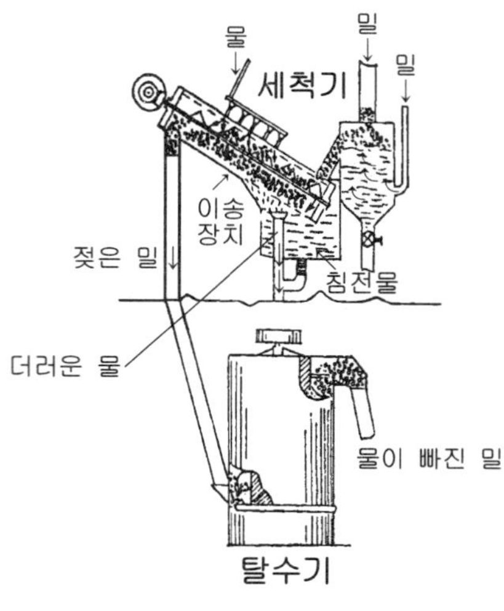

<그림 8-18> 세척기

2. Tempering과 conditioning

정선과정을 마친 밀은 제분을 시작하기 전 tempering과정을 거친다. Tempering이란 밀기울이 배유부와 쉽게 분리될 수 있도록 수분을 첨가하는 공정을 말한다. 즉, 정선된 원맥에 적량의 물을 가하여 섞어준 다음 일정 시간을 방치하여 두면 섬유질이 많은 밀기울은 질겨지게 된다. 따라서 부서진 밀기울이 밀가루에 섞이는 것을 방지하며, 배유가 잘 분쇄되어 체질을 쉽게 할 수 있게 된다.

Tempering이 잘 되지 못하면 소맥분에 밀기울이 섞이기 쉽고, 반대로 물을 넣는 양이 지나치면 배유가 활면 롤러에 부서지지 않고 밀기울에 붙어 flake가 되기 쉽다. 결과적으로 이는 제분 수율을 떨어뜨리게 된다. 또한 가수량이 많을 경우 소맥분의 수분함량이 높아져 온도가 높을 경우 곰팡이가 발생하는 등 문제가 생길 수 있다.

Tempering의 최적 조건은 제분하는 도중 밀기울이 너무 작게 부서지지 않도록 하며, 배유는 가장 잘 부서지도록 일정한 수분을 함유하도록 하여 밀기울이 섞이지 않는 밀가루를 최대한 생산하는 것이다.

첨가하는 수분의 양은 밀의 단백질 함량, 원래의 수분함량 및 제분기의 구조 등에 따라 달라지지만, 일반적으로 수분함량이 분상질 밀은 13~14%, 중간질 밀은 14.5%, 초자질 밀은 15~16%가 되도록 가수한다.

가수량은 원맥의 수분함량을 측정한 후 다음 식을 사용하여 계산하거나, AACC의 부록표를 이용하면 된다.

$$\text{첨가하는 물의 무게} = \text{밀의 무게} \times \left(\frac{100 - \text{원맥의 수분함량}}{100 - \text{목표수분 함량}}\right) - 1$$

Conditioning은 tempering에 이어 온도를 40~60℃로 올린 다음 일정한 시간동안 방치하여 두었다가 식히고 다시 일정시간 놓아두는 공정을 말한다. 이렇게 할 경우 밀이 팽창되었다가 수축되면서 강층과 배유부가 잘 분리되는 효과를 얻을 수 있다. 또한 효소를 활성화시켜 목적에 맞는 소맥분을 얻을 수 있다고 한다.

3. 만쇄공정(挽碎工程)

Tempering을 마친 정선된 원맥은 이제 형태가 서로 다른 롤러들을 사용하여 부수고 밀기울을 제거한 다음 가루를 얻는 공정에 들어가는데 이를 만쇄공정이라 한다.

롤러는 고랑이 있는 break roll과 고랑이 없고 표면이 매끈한 smooth roll 또는 middling roll의 두 가지 다른 타입이 있다. Break roll은 배유와 강층을 분리하는데 사용되고 smooth roll은 배유를 곱게 부수는 역할을 한다.

만쇄는 다음과 같이 이루어진다. 즉, tempering된 원맥을 먼저 break roll이 부수어 강층과 배유를 나눈다. 이때 배유의 일부는 가루가 되나 대부분은 배유 알갱이로 남는데 이를 middling이라고 한다. 이들을 체질하여 가루를 분리하고 체에 남은 것을 over tail이라고 하는데 이것은 다음의 break roll에 의하여 조쇄되어 다시 배유가 분리된다. 이렇게 5~6번을 하면 원맥의 껍질 부위만을 얻을 수 있는데 이를 bran이라고 한다.

이렇게 얻은 middling에도 얼마간의 껍질이 들어 있는데 purifier를 사용하여 이를 완전하게 제거한 것을 semolina라고 한다.

Semolina를 smooth roll을 사용하여 분쇄하여 만든 밀가루를 patent flour라고 한다.

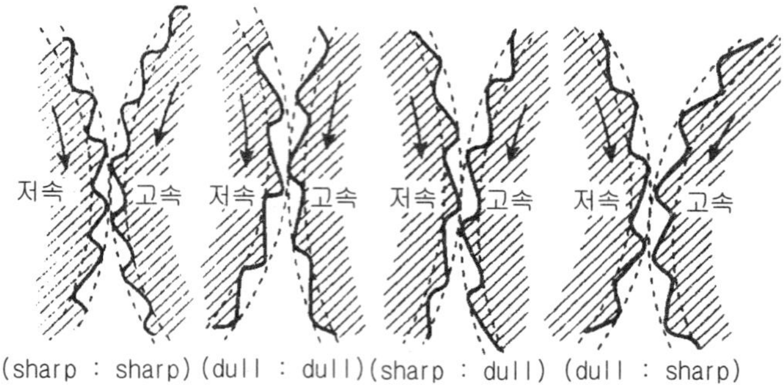

<그림 8-19> Break roll의 단면도

Break roll에서 middling을 얻을 때 생기는 가루를 break flour라고 하고, smooth roll에서 얻은 가루를 middling flour라고 한다.

여러 대의 smooth roll을 사용하여 차례로 분쇄하고 강층을 분리해 가면 마지막에 배아와 약간의 배유부가 섞여 있는 고운 강층 가루가 남게 되는데 이를 short bran이라고 한다. 만쇄공정은 조쇄(粗碎), 사별(篩別), 순화(純化), 분쇄(粉碎)과정을 거쳐 이루어진다.

1) 조쇄(粗碎, breaking)

조쇄의 목적은 bran과 강층을 최대한 분리시키는 것으로 break roll을 사용한다. 이 때 사용되는 힘은 압착, 절단, 비틀림인데 break roll은 한조의 roll 사이를 점차 접근시켜서 압착작용을 일으킨다. 두 roll이 같은 방향에서 서로 다른 속도로 회전하면 비틀림 작용이 생기고, 두 roll의 표면에 있는 치선(齒線)에 서로 맞물릴 때 절단작용이 생긴다. Roll의 직경은 보통 25cm이고, 그 길이는 공장규모에 따라서 40~100cm 까지 설치할 수 있다.

일반적으로 break roll은 제 1 break roll에서 제 5 또는 제 6 break roll까지 5~6단계가 있다. 이를 간단히 1B, 2B 와 같이 표시한다.

1B에서는 밀알을 거칠게 부숴서 외피가 약간 열리게 하고 2B, 3B에서는 더 열리게 하여 semolina를 빼낸다. 그 이하의 break roll은 열려진 밀기울 부의 안쪽에 아직 남아있는 배유를 밀기울과 분리하는 역할을 한다.

조쇄공정에 영향을 주는 주요 요소는 roll의 회전수, roll의 조합, 치수(齒數), 치형(齒型)이다. Roll의 회전수는 고속과 저속으로 구분되는데 고속 roll의 경우 보통 1분당 250~500회 정도이고 저속 roll은 1분당 120~250 정도이다. Break roll에서 고속과 저속의 회전비(differential)는 보통 2.5 : 1.0 으로 한다.

속도가 다른 roll의 횡단면은 좌우 대칭이 아니며 한 쪽으로 기울여져 있다. Roll 치형(齒型)의 조합방식은 <표 8-7>과 같으며 원맥의 품종, 경도에 따라 적절히 조합하여 사용한다.

원맥이 각 break roll에서 조쇄되어 6B까지 오면 가장 거친 조쇄

물은 거의 밀기울의 flake만으로 된다. 이 밀기울은 bran duster에서 배유를 거의 완전히 제거한 밀기울(bran)이 된다.

<표 8-7> Break roll 치형(齒型)의 조합과 작용

치형(齒型)의 조합		주작용		
		압착	절단	비틀기
sharp	sharp		◎	○
dull	dull	○		○
sharp	dull		○	○
dull	sharp	○	○	○

2) 사별(篩別, sifting)

Break roll에서 부서진 것은 각각의 roll에 연결된 체(篩, sifter)에 가서 체질을 하게 된다. 체의 운동방식에는 수평으로 왕복 이동하는 진동식(振動式), 진동하면서 원 운동하는 요동식(搖動式), 그리고 체만을 회전시키는 원통(圓筒)형이 있다.

체의 재료에는 금속이나 비단이 사용되는데 사용되는 금속은 철, 강철 및 유기를 사용하며 주로 밀기울의 분리에 사용된다. 금속망은 W(wire)로 표시한다. 견망(絹網)은 GG(grid gauze)로 표시하는 교차직(紗織)과 X(extra), XX, XXX로 표시되는 평직(平織)이 있다. 이때 X의 수는 명주실의 굵기에 따라서 상급품(X), 특급품(XX), 최상급품(XXX)로 구분한다. 일반적으로 교차직은 거칠고 평직은 고운데 가루를 분리하는데 사용된다. 교차직은 평직에 비하여 내구성이 좋다.

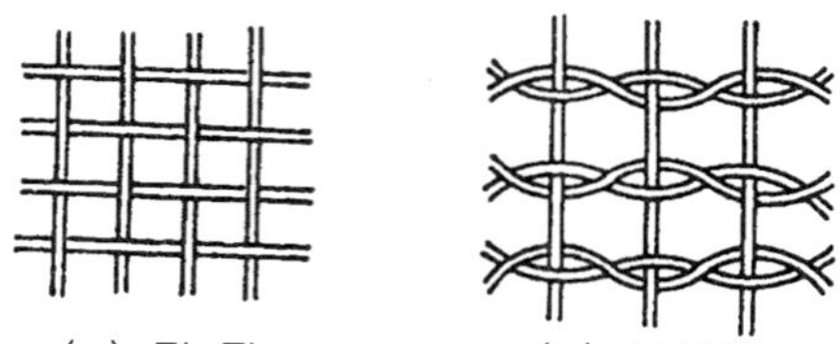

(a) 평 직　　(b) 교차직

<그림 8-20> 평직과 교차직

체눈은 W나 GG의 경우에는 거기에 적혀있는 숫자가 1 inch 사이에 있는 체눈을 mesh수로 나타낸 것이다. 보기를 들면 18W, 18GG는 18mesh와 동일하다. 그러나 평직의 경우는 꼭 일치하지 않는다.

체로 선별된 것은 다음과 같이 구분지어 부르고 있다.

① 사상(篩上, over tail) : 체 위에 남은 것

② 사하(篩下, through) : 체를 통과한 것

- semolina : 조쇄된 배유 중 가장 큰 것
- middling : semolina 다음가는 배유 파쇄 입자로서 40~84 mesh를 지난 것
- dunst : 배유 입자가 가장 작은 것으로 80 mesh는 지나지만 약 106 mesh 체는 통과하지 않는 것
- flour : 94~156 mesh를 통과한 배유 입자로서 semolina, middling, dunst를 분쇄하여 얻은 것을 밀가루라고 말한다.

3) 순화(純化, purification)

Purification의 목적은 middling에 함유된 밀기울 조각을 제거하여 순수한 배유부 만을 얻는데 있다. Purification이 끝난 배유 입자는 크기에 따라 구분된 후 smooth roller에 들어간다. Purifier의 구조는 <그림 8-21>과 같다.

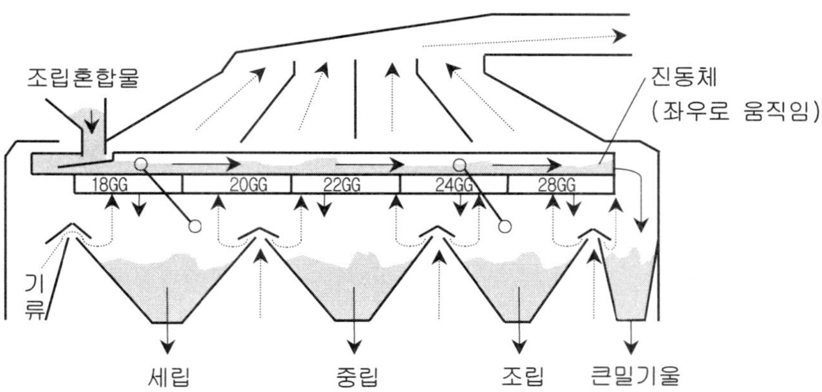

<그림 8-21> Purifier의 구조

4) 분쇄(粉碎, grinding)

Purifier를 통과하면서 밀기울 조각 등 모든 이물질이 제거된 semolina는 smooth roll에 의하여 미세하게 분쇄된다. 매끈한 표면을 가진 smooth roll은 절단작용은 없다. 주로 압력에 의한 비틀림 작용으로 semolina를 점차 미세한 입자로 분쇄한다.

Smooth roll에서 semolina가 분쇄될 때 아직까지 남아있던 극소량의 밀기울이 flake상으로 된다. 체질을 하여 배아와 잔존 밀기울을 체의 윗단에서 제거하고 곱게 부순 배유부는 체의 가장 밑단으로 빠지게 된다. 아직 충분하게 부서지지 않은 배유 알갱이는 중간 체에서 걸러져 다음의 smooth roll에 들어간다. 이와 같은 조작을 되풀이 하면 대부분의 밀기울이 제거된다. 마지막에 미세한 밀기울과 배아로 이루어진 혼합물이 나오는데 이를 short bran이라고 한다.

4. 소맥분의 구분

제분공장의 작업흐름에서 밀가루를 채취하는 곳은 30군데 이상이 된다. 사용목적에 따라 이들을 서로 혼합한다. 모든 채취구에서 얻은 것을 한꺼번에 섞어서 제품으로 한 것 straight flour라고 한다. Semolina 만을 분쇄한 것을 patent flour라고 하는데 1등급 소맥분이 된다. 75~80% 정도가 patent flour로 하고 있다.

강층과 배아가 약간 많은 채취구에서 모은 가루를 clear flour라 하고, 밀기울에 가까운 가루는 tail flour라고 하여 별도로 취급한다.

5. 숙성(熟成, aging)과 표백(漂白, bleaching)

제분한 소맥분을 일정기간 저장하면 제빵적성이 좋아지고 색도 희게 되는데 이를 숙성이라고 한다. 이와 같은 현상은 공기 중의 산소에 의한 산화작용에 의한 것이다. 그러나 이와 같은 방식은 시간이 많이 걸리고 넓은 저장 공간을 필요로 하기 때문에 보통 산화제를 사용하여 빠르게 처리한다. 산화제는 표백효과를 겸한다. 사용되는 산화제는 다음과 같다.

① 과산화질소(過酸化 窒素, NO_2) : 방전(放電) 아아크 속에서 산소와 질소를 반응시키면 과산화 질소가 만들어지는데 이를 10ppm 정도 넣어준다.

② 과산화벤조일(過酸化, $(C_6H_5CO)_2O_2$) : 소맥분에 잘 섞이게 하고, 또한 폭발하는 것을 막기 위하여 인산칼슘 등을 넣어 희석시킨 후 20~40ppm 정도 넣는다.

③ 이산화염소(二酸化鹽素, ClO_2) : 이산화염소는 소맥분의 품질개선 효과가 매우 커 제빵용 밀가루에 주로 쓰인다. 10~20ppm 정도 사용한다. 이밖에도 브롬산염, 요오드산염 등이 산화제로 사용되고 있는데 근래에는 소비자들이 표백제나 산화제가 사용된 소맥분을 기피하고 있기 때문에 잘 이용하지 않고 있다.

6. 영양강화(營養强化, enrichment)

제분과정을 거친 소맥분에는 비타민, 무기질 등이 부족하다. 따라서 이 같은 미량 영양소를 첨가하는 것이 영양강화(enrichment)이다. 주로 미국이나 영국에서 행해지고 있다.

8-6. 제면(製麵)

국수류는 밀 단백질의 주성분인 글루텐의 독특한 점탄성을 이용한 것으로 소맥분에 물과 소금을 넣고 반죽한 것을 가늘고 길게 성형한 것이다. 면의 종류에는 만드는 방식에 따라 선절면(線切麵), 압출면(壓出麵), 신연면(伸延麵) 으로 구분된다.

1. 선절면(線切麵)

선절면은 중력분을 사용하고 여기에 소금과 물을 넣어 반죽하는데, 반죽이 완성되면 숙성시킨 다음 면대를 만들고 이를 가늘게 선절하여 만든 것을 말한다. 선절면에는 칼로 썰어서 만드는 수타면(手

打麵), 기계를 사용하여 선절하여 그대로 소비하는 생면(生麵), 그리고 생면을 건조하여 만든 건면(乾麵)이 있다.

1) 건면

주원료는 소맥분과 물 그리고 소금이다. 사용하는 소맥분은 중력분이다. 소금의 역할은 글루텐의 점탄성을 높이고, 소금이 갖는 흡습성으로 건조속도를 조절하며, 미생물이 증식하는 것을 억제한다. 소금의 사용량은 소맥분의 3% 정도가 적합하다.

사용하는 물의 양은 소맥분 대비 31~41% 정도인데 겨울에는 많이 사용하고 여름에는 그 양을 줄인다. 물의 온도는 10~15℃가 적합하다. 흡수율은 단백질함량이 많거나 반죽온도가 낮으면 높아진다.

반죽이 끝나면 면대를 형성하는데 먼저 저속 롤러를 이용하여 두께가 10mm 정도 되는 면대를 만들어 이것을 나무로 만든 축에 감아 일정시간 숙성시킨다. 이렇게 하면 수분의 분포가 일정해지고 글루텐의 긴장이 풀어져 부드러운 반죽이 된다. 숙성시간은 10℃에서 40분, 25℃에서는 15분 정도 소요된다.

숙성이 끝난 반죽 면대는 표면이 매끈하고 절단하기에 적당한 두께로 만들기 위하여 면대에 압력을 가해 잘 늘려야 한다. 이 때 수분의 분포가 더욱 일정해지고 글루텐이 잘 형성됨은 물론 글루텐의 방향성이 결정된다.

면대는 지름이 큰 roll에서 점차 지름이 작은 roll로 보내져서 늘어나게 되는데 보통 면대기는 지름이 24cm(10rpm), 15cm(18rpm), 9cm(35rpm), 3cm(90rpm) 정도의 것으로 5단으로 조합하는 것이 적당하다.

적절한 크기로 늘린 면대는 선절롤에 걸어 연속적으로 면선을 끊어낸다.

선절한 면류는 대나무 꼬치에 걸어 건조시킨다. 건조는 수분함량이 대략 35% 정도 되는 생면을 수분함량 14% 정도가 되도록 건조하는 것으로 건조과정 중에 구부러지거나, 금이 생기거나 끊어지는 일이 없어야 한다.

면의 건조과정은 3단계로 나눌 수 있는데 제 1단계는 수분이 35%

에서 25%가 되는 과정으로 면이 쳐지거나 구부러지거나 또는 끊어지기 쉽다. 이 단계에서는 되도록 빨리 건조하는 것이 유리하다. 2시간 이상 걸리면 숙성이 너무 진행되기 때문에 좋지 않다. 온도는 25℃, 습도는 70% 정도가 적당하다.

제 2단계는 면의 수분이 25%에서 20%가 되는 단계로서 이때 내부 수분확산과 표면증발이 평형을 유지하여 면내의 수분을 고르게 한다. 건조장의 습도를 1 단계보다 높이고 서서히 건조하여야 한다.

제 3단계는 수분이 20% 정도에서 15% 정도로 낮추는 단계로 바람이 잘 통하게 하여 건조한다.

실내 건조장에서 바람을 통하게 하면서 건조할 경우 제 1단계는 40℃, 수분이 30% 될 때까지, 제 2단계는 실온 35℃, 습도 70%에서 수분함량 20%까지, 제 3단계는 수분 15% 이하로 건조하는데 이때 실온이 30℃ 이하가 되지 않도록 조심하여야 한다. 만일 건조온도가 30℃ 이하로 내려가면 면의 표면에 금이 생긴다.

2) 건조중화면

중화면은 원래 중국에서 견수(梘水)를 이용하여 만들었던 것이다. 견수 넣는 양은 소맥분의 2~3% 정도이다. 견수의 주성분은 탄산나트륨이나 탄산칼륨인데 이를 넣고 반죽하여 만든 면은 식감이 미끈하고, 글루텐의 신전성이 좋으며, 면이 노란색이 된다. 또한 독특한 맛을 갖게 된다. 탄산나트륨은 알칼리로 보통 면의 pH가 6~7 정도인데 비하여 중화면의 pH는 8~9 정도로 높다.

3) 생면

면 제조공정에서 건조과정을 하지 않고 선절하여 완성한다. 일본에서는 생면을 이용한 라면이 인기이다.

2. 압출면(壓出麵)

압출면은 반죽을 압출기에 넣어 구멍이 난 틀을 통과시켜 출구에서 회전컷터를 이용하여 자른 것으로 스파게티, 마카로니, 당면 등이 여기에 해당된다.

1) 스파케티, 마카로니

스파게티와 마카로니는 이탈리아의 대표적 음식이다. 모양에 따라 튜브처럼 생긴 것을 마카로니(macaroni), 지름이 0.06~0.11inch 정도 되는 것을 스파게티(spaghetti)라 하고, 0.06inch 이하로 스파게티보다 더 가는 면을 버미셀리(vermicelli)라고 한다.

스파게티를 만드는 밀가루는 듀럼밀(durum)로 단백질 함량이 높고, 카로티노이드 색소가 많이 들어 있어 노란 색을 띤다. 듀럼밀의 글루텐은 강력분보다 탄성이 적으나 흡수율이 높고 이것을 원료로 하여 만든 스파게티나 마카로니는 제품이 단단하고 물에 오랜 시간 끓여도 잘 퍼지지 않는다.

만드는 방법은 다음과 같다. 듀럼밀에 30~60℃의 따뜻한 물을 25~30% 정도 넣는데 이때 소금은 마카로니의 종류에 따라 선택적으로 사용한다. 반죽온도가 40℃ 정도가 되도록 하면서 10~20분간 반죽하면 매끈하고 단단한 반죽이 만들어진다.

완성된 반죽은 고압(100~200kg/cm^2)의 진공상태(400~700mmHg)에서 압출하게 되는데 이렇게 하면 반죽 내에 들어 있던 기포가 없어지는 동시에 제품의 투명도도 높아진다. 압출된 반죽은 작은 구멍이 많은 금속판 틀을 통과하는데 틀은 제품의 종류에 따라 다르게 만들어져 있다.

<그림 8-22> 마카로니에 구멍을 내는 법

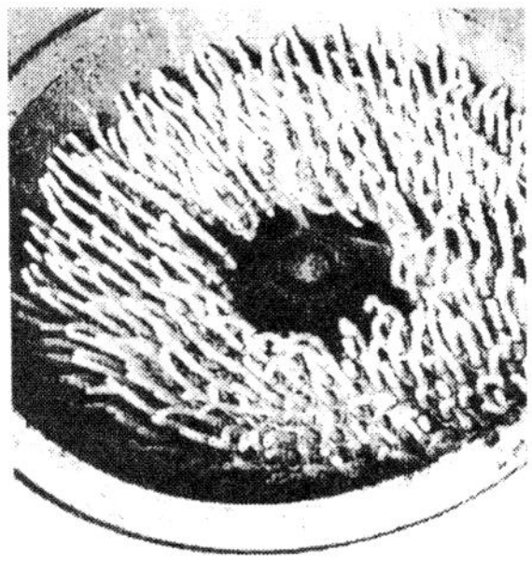

<그림 8-23 > 마카로니의 압출

틀에서 압출된 마카로니는 출구에서 회전 칼날에 의하여 적당한 크기로 절단된다. 절단된 마카로니에는 수분이 약 30% 정도 들어 있는데 이를 12% 이하로 건조한다. 건조는 3단계로 진행되는데 제 1단계에서는 표면수분을 제거하는 과정으로 미생물이 흡착하는 것을 막고 서로 달라붙지 않게 된다. 제 2단계는 표면만 어느 정도 건조된 상태에서 습열공기를 통과시키면 마카로니 전체에 수분이 고르게 퍼지게 된다. 시간은 1~2시간 정도 소요되는데 1, 2단계에서 수분의 약 40%가 제거된다.

마지막 제 3단계에서는 습도를 낮추고 서서히 건조하는데 제품의 표면적과 크기에 따라 15~30시간 정도 걸린다.

2) 당면(唐麵)

당면은 녹두를 갈아 침전시켜 전분을 얻고 이를 끓여 호화시킨 다음, 여기에 호화시키지 않은 일부 녹두전분을 섞어서 압출하여 끓는 물에 떨어뜨려 완전하게 익힌다. 이것을 일단 얼렸다가 천천히 녹여서 물을 빼고 바람이 잘 통하는 곳에서 건조하여 만든다.

지금은 대부분 고구마나 감자 전분을 이용하여 만들고 있다. 잡채나 순대의 재료로 사용된다.

3) 알긴면

전분이나 곡류의 분말에 알긴산나트륨을 5% 정도 넣고 수분함량을 40% 정도로 반죽한 다음 2% 염화칼슘 수용액에 압출하면 알긴산나트륨이 칼슘과 치환되어 알긴산칼슘이 되어 면이 강하고 질기게 될 뿐만 아니라 장시간 물에 있어도 불지 않게 된다.

3. 신연면(伸延麵)

1) 소면(素麵)

소면은 일본에서 많이 만들고 있는 신연면이다. 소면은 건면과 제조법이 비슷하나 소금 사용량이 조금 더 많고 면을 뺄 때 기름을 표면에 칠하면서 한다. 만드는 방법은 다음과 같다. 즉, 중력분에 소금을 5% 정도 넣고 물 40~50%로 반죽을 한다. 완성된 반죽은 둥그런 판으로 만든 다음 바깥쪽에서 안쪽으로 굵은 면 선을 만든다. 표면에 식용유를 바르면서 면 선을 비틀어 꼬임을 주고 잠시 방치한다. 이제 굵은 면을 신연기에 걸어 가늘게 빼낸 다음 대나무 꼬치에 걸고 5~6시간 숙성시킨다. 숙성이 되면 2개의 대나무 꼬치 간격을 벌려 신연시켜 마지막 굵기로 한 다음 밖에서 2~3시간 건조한다.

2) 수연중화면(手延中華麵)

중화면과 동일한 방법으로 만든다. 강력분에 가까운 밀가루를 사용하며 숙성과 신연을 반복하여 소면과 같은 방식으로 만든다. 전분이나 밀가루를 뿌려 면끼리 달라붙는 것을 방지하지만 소면과는 달리 기름을 사용하지는 않는다.

4. 라면

중국에서 면을 튀겨 먹는 것에 착안하여 일본에서 1960년대 이를 발전시키고 상품화하면서 선풍적인 인기를 가져왔다. 라면은 즉석에서 끓여 먹을 수 있는 인스턴트 면으로 면과 스프로 구성되어 있다. 면의 제조공정은 다음과 같다. 원료의 배합은 전술한 중화면과 같이 하되 면은 중화면 보다 약간 가늘게 뽑는다. 만들어진 면 선은 증열

용 터널을 통과하여 호화시키는데 이때 온도는 95℃, 1기압에서 약 2분 정도 소요된다.

호화된 면 선을 성형기에서 성형한 다음 160~165℃ 정도의 기름에 튀기면 40~50%되는 수분함량이 5% 이하로 감소하면서 면이 호화된 상태로 고정된다. 튀긴 라면은 냉각시킨 후 별도 포장한 분말스프를 넣고 포장한다.

8-7. 빵

야생의 밀과 보리를 재배하기 시작한 곳이 이집트, 중근동 지방, 지중해 연안인 것으로 미루어 보아 이곳에서 빵이 시작되었을 것으로 추정할 수 있다. 밀은 기원전 6~7천 년 전에 이미 재배되기 시작하였다고 한다.

초기에는 발효란 개념이 없이 거친 밀가루 또는 보리를 이용한 무발효 빵이었을 것이다. 기원전 4천 년경에 바빌로니아 지방에서 납작하고 얇은 상태로 만들어 구웠을 것으로 생각된다. 기원전 3천 년경에 맥주가 이집트에서 나타난 것으로 보아 빵 역시 우연한 기회에 해놓은 반죽에 야생 효모가 들어가 발효 빵이 만들어진 것으로 추정되고 있다. 오늘날에도 중근동 지방에서는 반죽을 평평하게 밀어서 굽는 빵이 만들어지고 있으며 그 방법은 고대와 다를 것이 없다.

빵의 어원은 국별로 Panis(라틴어), Pao(포르투갈어), Pan(스페인어), Pane(이태리어), Brood(네덜란드어), Brot(독일어), Bread(영국), Pain(프랑스어), Main bao(중국어), パン(일본어) 등으로 표기된다. 우리나라에서 빵으로 불리게 된 것은 아마도 스페인어 Pan(빤)이 일본식으로 발음된 것으로 여겨진다. 고대 이집트인들은 바빌로니아인들로부터 제과기술을 배워 조직적인 제과산업으로 발전 및 수십 가지의 제품 형태 변화와 향료, 약초 등을 사용하기 시작하였다. 그러나 인류는 그것만으로 만족하지 않고 소맥분을 이긴 것에 꿀이나 기름을 칠하거나 과실, 우유를 첨가하여 주식으로 사용하게 된

것이 바로 오늘날의 과자의 기원이었다.

그리스 시대에는 우수한 빵 제조 기술을 지니고 있어 원형이나 타원형의 빵이 보급되었다. 축적된 지식을 바탕으로 곱게 빻은 가루에 꿀, 향신료, 과일, 견과류 등을 넣은 빵까지 만들었으며 축제 때 처음으로 빵에 감미료를 사용하여 “엔크리스(encris), 디스피러스(dispyrus), 트리온(trion), Obolios” 외에 80~90종의 빵·과자를 제조 하였다고 한다.

로마 시대에는 발효 빵의 제법과 상업화가 이 시대의 경제력과 종교 의식을 바탕으로 황금기를 맞게 된다. 우마차를 이용한 회전식 제분이 등장하게 되고, 빵의 형태, 맛 등에서 많은 개량이 이루어져 현대 과자의 원형이 되는 제품들이 만들어 졌다. 근대에 들어서 딱딱한 유럽풍의 빵류가 신대륙 아메리카로 전해지면서 설탕이나 유지를 많이 사용한 부드러운 빵으로 만들어졌으며, 밀의 재배가 어려운 추운 지방인 북부지방 및 러시아 등에서는 호밀을 사용한 흑빵이 만들어 졌다. 20세기 초에 들어서는 기계식 믹서가 사용되고 1차 세계대전 이후에는 기계의 급속한 발전으로 전동식 믹서로 속도에 변화를 주어 제빵법에 있어 시간 단축과 제품의 부피, 균일성 등에 질적 향상을 가져왔다.

한편 우리나라의 빵, 과자는 언제, 어디서, 누구에 의해 전래되었는지 정확한 자료는 없지만 구한말 입국한 선교사들이 숯불에 시루를 올려 빵 반죽을 놓고 오지(이)자배기로 뚜껑을 덮어 구워 그 모양이 마치 우랑과 같아 “우랑떡” 이라 불렀다고 전해지는 것이 시초이다. 우리나라의 식품산업의 시대별 발전과정은 6.25 전쟁 이전까지를 제 1기, 1950년부터 1962년까지를 제2기, 1963년부터 1970년대 말까지를 제3기, 1980년대 이후를 제4기로 구분된다. 또한 우리나라 제빵 산업의 정착기는 1963~1973년으로 알려지고 있으며, 이 시기는 외국산 제빵 설비의 도입과 함께 대량생산 업체들이 등장하여, 본격적인 공업화가 이루어진 시기라고 할 수 있다.

1980년대 초반에는 제빵 업계들이 생산성 향상 및 원가절감 등을 위한 제반시설의 현대화와 품질의 고급화, 다양화로 새로운 수요 창출을 위한 노력을 하여왔다. 연간 1조 6,000억 원에 달하는 규모의 시장을 가진 제빵 업계는 IMF 이전 10여 년간은 연평균 13.6% 성장하였으나, IMF 이후 미미한 성장을 하고 있는 실정이다. 양산업계와 베이커리 업계로 양분되는 우리나라의 제빵 업계는 1970년대까지는 양산업계가 절대 우위를 차지하였으나 1980년대에 들어서는 프랜차이즈 업체, 개인 베이커리, 인스토어 베이커리가 서서히 시장을 잠식하여 1985년을 기점으로 베이커리 업계의 시장점유율이 양산업계를 능가하였다고 한다.

1. 빵의 제법

1) 스트레이트법(Straight method)

스트레이트법은 모든 재료를 한 번에 넣고 반죽하는 것을 말한다. 최종 반죽온도는 27℃로 맞추고 발효시간은 2시간에서 2시간 30분 정도가 소요된다.

스트레이트법의 장점은 발효향이 좋고 좁은 면적에서 작업이 가능하며, 노동력을 절감하고 발효손실이 적은데 있다. 단점으로는 반죽이 잘못 되었을 경우 고칠 수가 없다.

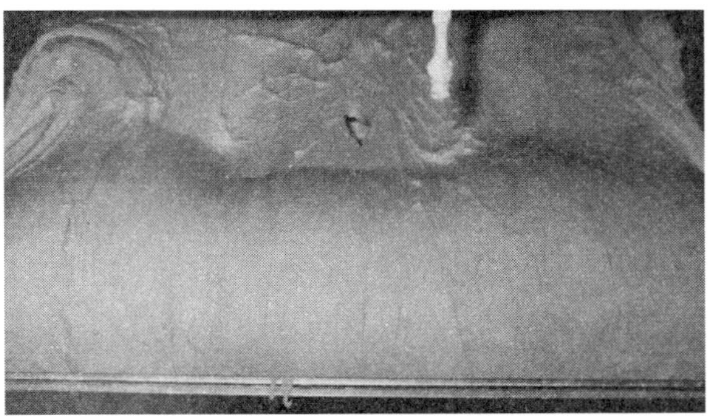

<그림 8-24> 스트레이트법에 의한 반죽

2) 스펀지법(Sponge method)

스펀지법은 스트레이트법과는 달리 반죽을 두 번에 나누어서 한다. 첫 번째 반죽을 스펀지(sponge)라고 하고 두 번째 반죽을 도후(dough)라 한다. 스펀지 반죽은 소맥분의 일부 또는 전부에 물, 이스트, 이스트푸드를 넣고 5분 정도 가볍게 반죽하는데 이때 반죽온도는 22~24℃ 정도가 되어야 한다. 반죽은 27℃, 상대습도 75~ 80%인 발효실에서 4시간 정도 발효시킨다. <그림 8-25>은 발효가 끝난 스펀지 반죽이다. 발효된 반죽은 매우 약하여 손으로 치면 쉽게 주저앉는다.

<그림 8-25> 스펀지반죽의 발효종점

<표 8-8> 스트레이트 법과 스펀지 법 식빵 배합표

Straight method		Sponge method		
강력분	100	Sponge	밀가루	60
물	64		물	58
이스트	3		이스트	2.5
이스트푸드	0.5		이스트푸드	0.5
			제빵개량제	0.5
소금	2	Dough	밀가루	40
설탕	8		물	61
쇼트닝	3		식염	2
탈지분유	2		설탕	7
제빵개량제	0.5		쇼트닝	3
			탈지분유	2

발효가 끝난 스펀지 반죽은 펀칭한 다음 다시 믹서에 넣고 나머지 재료 즉, 사용하지 않은 소맥분, 물, 소금, 설탕, 유지, 탈지분유 등을 넣고 두 번째 반죽을 한다.

스펀지법의 장점은 반죽이 잘못될 경우 수정할 수 있으며, 작업이 지체될 경우에도 대응할 수 있다. 또한 이스트 사용량을 20% 정도 줄일 수 있으며 빵의 부피가 크고 조직과 기공이 좋으며 저장성이 우수하다. 발효향이 좋다.

3) 액종법(liquid ferment method)

미국에서 연속적으로 대량작업이 가능하게 하기 위하여 개발된 액종법은 스펀지법을 변형한 방식이다. 즉, 스펀지법이나 스트레이트법은 발효 완충작용이 부족하여 빠르게 발효가 진행된다. 따라서 적절하게 발효 속도를 조절하기 위하여서 완충제인 분유를 넣어 발효시키는 방법을 말한다. 액종에 사용하는 재료에는 소맥분, 물, 이스트, 분유가 사용된다.

액종법의 장점은 이스트를 미리 발효시켜 반죽에 넣기 때문에 스펀지법에 비하여 발효시간을 단축시킬 수 있다. 또한 공간과 설비를 줄일 수 있으며 균일한 제품을 생산할 수 있다.

4) 비상생지법(emergency straight method)

긴급하게 제품을 만들어야할 때 사용하는 방법으로 비상생지법이 있다. 이 방법은 반죽시간을 길게 함으로써 반죽이 정상적인 발효시간에 일어나는 물리화학적 변화를 기계적으로 대치한다. 주로 반죽의 실패로 짧은 시간에 새로이 작업해야 된다든가 신속한 작업을 요할 때 사용한다. 비상생지법으로 제품을 만들 경우 빵이 균일하게 나오기가 어렵고 이스트 냄새가 나며 쉽게 노화되므로 저장성이 떨어지는 등 여러 가지 단점이 있다.

비상생지법을 사용할 때 선택사항은 다음과 같은 것들이 있다. 즉, 반죽시간을 25~30% 정도 증가시키고 이스트 양을 25~50% 까지 증가시킨다. 반죽시간을 증가하면 반죽온도도 올라가게 되는데 반죽온도를 29~30℃ 정도가 되도록 한다.

만일 반죽온도가 지나치게 높아질 경우에는 반죽이 끈적거리게 되고 기계적성이 나빠진다.

기타 제빵법으로 미국에서 개발된 연속식제빵법(continuous bread making process)이 있는데 이는 액종법을 한 단계 발전시킨 것으로 연속적으로 작업이 이루어질 수 있는 장점이 있지만 빵의 맛과 촉감이 떨어지기 때문에 우리나라에서는 거의 사용하지 않고 있다.

또 노타임법(no time dough method)은 발효시간을 아주 짧게 하거나 아예 주지 않는 방법으로 환원제인 L-cysteine을 사용하고 이스트 양을 증가하며, 반죽온도를 높이고 산을 첨가하여 pH를 낮추어 작업한다. 노타임법은 시간을 절감할 수 있고 발효손실이 적으나 발효시간이 짧기 때문에 빵의 향미가 좋지 못하고 저장성이 나쁘며 이스트 냄새가 난다.

2. 반죽(mixing)

1) 반죽의 목적 및 단계

반죽의 목적은 재료를 균일하게 섞고 글루텐을 발전시키는데 있다. 반죽이 발전하는 단계는 다음의 4 단계로 구분된다. 즉, pick up stage, clean up stage, development stage, let down stage로 구분되는데 pick up 단계에서 각 재료들의 균일한 혼합 및 건조 재료에 수분이 섞이는 수화과정을 말한다.

Clean up 단계에서는 반죽이 수화되어 물기가 없어지며 반죽기를 따라 덩어리가 만들어지기 시작한다. 반죽기의 옆면이 깨끗해지면 clean up 단계가 마쳐지게 되는데 보통 유지를 이 단계에서 넣는다.

Development stage를 발전단계라 한다. 이 단계에서 반죽의 표면은 건조해지고 매끄러운 상태를 가지며 탄력성이 좋아진다. 여기서 약간 지나면 최적의 신장성을 갖게 되는데 햄버거 빵처럼 어느 정도 퍼지는 빵을 만들려면 발전단계보다 반죽을 좀 더 해주어야 한다.

이 단계를 넘어서면 반죽은 탄성을 잃고 끈적이며 잡아당겨보면 고무줄같이 길게 늘어지게 되는데 이를 let down stage라고 한다.

이 이상 반죽을 계속할 경우 형성되었던 글루텐은 완전히 망가지게 되고 탄력성은 없어진다.

2) 반죽의 과부족

반죽이 부족할 경우 즉, 글루텐이 충분하게 형성되지 않은 상태에서 반죽을 끝낼 경우 작업성이 떨어지고 완제품의 부피가 작아지며 기공의 막이 두껍게 된다. 반죽이 지나칠 경우에는 반죽의 탄력이 없고 끈적거리며 작업성이 나빠진다. 또한 빵의 부피가 작아지며 기공의 두께가 두껍게 되어 마치 반죽이 부족한 경우처럼 보인다.

약간 반죽이 지나칠 경우에는 플로어타임이나 중간발효를 길게 해줌으로서 어느 정도 보완해 줄 수 있다.

3) 전분과 단백질의 변화

반죽할 때 물은 소맥분 및 기타 재료와 수화상태가 바뀌게 된다. 밀 전분과 밀 단백질의 수화는 제분 정도 등에 따라 달라진다. 손상전분은 제분조건이 동일하다면 초자질의 밀에서 더 많이 만들어 진다. 손상전분은 물을 쉽게 흡수하며 아밀라아제에 의하여 쉽게 가수분해 되며 발효온도 정도에서도 호화된다. 반죽을 끝마치면 전분은 수화된 글루텐 막에 마치 분산된 상태처럼 존재한다.

한편 소맥분이 다른 곡류와 구분되는 가장 중요한 특성은 밀 단백질이다. 일반적으로 곡류 단백질을 용해도에 따라 구분하면 물에 녹는 albumin, 염에 녹는 globulin, 알코올에 녹는 prolamin 그리고 알칼리에 녹는 glutelin이 있다. 이 가운데 주된 밀단백질은 prolamin인데 prolamin은 gliadin과 glutenin 으로 나뉜다.

밀 단백질의 약 15%는 albumin(60%)과 globulin(40%)이며, 나머지 85%가 gluten 단백질로 이루어져 있다. Gliadin은 extensibility(신장성)과 cohesiveness(응집성)을, glutenin은 elasticity(탄성)와 cohesiveness(응집성)를 나타낸다. 반죽하게 되면 이들은 gluten을 형성하게 된다. 형성된 gluten은 점탄성을 지니게 되고 발효하는 과정에서 발생하는 이산화탄소 가스를 포집하여 반죽을 부풀게 한다.

4) 펜토산(pentosan)

펜토산은 곡류의 검류라고도 한다. 소맥분에서 차지하고 있는 비중은 크지 않지만 빵의 품질에 상당한 영향을 미친다는 사실이 밝혀진 후 관심을 갖게 되었다. 소맥분의 펜토산은 5탄당인 D-xylose와 L-arabinose가 주를 이룬다. 펜토산은 셀룰로오스와 함께 식물체의 세포벽을 이룬다. 소맥분에는 2~3% 정도의 펜토산이 들어 있는데 이 가운데 약 25~30% 정도가 수용성 펜토산이다. 소맥분의 펜토산과 헤미셀룰로오스는 단백질보다 점도가 15~20배 정도 크다. 수용성 펜토산은 가지 친 구조를 갖고 있어 수화되기 쉬워 약 15배 정도의 물을 흡착할 수 있어 흡수력을 증가시키며, 반죽시간을 단축시키고 노화를 억제하는 효과가 있다.

불용성 펜토산은 헤미셀룰로오스라고도 하는데 용해되지는 않지만 수화되어 팽창한다.

5) 반죽의 흡수율

반죽의 흡수율은 제품의 수율과 관계가 있을 뿐만 아니라 빵의 조직감에도 중요한 영향을 미친다. 흡수율을 높이기 위하여 제분회사는 물론 제빵업계에서도 다각적인 노력을 하고 있다. 소맥분의 수분 흡수율을 측정하는 기자재는 Farinograph가 사용된다. 소맥분의 수분 흡수율에 영향을 미치는 인자는 다음과 같다. 즉, 단백질은 약 2.8배의 물을, 전분은 0.35배, 그리고 손상전분은 0.35배 이상을, 그리고 수용성 펜토산은 약 15배의 물을 흡수할 수 있다.

탈지분유에 함유된 카제인은 흡수율을 증가시키는데 1% 증가에 흡수율도 1% 정도 증가하며, 활성글루텐의 경우 1% 첨가하면 흡수율 0.6%를 증가할 수 있다. 설탕은 전분의 팽윤을 막아 흡수율을 감소시키는데 설탕 5% 증가하면 흡수율은 1% 정도 감소한다.

물의 경도에 따라서도 흡수율의 차이가 생긴다. 경수는 흡수율을 증가시키고 연수는 흡수율을 낮추어서 반죽을 끈적거리게 한다.

빵을 만드는 방법에 따라서도 흡수율이 달라진다. 즉, 발효시간이 길면 흡수율은 낮아지는데 스펀지법으로 만들 경우 흡수율은 스트레이트법에 비하여 낮게 된다.

반죽온도는 흡수율, 발효속도는 물론 제품의 품질에 큰 영향을 미친다. 일반적으로 반죽온도가 높아지면 흡수율은 감소한다.

6) 반죽온도

반죽을 하는 중에 기계적인 마찰에 의하여 반죽의 온도가 올라가게 된다. 반죽온도가 과도하게 높은 경우에는 반죽이 끈적이고 발효가 지나치게 빨리 진행되어 향미가 나빠지고 품질이 떨어지게 된다. 따라서 좋은 제품을 만들기 위해서 반죽온도를 맞추는 것은 매우 중요한 일이다. 반죽에 가장 영향을 미치는 재료는 소맥분과 물 그리고 믹서의 마찰계수이며 그 밖의 재료는 소량이기 때문에 영향을 거의 미치지 못한다.

반죽온도의 조절은 여름철에는 얼음을 사용하여 물의 온도를 낮추고 겨울철에는 물을 덥혀 온도를 맞춘다. 마찰계수와 물의 온도 그리고 사용할 얼음의 양을 계산하는 방법은 다음과 같다.

$$\text{마찰계수} = \text{결과온도} \times 3 - (\text{소맥분온도} + \text{실내온도} + \text{수돗물온도})$$

$$\text{사용할 물 온도} = \text{희망온도} \times 3 - (\text{소맥분온도} + \text{실내온도} + \text{마찰계수})$$

$$\text{얼음량} = \frac{\text{사용물량} \times (\text{수돗물 온도} - \text{사용할 물 온도})}{80 + \text{수돗물 온도}}$$

보기

소맥분온도 25℃, 실내온도 26℃, 수돗물온도 18℃, 결과온도 30℃, 희망온도 27℃, 사용물량 10kg

- 마찰계수 = $30 \times 3 - (25 + 26 + 18) = 21$
- 사용할 물온도 = $27 \times 3 - (25 + 26 + 21) = 9℃$
- 얼음량 = $\frac{10(Kg) \times (18-9)}{80-18} \fallingdotseq 0.92(Kg)$

사용할 물의 양 : 9.08kg, 사용할 얼음의 양 : 0.91kg

스펀지법에서는 반죽을 두 번에 걸쳐 행하기 때문에 스펀지 반죽의 온도가 추가된다. 즉,

사용할 물의 온도 = 희망온도×4-(소맥분온도+ 실내온도+ 마찰계수+ 스펀지온도)

7) 믹서의 종류

믹서에는 수직형(vertical mixer), 수직형(horizontal mixer), 나선형(spiral mixer), 고속형(high speed mixer), 연속식믹서(continuos mixer) 등이 있다. 수직형 믹서는 일반적으로 소규모 반죽을 하거나 케이크 반죽을 하는데 사용된다. 수평형 믹서는 제과제빵 공장 등 큰 규모에서 이용하며, 나선형 믹서는 불란서 빵 등 주로 강한 힘이 필요한 반죽에 사용된다.

<그림 8-26> Spiral mixer

3. 발효(fermentation)

빵은 술, 된장, 간장 등과 같이 발효과정을 거쳐 만드는 식품이다. 고대 이집트와 중근동 지방에서 시작된 빵은 오랜 세월 자연과 경험에 의지하여 발전하였지만 그 과학적 해석은 근세기에 이르러서 시

작되었다. 즉, 네덜란드의 레벤후크가 현미경을 발명한 후 이를 이용하여 1680년 이스트의 존재를 알아냈으며, 1810년 게이루삭은 포도당에서 알코올과 탄산가스가 생성되는 반응을 밝혀내었다.

미생물학의 위대한 개척자인 파스퇴르는 플라스크의 목부분을 가늘게 뽑아 U자 형 관으로 연결한 다음 여기에 고기즙을 넣고 끓여두면 오랫동안 보존할 수 있다는 사실을 밝힘으로서 발효나 부패가 자연 발생된다는 기존 관념을 마침내 타파할 수 있게 되었다.

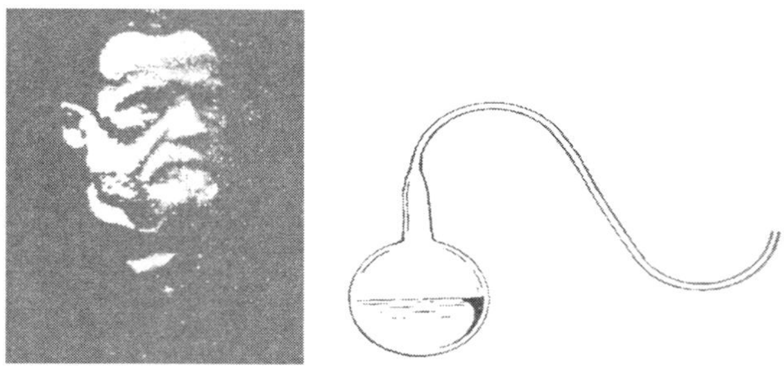

<그림 8-27> 루이 파스퇴르와 파스퇴르 플라스크

1878년 한센은 맥주효모를 순수 배양하여 발효에 새로운 장을 열었으며 1886년 점적배양법(點適培養法, drop culture)에 의한 순수 분리법을 고안하였다. 한편 파스퇴르는 생 이스트가 아니면 절대 알코올 발효가 일어나지 않는다고 단정하였지만, 1897년 부크너가 생 이스트를 분쇄하여 추출한 무세포추출액(無細胞抽出液, cell free extract)에 의하여 알코올 발효가 일어난다는 것을 증명하여 파스퇴르가 옳지 않음을 밝혔다.

이러한 과정을 거쳐 알코올 발효는 이스트의 작용에 의하여 일어나는 것이 아니고, 이스트가 분비한 물질에 의하여 일어난다는 것을 발견하였으며 이 물질을 zymase라고 명명하였다. 1906년이 되어 알코올 발효는 zymase 단독으로는 일어나지 않고 zymase와 coenzyme(助酵素)에 의한 것이라는 것을 알게 되었다. 이 발견을 계기로 1940년 경 EMP 경로(Embden-Meyer pathway)가 밝혀지게 되면서 발효공학이 비약적으로 발전하기 시작하였다.

1) 이스트의 형태와 구조

이스트의 형태는 이스트 종류에 따라서 다르고 동일한 종일지라도 배양조건이나 시기, 세포의 나이, 영양상태 등에 따라 차이가 생긴다. 빵이나 맥주를 발효하는데 사용되는 이스트는 *Saccharomyces cerevisiae* 인데 그 모양은 달걀 형태를 이루고 있으며 효모의 대표적인 형태이다.

<표 8-9> 상면효모와 하면효모의 비교

	상 면 효 모	하 면 효 모
형태	· 대개는 원형이다 · 소적배양으로 세포가 연결하는 것이 많고, 아족은 평면에 배열된다. · 포자낭세포의 비는 50~90%이며, 포자는 균질의 광택을 가진다. · 소량의 효모점질물 polysaccharide를 함유한다.	· 난형 내지 타원형이다. · 연결세포가 적고, 간혹 아족을 형성하여도 직접적으로 발생하지 않는다. · 포자낭세포는 비는 0.1~0.01%이며 포자는 입상이다. · 다량의 효모점질물 polysaccharide을 함유한다.
배양	· 세포는 액면으로 뜨므로, 발효액이 혼탁된다. · 소적배양으로 효모의 발육을 시키고, 백금선으로 휘저어도 쉽게 액 중으로 분산되어 유상으로 된다. · 균체가 균막을 형성한다. · 석고괴상에서는 25℃에서 35시간 이내 포자를 형성한다.	· 세포는 저면으로 침강하므로 발효액이 투명하다. · 왼편과 같이 처리하여도 효모가 액 중으로 쉽게 분산되지 않는다. · 균막을 형성하지 않는다. · 25℃에서 30~40시간 이후에 포자를 형성한다.
생리	· 발효작용이 빠르다. · 다량의 glycogen을 함유한다. · Raffinose, melibiose를 발효하지 않는다. · 증류수로 건조효모에서 cozymase를 침출하는 것은 불능이다. · 최적온도 10~25℃	· 발효작용이 늦다. · 소량의 glycogen을 함유한다. · Raffinose, melibiose를 발효한다. · 증류수로 건조효모에서 cozymase를 쉽게 침출할 수 있다. · 최적온도 5~10℃

타원형을 이루는 이스트는 *Saccharomyces ellipsoideus*이며 포도주 양조용으로 널리 사용된다. *Torulopsis versatilis*는 구형(球型) 효모를 대표하고 있으며 내염성이 강하고 간장의 후숙에 관여하여 맛과 향기를 준다. 그밖에도 소시지, 레몬 등의 모양을 지닌 이스트가 있다.

일반적으로 배양한 이스트의 크기는 $8 \sim 7 \times 6 \sim 5\mu$이며 야생의 효모는 이보다 더 작다. 이스트는 세균보다 훨씬 크기 때문에 300배 이상 되는 현미경이면 충분하게 관찰할 수 있다.

이스트 세포는 두터운 세포벽(cell wall)으로 둘러싸여 있고 그 내부에 세포막(cell membrane, 원형질막이라고도 함)이 있어 그 안에는 원형질(cytoplasm)이 들어 있으며 그 안에 핵(nucleus), 액포(vacuole), 지방구(lipid granule), mitochondria, ribosome 등이 있다. 핵은 생명현상의 중추역할을 하며, 원통형 모양을 지닌 미토콘드리아에는 호흡계 효소가 있어 에너지를 만들어낸다.

<표 8-10> 배양효모와 야생효모

	배 양 효 모	야 생 효 모
세포	원형 또는 타원형	종류에 따라 원형인 것이 있으나 대개는 장형이다. 세대가 지나가면 그 모양이 축소된다.
	번식기의 것은 아족을 형성한다.	고립하여 아족을 형성하지 않는다.
	액포는 작고, 원형질은 흐려진다	액포는 크고, 원형질은 밝다
배양	세포막은 점조성이 풍부하여 소적 중 세포가 백금선에 의하여 쉽게 액내로 흩어지지 않는다.	세포막은 점조성이 없어 백금선으로 쉽게 흩어져 혼탁된다.
생리	발육온도가 높고, 저온, 산, 건조 등에 저항력이 약하고, 일정온도에서 장시간 후에 포자를 형성한다.	왼편과는 다르다.
존재	주정효모, 청주효모, 맥주효모, 빵효모 등 발효공업에 이용된다.	과실, 토양 중에서 서식하고 양조할 때 유해하게 작용하는 경우가 많다.

2) 생리작용

이스트는 호기성 및 통성혐기성으로 두 조건하에서 생육이 가능하다. 즉, 호기적 조건에서 이스트를 배양하면 당을 완전히 분해하면서 호흡작용이 일어나고 결과적으로 CO_2와 H_2O만을 생성한다. 이때 균체 수는 증가한다.

그러나 혐기적 조건에서는 발효작용이 일어나 당을 알코올과 CO_2로 분해한다. 이와 같은 화학반응은 EMP경로를 통하여 이루어지며 그 반응식은 다음과 같다.

호흡작용 $C_6H_{12}O_6 + 6O_2 \rightarrow 6CO_2 + 6H_2O + 686Cal(38ATP)$
발효작용 $C_6H_{12}O_6 \rightarrow 2C_2H_5OH + 2CO_2 + 58Cal(2ATP)$

발효에 필요한 당에는 glucose, fructose, sucrose, maltose 등이 있으며, 무기질소원으로 황산암모늄, 인산암모늄, 염화암모늄 등이, 인과 칼리는 인산칼리의 형태로, 마그네슘은 황산마그네슘의 형태로 이용된다.

또한 이스트생육인자로 thiamine, biotin, inositol, nicotinic acid, pantothenic acid 및 pyridoxine 등이 필요하다.

3) 제빵과정에서 이스트 역할

제빵과정에서의 이스트 역할은 다음과 같다. 즉, 반죽을 팽창시켜 부드러운 조직을 갖게하며, 발효과정에서 생성된 알코올과 각종 유기산 등과 굽는 과정에서 생성되는 향미가 어우러져 독특한 빵 고유의 향미를 만든다. 또한 발효과정 중에 반죽의 숙성과정을 통하여 다음 작업이나 기계적 적성을 좋게 한다.

4) 발효조건

발효조건은 온도 27℃, 상대습도 80% 정도가 적합하다. 온도가 이보다 낮을 경우에는 발효속도가 지연되어 시간이 많이 소요된다.

반면 온도가 높으면 발효는 빨리 진행되지만 잡균이 번식하기 쉽고 발효취가 좋지 않게 된다. 상대습도 또한 중요한데 상대습도가 낮으면 반죽의 표면이 건조하게 되고 발효가 지연된다.

반죽온도는 제조방법에 따라 달라지는데 스트레이트법에서는 반죽온도를 27℃로 하고, 스펀지법에서는 스펀지 온도를 23~25℃ 정도가 적합하다. 이스트를 소맥분의 2% 정도 사용하면 약 3시간~4시간 30분 정도 지나면 스펀지는 완전하게 발효하게 된다. 발효 시 스펀지 온도는 5.6℃ 이상을 초과하면 안 된다. 발효가 지나치면 기공이 불균일하고 조직이 거칠어진다. 반면 발효가 부족하면 반죽이 탄력이 없으며 기계적성이 나빠지고 기공이 두껍게 된다.

5) 발효손실

반죽은 발효 중에 당이 알코올과 이산화탄소로 바뀌면서 전체 무게가 감소하게 되는데 이를 발효손실이라고 한다. 정상조건하에서 발효손실은 약 1% 정도 발생한다.

4. 성형(dough make-up)

발효된 반죽의 가스를 펀칭하여 뺀 다음 필요한 중량으로 분할한 다음 모양을 만드는 공정을 성형이라고 한다. 분할은 손분할과 기계분할이 있는데 이는 생산규모에 따라 달라진다. 기계로 분할할 경우에는 부피로 분할한다. 따라서 발효는 계속 진행되기 때문에 시간이 지체되면 부피가 팽창하여 중량의 편차가 생기게 된다. 이 같은 이유로 분할하면서 수시로 반죽무게를 점검해야 한다. 기계를 사용한 분할은 20분 내에 한 반죽의 작업을 마쳐야 한다.

분할한 반죽은 가스를 빼면서 둥글리기를 하는데 이렇게 하면 발생되는 가스를 잘 포집할 수 있는 표피가 형성되며, 형태가 일정하게 되어 필요한 제품의 모양을 만드는 것이 쉽게 된다.

둥글리기를 마친 반죽은 짧은 시간 발효하게 되는데 이를 중간발효라고 한다. 반죽을 분할하고 성형하는 과정에서 글루텐은 긴장하게 되어 유연성을 잃게 된다. 따라서 다음 과정인 빵의 모양을 만들 때 표피가 찢어지거나 세포 구조를 망가뜨리지 않고 밀어 펼 수 있도록 휴지시간을 필요로 한다. 중간발효 시간은 6~10분 정도 소요되며, 이때의 온도는 27~29℃ 정도가 적합하며 상대습도는 75% 정도로 맞춘다.

중간발효를 마친 반죽은 팬에 넣기 전에 가스를 빼고 필요한 모양을 만든다. 성형된 반죽은 팬에 넣는데 식빵의 경우 팬의 비용적(cm^3/g)은 3.2~3.4 정도가 좋고, 풀먼형 식빵(샌드위치용 식빵)은 3.3~4.0 정도가 적합하다.

5. 2차 발효(proofing)

팬에 넣은 반죽은 이제 2차 발효를 하게 되는데 이를 프루핑이라고 한다. 2차 발효의 주목적은 빵을 부풀리는 것으로 빵의 향미는 중요시되지 않는다. 2차 발효 온도는 35~43℃ 정도이며 상대습도는 80~85% 정도로 한다. 2차 발효온도가 너무 낮으면 발효시간이 길어지고 조직이 거칠어지며, 과다하게 높을 경우에는 발효정도가 균일하지 못하게 된다.

또한 2차 발효실이 너무 건조하면 껍질이 형성되고, 습도가 지나치게 높을 경우에는 빵 표면에 반점이 생기거나 반죽이 약해지므로 조심하여야 한다. 2차 발효시간은 식빵의 경우 대략 50~65분 정도 소요되지만, 빵의 크기, 온도, 습도 등에 따라 달라지기 때문에 2차 발효 종점은 발효된 크기로 판단한다.

보통 원하는 제품의 80~85% 정도까지 발효시키는데 이는 오븐에서 구워지는 속도, 정도 등에 따라 발효정도의 차이를 둔다. 즉, 컨벡션 오븐과 같이 구워지는 속도가 빠른 오븐을 사용할 경우에는 2차 발효를 많이 주고, 터널오븐처럼 들어가는 입구의 온도가 낮을 경우 오븐에서 발효가 어느 정도 계속되기 때문에 발효정도를 낮게 한다.

6. 굽기(baking)

빵은 오븐에 들어간 후 처음 5~6분 동안에 부피가 갑자기 증가하는데 이를 oven spring, oven volume 또는 oven kick이라고 한다. 이 같은 현상은 반죽에 들어 있던 공기와 수분 및 알코올의 열팽창, 이스트가 60~63℃가 되어 사멸되기 전까지 계속되는 발효 등에 의한 것이다.

60~82℃ 정도가 되면 단백질이 변성하고 전분이 호화되어 단단한 내상구조를 형성하기 시작한다. 표면에서는 카라멜화와 마이얄 반응에 의하여 갈변화가 이루어지면서 빵 고유의 색상과 향미가 생성된다.

오븐에서 굽는 동안 오븐손실이 생기는데 이는 수분과 기타 휘발성 물질들이 증발되기 때문이다. 식빵의 경우 오븐손실은 8~10% 정도이다. 미국의 FDA에서는 빵의 수분함량을 최대 38%로 규정하고 있다.

오븐손실에 영향을 미치는 요인에는 수분함량, 설탕, 달걀 등의 배합률, 굽는 온도, 굽는 시간, 오븐에 스팀사용 여부, 빵의 크기, 모양 및 오븐 대류 등이 있다.

7. 냉각(cooling)

오븐에서 나온 빵은 곧바로 냉각시킨다. 상온에서 냉각에 걸리는 시간은 45~70분 정도이다. 냉각하는 도중에 일어나는 수분손실을 대략 2~3% 정도이다. 빵을 슬라이스하기 위해서는 내부온도가 32~43℃ 정도가 되어야 한다. 만일 온도가 이보다 높을 경우에는 제품이 뭉개지는 등 슬라이스하기가 어렵고, 곰팡이 등 미생물이 번식하기 쉽다. 온도가 너무 낮을 경우에는 snowing이라 하여 빵가루들이 많이 떨어지게 된다.

8-8. 제과

과자는 일종의 기호식품으로 일반적으로 설탕, 버터, 달걀, 우유 등이 많이 들어간다. 과자에는 비스킷, 쿠키, 초콜릿, 캔디 등의 서양식 과자류와 우리나라의 유과, 전과, 강정, 다식 등이 있고, 일본의 화과자류 등 각 나라 고유의 간식거리인 과자가 있다. 또한 파운드케이크, 스펀지케이크 등도 과자빵류에 들어간다. 비스킷은 영국에서, 쿠키는 미국에서 불리는 명칭이었는데 오늘날에는 저배합의 과자를 비스킷, 버터, 설탕, 달걀 등을 많이 넣은 고배합의 과자를 쿠키라고 한다.

1. 비스킷과 쿠키

1) Hard-sweet, semi-sweet 그리고 garibaldi fruit sandwich biscuits

이 종류의 비스킷은 반죽공정과 성형, 굽는 공정사이의 균형을 잘 유지하여야 한다. 환원제로 sodium metabisulphite(SMS)를 사용하면 글루텐의 신장성이 좋아지고 반죽의 laminating이 잘 되어 sheeting성이 좋아진다.

(1) 재료와 배합비

대부분의 semi-sweet쿠키는 명칭이나 모양에 상관없이 유지와 설탕 사용량이 비슷하다. 반죽은 약 40℃에서 이루어지기 때문에 유지의 물성은 그다지 중요하지 않고, 배합수의 양도 많아 설탕을 완전히 녹일 수 있기 때문에 설탕 결정도 문제되지 않는다.

단백질 함량이 높은 소맥분을 사용할 경우에는 arrow root전분이나 감자, 고구마 전분을 10% 정도 사용하기도 한다. 전분을 일부 사용하면 비스킷의 표면광택이 좋아진다고 한다.

Semi-sweet 비스킷의 경도는 단백질 함량과 관계가 있지만 단백질 함량이 10% 이하일 경우에는 큰 차이가 없으며, 높이와 중량과의 관계도 소맥분의 특성에 따라 달라지지만 환원제 SMS를 사용할 경우 차이가 크게 나지 않는다. 액당(67%)을 사용하면 소맥분이 빨리 수화되고, 설탕 결정이 글루텐 형성을 지연시키는 것을 방지할 수 있다.

베이킹파우더를 사용할 때 가스발생량은 굽는 단계에 따라 달라지지만 중탄산암모늄을 사용할 때와 비교하여 차이가 나타나지 않는다. 소다는 비스킷의 pH를 조절할 수 있다.

유지는 쇼트닝을 주로 사용하는데 팽창효과가 적은 것이 좋다. 경화유를 사용하면 기름이 산패되는 것을 억제할 수 있다. 반죽온도를 40℃ 정도로 하기 때문에 경화유가 액상의 기름보다 더 나은 것인가에 대하여서는 논란이 있지만 거의 차이가 없는 것으로 간주되며 특히 액당을 사용하여 믹싱을 빨리 끝낼 때는 더욱 그렇다.

비스킷의 표면에 기름이 배어나오는 fat bloom 현상은 유지의 팽창성이 클수록 잘 일어난다. 비스킷 표면이 얼룩져 외관을 손상시키는 것과 같은 일은 유지의 일부 성분이 표면으로 올라와 결정화되기 때문인데 정확한 원인은 밝혀지지 않았지만 20℃에서 25% 이상 경화유를 사용할 경우에 발생한다. 일부 버터나 버터오일을 사용할 경우에도 이 같은 현상이 나타날 수 있다. 이런 문제는 저장온도 등에 따른 문제일 수도 있으나 버터 등을 사용하지 않으면 피할 수 있다.

<표 8-11> 세미 스위트 비스킷 배합 예

	Marie	Rich tea	Cabin	Gem
박력분	100	100	100	100
설탕	20.8	20.4	10	18
유지	16.1	17.1	4.8	12.8
시럽 또는 맥아즙	–	5.0	2.0	4.0
탈지분유	2.5	1.43	–	–
소금	0.8	0.8	0.8	0.8
중탄산나트륨	0.4	0.71	0.8	0.8
레시틴	0.3	0.36	0.2	0.2
SMS	0.022	0.028	0.03	0.03
중탄산암모늄	0.63	0.71	0.8	0.4
물	17.8	20.4	20	20

(2) 반죽

좋은 품질의 비스킷을 만들기 위해서는 글루텐의 변성과 반죽의 항상성을 잘 조절하여야 한다. 반죽 과정 중에 흡수된 에너지는 반죽과 반죽통 등의 마찰에 의하여 열로 바뀌게 된다. 이 과정에서 글루텐이 변성되지는 않는다.

반죽시간이 짧은(재료를 빨리 분산시켜야 하는) short dough는 blade믹서가 필요하다. 이 같은 목적에서는 큰 믹서보다는 작은 용량의 믹서 여러 대가 더 효과적이다. 그러나 반죽온도를 높게 유지해야 할 경우에는 큰 용량의 것이 유리하다. Sheeting과 forming할 때 반죽온도가 지나치게 높으면 좋지 않은 영향을 준다.

영국식의 semi-sweet 비스킷은 소맥분 100에 설탕 약 30, 유지 약 22 정도인데 이는 글루텐의 신장성에 영향을 미치는 재료의 한계이다. 이보다 더 많은 양의 유지와 설탕을 사용하는 것이 short dough이며 제조공법에서 차이가 난다.

일반적으로 반죽온도가 높을수록 반죽의 항상성은 낮아진다. 44℃ 이상에서 반죽의 항상성을 유지하기 위하여 배합수의 양을 줄이면 반죽 초기단계에서 점착성이 커지고 결과적으로 마찰열이 증가한다.

환원제 SMS를 사용할 경우 반죽의 온도를 40~42℃로 하고 사용하지 않는 경우에는 46~48℃로 한다. 만일 원하는 온도가 되었지만 반죽상태가 만족스럽지 못하면 재료의 온도를 낮추거나 냉각시스템을 가동시켜야 한다.

즉, 최종 반죽온도는 반죽의 항상성을 유지하는데 가장 중요한 인자이며 이를 지키기 위하여 반죽의 초기 온도, 믹서의 반죽용량 등을 고려하여야 한다.

환원제 SMS는 반죽의 질에 큰 영향을 미친다. 소맥분 100에 SMS 0.029를 사용하면 배합수를 10% 줄일 수 있으며 반죽시간이 단축된다. 그 이상을 사용하면 품질을 손상시킨다.

반죽시간은 믹서의 형태, 크기, SMS 사용량에 따라 달라진다. Slow acting vertical spindle type mixer는 반죽시간이 50분 이상 소요되며, 고속(60rpm) 수평믹서인 경우는 20~25분 정도 걸린다.

SMS는 S=S bond를 S-H bond로 끊을 수 있는 환원제로 작용한다. 일부 연구에 의하면 L-cysteine을 SMS에 대치하여 사용할 수 있다고 하는데 그 양은 75ppm 정도이며 SMS 중량의 3~4배 정도이어야 그 효과를 볼 수 있다. 또한 SMS는 가격이 저렴하지만

L-cysteine은 대단히 비싸 이용하기가 쉽지 않다.

SMS를 넣으면 그 효과가 즉각적으로 나타나는데 반죽이 거의 끝날 무렵에 넣어도 효과를 볼 수 있다. 소맥분 100에 SMS 0.03을 사용하면 곧바로 반응이 일어난다. 단백질 분해효소도 글루텐을 변화시키지만 당과 유지 함량이 많으면 그 효과가 떨어지며 특히 반응시간이 오래 걸린다는 단점이 있다.

(3) 믹서

Semi-sweet 비스킷 반죽의 완료시점이 어느 때인가를 정확히 판단하는 것은 쉽지 않다. 반죽의 완료시점은 소맥분의 품질, 재료의 온도, 믹서의 형태 등에 따라 달라지는데, 먼저 재료 계량을 정확하게 하는 것이 중요하며 믹싱과정이 항상 일정하여야 한다. 믹서는 파리노그램을 대형화시켰다고 생각하면서 반죽의 발전과정과 항상성에 주의를 기울여야 한다.

반죽 중에 온도상승을 확인할 수 있는 것은 매우 중요하기 때문에 믹서에 온도계가 부착되어 있으면 편리하다.

(4) Dough sheeting과 cutting

Dough sheeting은 중요한 공정 중의 하나이다. 부드러운 표면을 가지면서 일정한 성질을 지닌 반죽을 만들어야 하는데 만약 그렇지 못한 경우에는 비스킷의 품질이 좋지 못하게 된다.

반죽온도를 40℃ 정도 유지하는 것이 매우 중요하다. 온도가 그 이하로 떨어지면 반죽이 굳어지고 글루텐의 신장성이 떨어지는 등 반죽의 항상성에 문제가 생기게 된다. 반죽의 대기상태가 30분 이상을 초과할 경우 신장성이 떨어진다. 소량의 경우일 때는 다시 믹싱하면 좋아지게 되는데 이때 SMS를 사용할 수도 있다.

Dough sheeting에는 3단 롤러를 사용하며, 계속되는 라미네이트 과정에서 반죽의 불안정, 구멍 등이 제거된다.

종종 반죽이 게이지 롤러에 부착되는 문제가 발생하여 반죽 표면이 손상될 수 있는데 이 같은 현상을 극복하기 위해서 게이지에 반죽이 통과하기 전에 반죽 위로 공기를 불어 넣으면 해결될 수 있다. 이 때 약간의 덧가루가 필요할 수 있지만 덧가루 사용은 비스킷 표면은 나쁘게 할 수 있으므로 조심하여야 한다.

만일 두개의 롤러 회전속도가 다르면 빠른 쪽의 롤러에 반죽이 달라붙는다. 반죽이 롤러에 붙는 것을 방지하기 위하여 Teflon(poly-tetraflouraethylene)코팅이 도움이 되기도 하지만 부드럽게 롤링하기 위한 롤의 조여 줌(grip of the rolls)이 방해받기도 한다. 현재 가장 좋은 롤러의 표면처리는 lightly ground(sand blasted) 형태인데, 이것은 반죽과 친화력이 떨어져 표면을 매끄럽게 한 강철 롤러보다 반죽이 쉽게 떨어진다.

Semi-sweet비스킷 반죽은 어느 정도 탄성을 지니고 있기 때문에 비스킷을 성형하기 전에 반죽에 휴지시간을 주어야 한다. 반죽의 휴지시간은 보통 얇게 한 반죽을 겹칠 때 얻을 수 있다.

반죽의 수축현상은 대부분 기계방향에 대하여 세로로 발생하는데 이는 오븐에서 구워지기 전까지 중단되지 않는다. 반죽의 휴지 정도는 반죽 두께에 따라 달라진다.

<표 8-11> 리치 티 비스킷의 컷팅기 셋팅

Sheeter settings : Forcing gap	18.0mm
Gauging gap	9.0mm
1st gauge roll	5.7mm
2nd gauge roll	2.5mm
Final gauge roll	1.1mm
Final dough sheet thickness at cutter	1.3mm

반죽의 비중은 롤러로 누르는 일련의 과정을 거치면서 점차 증가한다. 컷터에서의 반죽 비중은 상당히 균일한데 반죽의 두께는 개개 비스킷의 중량과 관계가 있다. Semi-sweet 비스킷은 "scrap dough" 방식으로 절단하는데 옆에 남은 나머지 반죽은 sheeter 또는 믹서로 되돌려진다.

일반적으로 비스킷의 표면에 글씨나 무늬를 넣는데 이 과정은 왕복운동을 하는 컷터로 자르면서 동시에 누르게 된다. 컷터가 올라가면 반죽을 효과적으로 떨어뜨리기 위하여 ejector plate가 반죽표면에서 잠시 멈춘다. 만일 반죽이 끈적거리면 공기를 불어 표면을 약간 건조시키는 것도 도움이 된다. 최근 많이 사용되는 로터리 몰더는 ejector plate가 없다.

비스킷을 성형한 후 광택이나 외관을 좋게 하기 위하여 설탕, 우유, 우유/달걀 등을 뿌리거나 바를 수 있다. 그러나 semi-sweet비스킷은 대부분 장식을 하지 않으며 만일 할 경우에는 설탕 등이 철판에 닿지 않도록 조심하여야 한다.

(5) 굽기(baking)

성형된 반죽이 오븐에 들어가면 수증기압과 화학적 팽창제가 만든 가스에 의하여 팽창한다. 비스킷은 오븐에 들어가기 전 두께보다 4~5배 정도 부풀고 수분함량은 21%에서 1.5%까지 감소한다. 굽는 시간은 5~6.5분 정도 소요되며 온도는 1구역 160℃, 2구역 200℃, 3구역 180℃를 유지한다.

Semi-sweet비스킷은 광택이 있으면서 부드러운 표면을 가져야 한다. 이렇게 되기 위해서는 sheeting과 gauging 후의 반죽표면 조건에 따라 달라지며, 광택은 오븐 전반부에서 스팀을 분사하면 반죽의 표면에서 수분막을 형성하기 때문이다. 그러나 스팀사용량이 과다할 경우 미세한 수포가 형성되거나 표면에 반점이 생길 수 있다.

오븐에서 구워져 나온 비스킷은 크기, 모양, 색깔 등을 확인하여야 하며 수분함량 또한 중요하다. 중량, 폭, 길이, 두께 및 색 등이 품질검사의 지표가 된다.

(6) 냉각(cooling)

Semi-sweet비스킷은 뜨거운 상태에서도 비교적 단단하기 때문에 스틸밴드에서 비교적 쉽게 떨어진다. 포장하기 전에 공기 중에서 냉각시키는데 냉각 컨베어 벨트의 길이는 오븐의 2~3배 정도이고 폭은 오븐과 같이 한다.

(7) Continental semi-sweet biscuits

Semi-sweet비스킷 가운데 반죽 온도를 높이지 않을 뿐만 아니라,

반죽을 신장시키지 않는 배합이 있다. 배합비는 semi-sweet비스킷과 비슷하거나 유지함량이 약간 더 많고 배합방식은 short dough와 마찬가지로 2단계 공정으로 한다. 소맥분과 소다를 제외한 모든 재료를 균일하게 크림화한 다음 소맥분을 넣고 몇 분 동안 믹싱 한다. 믹싱이 끝난 반죽은 sheeting과 gauging하기 전에 30분에서 48시간까지 숙성시킨다. 반죽은 보통 라미네이팅하지 않으며, 단백질 분해효소나 환원제로 SMS를 사용하기도 하지만 반죽은 신장성이 거의 없고 쉽게 끊어진다.

최종 롤러를 물을 사용하지 않고서 대단히 깨끗하게 하면 매끄러운 표면을 얻을 수 있다. 구워낸 직후에 외관을 좋게 하기 위하여 우유를 발라주기도 한다. 제품은 영국의 전통적인 semi-sweet 타입보다 부드럽고 조직이 쉽게 끊어진다.

(8) Garibaldi 또는 fruit sandwich biscuits

과일을 넣는 비스킷으로 알이 작은 건포도를 넣은 것을 가리발디 비스킷이라고 한다. 제조공정은 앞서 설명한 방식과 매우 다르다. 특히 과일이 밖으로 돌출하면 굽는 과정에서 매우 건조되거나 질기게 되므로 조심하여야 한다.

2개의 반죽 시트를 준비하여 최종 게이지에 들어가기 전에 건포도를 충진 한다. 그러나 과일을 균일하게 넣는 것은 쉽지 않다. 2개의 반죽 시트 사이에 건포도를 넣는 방식에는 3가지가 있는데 일반적인 방법으로 2쌍의 연속된 게이지 롤러에 약 3mm 두께의 반죽을 넣고 낮은 쪽 시트에 건포도를 뿌린다. 그리고 건포도 위에 위쪽의 시트를 덮고 다음 롤러를 통과시키면서 원하는 두께로 줄인다. 이때 시트는 건포도를 수용할 수 있어야 하므로 신장성이 좋아야 한다. 가리발디 비스킷 제조공정 중에 나오는 여분의 반죽은 재사용이 어렵기 때문에 많이 나오지 않도록 한다.

가리발디 비스킷의 건포도 함량은 제품의 1/3정도인데 너무 많을 경우에는 질긴 비스킷이 되고 너무 적을 경우에는 단단하고 건조한 비스킷이 된다.

건포도가 부서지면 대단히 끈적거려 컷팅하는데 문제를 일으킨다. 덧가루를 약간 사용하면 컷팅하는데 도움을 줄 수 있지만 외관을 손상시킬 수 있으므로 주의한다. 왕복운동을 하는 컷터가 로타리 타입보다 효율적이지만 그래도 만일의 사태에 대비하여 여분의 컷터를 준비하여 놓는다.

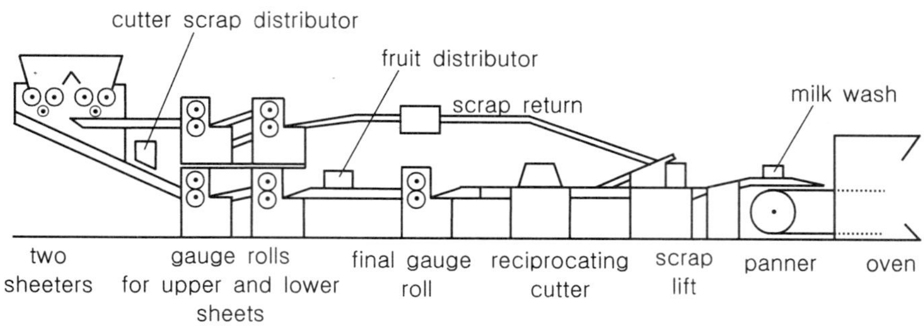

<그림 8-28> Semi-sweet 비스킷 제조라인

2) Deposited soft dough와 sponge drop biscuits

(1) Deposited soft dough

① 디포지터 비스킷(Deposited biscuits)

디포지터 타입의 반죽은 매우 부드럽다. 와이어 컷터 타입의 쿠키를 만드는 기계와 동일하나 노즐을 사용하는 점이 다르다. 반죽을 오븐 밴드 위에 짜면 밴드는 아래로 내려가 노즐에서 반죽이 떨어진다.

디포지터 타입의 비스킷은 유지함량이 높거나 또는 달걀흰자의 안정된 기포성을 이용한 것으로 우리나라나 미국에서 보통 쿠키라고 말한다. 유지 함량이 높은 비스킷의 예를 들면 Danish butter cookies, Viennese whirls, Spritz cookies와 설탕을 많이 사용하는 Brandy snap 등이 있다. 달걀흰자를 사용하는 디포지터 타입의 비스킷으로는 Macaroons와 Meringues가 있다.

② 재료(ingredients)

디포지터 타입의 쿠키에 사용되는 재료는 버터, 달걀, 분말 아몬드, 코코넛, 코코아 등이 널리 이용된다. 와이어 컷터용 쿠키와는 달리 거칠은 입자가 있는 재료는 노즐을 막기 때문에 사용하지 않는다.

반죽의 항상성이 중요하기 때문에 버터와 같은 유기의 온도에 신경을 써야 한다. 버터 온도는 17℃ 정도가 적합하다. 설탕입자는 작은 것을 사용하여야 반죽공정이나 식미감을 좋게 한다.

일부 제조회사에서는 파과를 분쇄하여 재사용하면 쿠키의 조직을 좋게 하여준다는 의견이 있다. 이렇게 할 경우 파과의 재활용에 도움이 되지만 향미나 비스킷의 색이 나빠지지 않도록 조심하여야 한다.

③ 반죽(dough mixing)

디포지터 타입 쿠키 반죽은 유동성이 크므로 분리할 수 있는 볼을 가진 믹서가 필요하다. 반죽시간은 매우 짧고 가볍게 반죽하여야 한다. 버터에 설탕, 달걀, 우유, 물 등을 혼합하여 크림을 만든 후 체로 친 소맥분을 가볍게 혼합하여 균일한 반죽이 되도록 한다. 반죽의 항상성을 유지하면서 유지가 잘 분산되도록 하기 위해서는 반죽온도가 매우 중요하다. 반죽온도는 10~16℃를 유지해야 하는데 이렇게 하기 위해서는 소맥분의 온도를 낮추어야 하고 물과 우유는 냉장온도를 유지하여야 한다.

반죽 중에 글루텐이 형성되어서는 안 되는데 그렇게 하기 위해서는 물과 우유를 최소로 사용하여야 한다. 반죽을 손으로 디포지터에 있는 호퍼로 옮기는 것은 문제를 일으킬 수 있지만 그렇다고 기계를 이용하여 이송하는 것도 반죽을 손상시킬 수 있다. 반죽을 이송하는데 가장 좋은 방법은 중력을 이용하는 것이다. 가능하다면 위층에 슬라이딩 호퍼를 놓고 슬라이드 벨브를 열어 반죽이 필요한 만큼 디포지터로 들어가게 한다.

④ 굽기(baking)

디포지터 타입의 쿠키는 유지 함량이 많기 때문에 굽는 도중에 반죽이 흘러내릴 수 있다. 따라서 스틸밴드를 사용하여야 한다. 유지가 많기 때문에 반죽이 밴드에 달라붙지 않는다. 쿠키가 크면 부서지기 쉬우므로 구운 다음에는 조심스럽게 취급하여야 한다.

고배합 쿠키는 반죽 무게에 비하여 일반적으로 두껍기 때문에 충분하게 건조되면서 색이 진하게 나지 않도록 온도는 낮게 그리고 시간을 길게 굽는다. 그러나 지나치게 오래 구우면 버터냄새와 같은 좋은 냄새가 사라지는 경향이 있다.

⑤ 쿠키 취급 및 포장(handling and packing)

쿠키의 모양이 불규칙하고 두껍기 때문에 쌓아 놓기가 쉽지 않을 뿐만 아니라 포장기에서 기계적으로 취급하기도 어렵다. 따라서 개별로 트레이나 박스로 이동하여 최종 포장을 한다. 보통 수작업으로 하나 이송 로봇 같은 것도 개발되어 있다.

(2) Sponge drop biscuits

① Sponge batter drops

스펀지 드롭은 Jaffa케이크처럼 스펀지에 잼이나 젤리 등을 넣거나, sponge boats 등의 것으로 케이크와 비스킷이 혼합된 개념의 것을 말한다.

스펀지 반죽에 유지는 거의 사용하지 않는다. 잼을 굽기 전에 넣는 것을 sponge boats라 하고, 구운 후에 잼을 넣는 것을 Jaffa cakes라고 한다. 이들 스펀지케이크의 수분함량은 약 8% 정도 되며 잼이나 젤리의 고형분 함량은 76% 정도가 되므로 평형 상대습도의 관점에서 볼 때 적절한 조화를 이룬다.

Lady fingers는 스펀지 반죽으로 만들지만 성형틀에서 구워지고 건조되므로 수분함량이 낮고 바삭바삭하거나 단단하다.

그밖에도 여러 가지 타입의 스펀지 배합이 있는데 어떤 경우일지라도 공기가 혼입된 반죽을 디포지터로 이송한 다음 오븐 밴드나 철판 위에 짠다. 반죽이 정확하게 끊어지지 않고 끌리는 현상이 나타나지 않도록 주의한다.

② 스펀지 반죽(Sponge batter mixing)

스펀지 반죽은 두 단계로 구분된다. 첫 번째는 모든 재료(달걀, 소맥분, 설탕 등)를 다소간 균일하게 섞어 슬러리를 만든다. 그 다음에 에어믹서에 이동하여 공기를 주입한다. 공기 혼입 중에 온도가 올라가지 않도록 냉각장치를 가동시킨다.

<표 8-12> 쿠키 배합 예

Deposited cookie		
	Butter cookie	Spritz
소맥분	100	100
가염 버터	54	70
정백당	35	40
달걀	11	-
소다	0.2	1.0
파과 비스킷 분말	20	0
소금	0.7	0.5
물	7.5	6.0
향료	yes	no
전화당	-	1.0
인산나트륨	-	1.0

<표 8-13> 쿠키 배합 예

Sponge drop	
소맥분	100
액상 유지	3.2
정백당	80
달걀	65
소다	0.14
인산나트륨	0.2
소금	0.8
글리세린	3.0
포도당 시럽	6.2
물	10

③ 굽기(baking of sponge drops)

유지를 사용하지 않은 반죽은 오븐 밴드에 달라붙기 때문에 기름을 발라주어야 한다. 기름칠 외에도 덧가루 사용이 필요하다. 덧가루가 없는 경우에는 오븐에서 반죽의 유동성이 커진다.

3) Extruding & Depositing

디포지팅(depositing)은 extrusion의 일종으로 반죽형태에서 차이가 크게 나지 않는다.

반죽은 쉽게 끊어지고 부드럽다. 가장 단단한 반죽형태가 와이어 컷팅(wire cutting)형이며 로터리 몰더(rotary moulder)반죽과 유사하다. 와이어 컷팅은 로터리 몰더로는 불가능한 끈적거리는 반죽의 성형이 가능하며, 반죽에 들어 있는 거친 입자 예를 들면 견과류, 오트 플레이크 등을 넣고 작업할 수 있다.

두 가지모두 롤러(short & soft dough) 또는 펌프(sponge batter)를 이용하여 압력을 가하면 반죽은 구멍을 통하여 나오게 된다.

(1) 기계장치(extruding and depositing machines)

모든 기계는 기본적으로 2~3개 롤러가 장착된 호퍼가 있으며, 롤러가 반죽을 아래에 있는 pressure/balancing chamber에 강제로 밀어 넣는다. 롤러는 연속적 또는 단계적으로 작동되며 반대 방향으로 돌릴 수도 있다.

디포지터의 넓이는 오븐 밴드의 폭에 맞춘다. 와이어 컷팅 다이는 밴드 위 70mm에 위치한다. 팽팽하게 조여진 와이어나 칼날이 구멍에서 나오는 반죽을 일정한 간격으로 자르고, 잘린 반죽은 밴드나 컨베어 위에 떨어진다. 와이어는 오븐 밴드 방향으로 작동되기도 하지만 일반적으로 반대 방향으로 작동한다. 어떤 경우이든지 자르는 순간은 밴드에 가깝게 된다. 잘라진 반죽은 그대로 밴드에 떨어지거나 한 바퀴를 돌아 반대 면이 떨어지게 하기도 한다. 어떤 쪽을 선택하든지 문제되지는 않으나 모든 작업이 동시에 이루어져야 한다. 그러나 반죽이 끈적거리거나 조직이 거칠기 때문에 항상 균일한 작업이 행해지기가 쉽지 않다. 따라서 만족스러운 제품(일정한 중량, 균일한 반죽)을 만들기 위하여서는 대단한 주의가 필요하다.

경우에 따라서 와이어 컷터 대신 날카로우면서 부드러운 끝을 가진 칼날이나 미세한 톱날을 사용하기도 한다. 와이어나 칼날이 효과적으로 반죽을 절단할 수 있도록 미세하게 진동시키기도 한다.

와이어 컷터의 작동속도는 그다지 빠르지 않아 분당 100회를 넘지 않는다.

둥근 틀에서 나오는 반죽은 와이어나 칼날이 자르는 순간 약간 일그러질 수 있다. 특히 견과류나 건조 과일 등을 넣은 반죽에서 흔히 볼 수 있는 현상인데, 오븐에서 구워질 때 영향을 받기도 하지만 크게 모양이 달라지지는 않는다. 반죽이 밴드에 떨어졌을 때 가벼운 플라스틱 롤러로 떨어진 반죽을 가볍게 눌러 주는 방법도 있다.

컷터로 자르지 않고 연속적으로 뽑아낸 것을 바(bar) 또는 루트 쿠키(rout cooke)라고 한다.

8-9. 케이크

빵과 케이크를 분류하는 방법은 팽창방식, 사용하는 재료 및 소맥분의 차이에 따른다. 즉, 빵은 발효식품으로 팽창시키는데 이스트를 사용한다. 이스트는 당을 영양원으로 삼아 알코올과 탄산가스를 만드는데 이 가스에 의하여 반죽이 부풀어 오르게 된다.

한편 케이크는 화학적 팽창제인 베이킹파우더나 달걀의 기포력을 이용하는데 베이킹파우더가 열을 받으면 화학반응을 일으켜 탄산가스를 만들게 된다.

재료에 의한 차이는 빵은 소맥분이 주가 되고 그 밖의 재료는 물을 제외하고는 소량 사용된다. 반면에 케이크는 소맥분 외에도 설탕과 달걀 그리고 파운드케이크와 같은 경우 버터 등의 유지를 많이 사용한다.

빵은 강력분을 사용하여 반죽이 강한 점탄성을 갖고 있으며 형성된 글루텐이 가스를 포집한다. 오븐에서 이 글루텐과 전분의 결합

피막은 열에 의하여 변성되고 빵의 지지 역할을 하게 된다. 케이크는 박력분이나 중력분을 사용하여 글루텐 발전을 시키지 않거나 아주 약하게 한다. 따라서 케이크는 빵과는 달리 부드러운 조직을 갖는다.

1. 케이크 제조방법

케이크 제조방법에는 반죽형(batter type), 거품형(foam type) 그리고 별립형(chiffon type)이 있다. 반죽형의 주재료는 소맥분, 달걀, 설탕 그리고 종류에 따라 적거나, 많은 양의 버터 등 유지를 사용하며 화학적 팽창제로 베이킹파우더를 사용한다. 반죽형 케이크에는 옐로우 레이어 케이크, 화이트 레이어 케이크, 데블스 푸드 케이크, 파운드케이크, 마드레느, 바움쿠헨 등과 같은 케이크류가 있다.

반죽형 케이크의 믹싱방법은 다음과 같다. 즉, 크림법(creaming method), 브렌딩법(blending method), 설탕/물법(sugar/water method) 그리고 단일법(single stage method)이다. 각 방법의 특징을 살펴보면 크림법은 유지와 설탕을 먼저 볼에 넣어 크림을 만든 다음 달걀을 2~3회에 걸쳐 나누어 부드러운 크림을 만든다. 마지막으로 소맥분을 넣고 글루텐이 형성되지 않도록 가볍게 섞어주어 반죽을 마친다. 크림법으로 만든 케이크는 부피가 좋다.

브레딩법은 먼저 소맥분과 유지를 넣고 믹싱하여 소맥분의 입자를 유지가 감싸도록 한다. 그 후 설탕 등 수분이 없는 재료를 넣고 덩어리가 지지 않도록 믹싱 한다. 이제 마지막으로 달걀 등의 액체재료를 넣고 믹싱하여 반죽을 마친다. 브렌딩법을 사용하면 부피는 작으나 부드러운 제품을 만들 수 있다.

단일법은 모든 재료를 한꺼번에 넣고 믹싱하는 방법으로 시간과 노동력을 절감할 수 있다. 믹서의 성능과 믹싱시간이 반죽의 특성을 좌우하는데 적절한 유화제를 사용할 경우 좋은 제품을 만들 수 있다. 강제로 공기를 넣어주는 고속 에어믹서도 일단계법의 일종이다.

설탕/물법은 대규모 공장에서 사용하는 방법으로 기계적 적성에 맞춘 것이다. 설탕량의 절반에 해당하는 물을 설탕에 넣어 포화용액을 만들고 여기에 나머지 재료를 넣어 믹싱 한다.

2. 케이크류의 배합률 작성

1) 옐로우 레이어 케이크(yellow layer cake)

① 재료의 사용범위

소맥분	100
설탕	110~140
쇼트닝	30~70
전란	쇼트닝×1.1
우유	변화
베이킹파우더	2~6
소금	2~3
향	0.5~1.0

② 방법

- 설탕과 쇼트닝의 사용량을 결정한다.
- 전란 사용량은 쇼트닝의 1.1배로 한다.
- 우유 = 설탕 + 25 - 전란
- 우유 = 분유 10% +물 90%

2) 화이트 레이어 케이크(white layer cake)

① 재료의 사용범위

소맥분	100
설탕	110~160
쇼트닝	30~70
흰자	전란×1.3
탈지분유	변화
물	변화
베이킹파우더	2~6
소금	2~3
주석산크림, $KH(C_4H_4O_6)$	0.5
향	0.5~1.0

② 방법

- 설탕과 쇼트닝의 사용량을 결정한다.
- 전란 사용량은 쇼트닝의 1.1배로 한다.
- 흰자는 전란의 1.3배로 한다.
- 우유 = 설탕 + 30 - 흰자
- 분유는 우유의 10%로 계산한다.
- 주석산 크림 0.5%

3) 데블스 푸드 케이크(devil's food cake)

① 재료의 사용범위

소맥분	100
설탕	110~180
쇼트닝	30~70
전란	전란×1.3
탈지분유	변화
물	변화
코코아	15~30
소다	코코아의 종류에 따라 사용
베이킹파우더	2~6
소금	2~3
향	0.5~1.0

② 방법

- 설탕과 쇼트닝의 사용량을 결정한다.
- 전란 사용량은 쇼트닝의 1.1배로 한다.
- 우유 = 설탕 + 30 + (코코아 × 1.5) - 전란
- 소다는 천연 코코아의 7% 사용한다. 더치 코코아는 소다를 사용하지 않는다.
- 베이킹파우더는 더치 코코아를 사용하면 원래 사용량을 그대로 한다. 천연 코코아를 사용하면 소다 사용량의 3배를 감해서 사용한다.

3. 팽창제(leavening agent)

팽창제는 빵, 케이크 또는 과자 등에 기포를 발생시켜 가볍고 다공질을 상태를 만드는데 사용된다. 즉, 부피를 좋게 하고 내상을 부드럽게 하며, 기공을 균일하게 하고 색을 밝게 하여 식감을 높여준다. 팽창제의 종류에는 생물학적 팽창제인 이스트와 화학적 팽창제인 베이킹 소다, 탄산암모니아, 베이킹파우더 등이 있고, 카스틸라처럼 달걀의 기포력을 이용하여 팽창시키는 방법 등도 있다.

여기에서는 화학적 팽창방식을 다루기로 한다.

1) 베이킹소다(baking soda, 탄산수소나트륨)

일반적으로 중조 또는 소다라고 한다. 베이킹 소다는 열을 받으면 분해하여 탄산가스를 방출하는데 그 반응식은 다음과 같다.

$$2NaHCO_3 + heat \rightarrow 2Na_2CO_3 + H_2O + CO_2$$

반응한 후 잔류물질로 탄산나트륨이 만들어지는데 이는 알칼리성으로 쓴맛을 낼 뿐만 아니라 제품의 색을 누렇게 만든다. 소맥분에 완전하게 섞이지 않을 경우 황색의 반점을 남기므로 사용할 때 주의가 필요하다. 알칼리의 단백질 용해성을 이용하여 퍼짐성이 필요한 쿠키 등을 만들 때 사용되기도 한다.

2) 탄산암모늄과 탄산수소암모늄

이들 팽창제는 알칼리성으로 소맥분에 함유된 단백질을 연화시키는 기능을 갖고 있어 퍼짐성을 좋게 한다. 암모늄계 팽창제는 수분과 반응하여 강한 냄새를 남기기 때문에 쿠키나 크래커처럼 수분함량이 극히 낮은 제품에 사용된다.

$$(NH_4)_2CO_3 + heat \rightarrow 2NH_3 + H_2O + CO_2$$

$$2NH_4HCO_3 + heat \rightarrow 2NH_3 + 2H_2O + 2CO_2$$

두 화합물은 가열하면 암모니아, 물, 탄산가스로 완전하게 분해되어 잔류고형물질을 남기지 않는다. 탄산암모늄에 비하여 탄산수소암모늄은 실온에서 안정적이다.

3) 베이킹파우더(baking powder)

소다의 쓴맛을 없애고 제품의 색이 누렇게 변하는 것을 막기 위하여 만들어진 것이 베이킹파우더이다. 즉, 베이킹파우더는 적정량의 탄산가스를 발생한 다음 알칼리성 잔류물질이 남지 않도록 산을 사용하여 중화시킨 것인데 이때 사용되는 산의 종류에 따라 소다의 탄산가스 방출속도가 달라진다. 한편 베이킹파우더에 전분을 넣는 이유는 조기에 산과 알칼리 반응이 일어나는 것을 막고 정확히 계량할 수 있도록 하기 위함이다.

산은 소다와 빠르게 반응하는 속효성과 천천히 반응하는 지효성이 있다. 산성피로인산나트륨, 피로인산칼슘, 황산알루미늄소다와 같은 것은 지효성이고 주석산, 주석산수소칼륨, 젖산칼슘 등은 속효성으로 작용한다.

<표 8-14> 산의 종류에 따른 중화가

Chemical name	Chemical formula	Letter abbreviation	Neutralizing value
Monocalcium phosphate monohydrate	$Ca(H_2PO_4)_2 \cdot H_2O$	$MCP \cdot H_2O$	80
Anhydrous monocalcium phosphate	$Ca(H_2PO_4)_2$	MCP	83.5
Sodium acid pyrophosphate	$Na_2H_2P_2O_7$	SAPP	74
Sodium aluminum sulfate	$Na_2SO_4 \cdot Al_2(SO_4)_3$	SAS	104
Sodium aluminum phosphate	$NaH_{14}Al_3(PO_4)_8$	SALP	100
Potassium acid tartrate	$KHC_4H_4O_6$	Cream of tartar	45
Dicalcium phosphate dihydrate	$CaHPO_4 \cdot 2H_2O$	DCP	33
Glucono-delta-lactone	$C_6H_{10}O_6$	GDL	45

<표 8-15> 베이킹파우더 배합 비

Component	Types			
	A	B	C	D
	(per cent of total weight)			
Sodium bicarbonate	30	30	30	30
Monocalcium phosphate monohydrate	5	–	5	12
Sodium acid pyrophosphate	36	42	–	–
Sodium aluminum phosphate	–	–	26	–
Sodium aluminum sulfate	–	–	–	23
Calcium lactate	2	–	–	–
Corn starch	27	28	39	28
Calcium carbonate	–	–	–	7

반응의 한 예를 들어보면 다음과 같다. 즉, 탄산수소나트륨에 인산수소칼슘을 혼합하여 반응시키면 다음과 같이 탄산가스를 발생시킨다.

$$2NaHCO_3 + Ca(H_2PO_4)_2 \rightarrow CaHPO_4 + Na_2HPO_4 + 2H_2O + CO_2$$

제 9 장

옥수수(corn)

9-1. 옥수수의 기원 및 재배

옥수수(*Zea mays L.*)는 북아메리카에서는 corn이라고 하며 그 밖의 지역에서는 maize라고 한다. 화본과에 속하는 옥수수는 타화수분(他花受粉)의 자웅동주(雌雄同株) 식물로, 같은 줄기의 다른 화서(花序)에 자화(雌花)와 웅화(雄花)를 달고 있다. 한 주에서 하나 또는 복수의 이삭이 나와 이삭 축에 따라 3백에서 천개의 알갱이가 정연하게 줄을 지어 결실한다.

옥수수는 종실(種實)은 물론 그 줄기도 사료로 사용되어, 세계 3대 곡물 중의 하나이며 그 생산량은 소맥 다음으로 많다.

세계적으로 전파되기 시작한 것은 15세기 말 경으로 다른 곡류에 비하여 그 역사가 매우 짧으나 옥수수가 갖는 여러 가지 장점 때문에 급속도로 전 세계에 퍼져나가고 있다.

재배조건은 23~24℃ 정도의 온난한 기후가 적합하며, 다습한 곳이 좋지만 생육기에 강수량이 너무 많으면 좋지 않다. 재배 한계는 북위 50도 정도까지 가능하므로 우리나라 전역에서 키울 수 있으며, 3월 상순에서 4월 중순에 파종하여 8월 이전에 수확한다.

9-2. 옥수수의 특성

종실의 형태와 크기는 품종에 따라서 매우 차이가 나며, 1000립중도 100~400g으로 차이가 크다. 과피는 얇은 층으로 되어 있는 딱딱하고 투명한 껍질인 종피가 밀착되어 있고 배아는 10~14%를 차지하며 이 가운데 유지가 33~40% 정도를 함유하고 있어 옥배유를 만드는 재료가 된다.

배유부는 바깥쪽에 단백질 함량이 높으며 내부는 전분 함량이 높다. 건조한 옥수수의 구성성분은 전분 68.7%, 단백질 9.4%, 지방질 4.5%이며, 전분입자의 크기는 10~30nm로 다른 곡류전분에 비하여 크기가 고른 것이 특징적이다.

옥수수 전분의 호화개시 온도는 55℃로서 쌀보다 빠르고 노화되는 정도도 다른 곡류나 서류보다 빠르게 진행된다.

옥수수의 주요 단백질은 제인으로 약 5% 정도 들어 있다. 그밖에 알부민, 글로불린, 글루텔린 등을 함유한다. 제인의 구성 아미노산에는 필수 아미노산이 트립토판이 거의 없고 리신도 함유되지 않아 단백질로서의 가치가 매우 떨어진다. 무기질 가운데 인은 많이 들어 있으며 칼슘은 적은 편이다.

트립토판에서 비타민의 한 종류인 나이아신이 만들어지는데 나이아신이 부족될 경우에는 피부병의 일종인 pellagra에 걸리게 된다.

9-3. 옥수수 품종

옥수수는 종실의 형태와 특성에 따라 여러 가지로 구분된다.

1) 마치종(馬齒種, dent corn)

종실의 상부가 분상질이며 건조하면 말의 이빨처럼 요철이 생긴다. 마치종은 빛깔이 흰 white dent corn과 황색의 yellow dent corn이 있는데, 과피가 두꺼워서 식용으로 부적당하나 수확량이 많아 사료나 물엿을 만드는 등 공업용으로 널리 사용된다.

2) 경립종(硬粒種, flint corn)

외부가 단단한 초자질 전분으로 둘러싸여 병충해에 대한 해가 적으며 저장이 용이하다. 종실의 크기는 마치종 다음으로 크며 주로 식용으로 사용된다.

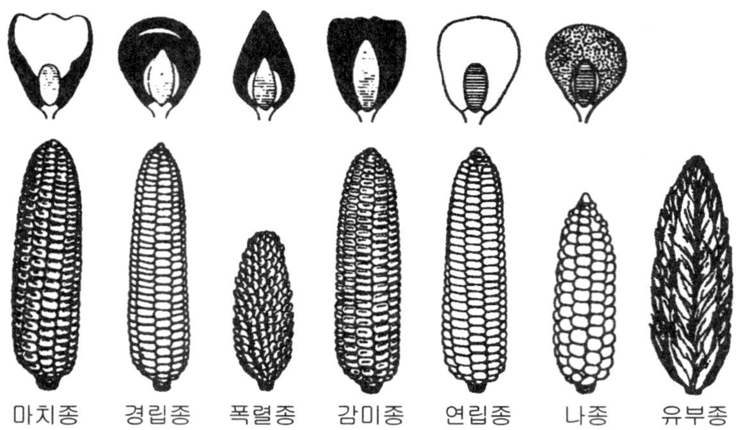

<그림 9-1> 옥수수의 종류와 낱알의 형태

3) 연립종(軟粒種, soft corn)

초자질 부분이 적고 분상질 전분이 많으며, 건조하면 표면에 주름이 생긴다. 백색과 청자색종이 있으며 전분을 만들거나 생식, 통조림 등을 제조하는데 쓰인다.

4) 감미종(甘味種, sweet corn)

외부는 초자질이나 감미가 많아 식용하거나, 통조림 제조용으로 사용된다. 속 줄기에도 단맛이 있어 엔실리지(ensilage)용으로 이용한다.

5) 폭렬종(爆裂種, pop corn)

외부는 초자질로 단단하고 내부가 부드러우며 볶으면 소리를 내면서 배유 내부가 노출되는데, 이는 수분이 13~15%일 때 나타나고 주로 간식용으로 사용된다.

9-4. 옥수수 전분

옥수수는 수확량이 많고 값싸게 구할 수 있는 곡류이어서 전분가공 및 전분을 이용한 각종 제품이용에 널리 사용된다. 옥수수 전분 제조원료로 사용하기 좋은 품종은 마치종이다. <그림 9-2>에서 보는 바와 같이 옥수수 단면도 가운데 왕관전분부(王冠澱粉部, crown starch)와 기저전분부(基底澱粉部, tip starch)에는 비교적 전분이 많이 들어 있으며 분상질로 되어 있어 분질전분부라고도 한다. 이와는 달리 각질전분부(角質澱粉部, horny starch)는 전분과 단백질이 매우 단단하게 결합되어 있어 전분만을 따로 분리하기가 어렵다.

이 같은 각 부분의 조성은 품종에 따라 차이가 많이 난다. 예를 들면 경립종에는 분질전분부가 많고, 마치종에는 각질전분부가 많다.

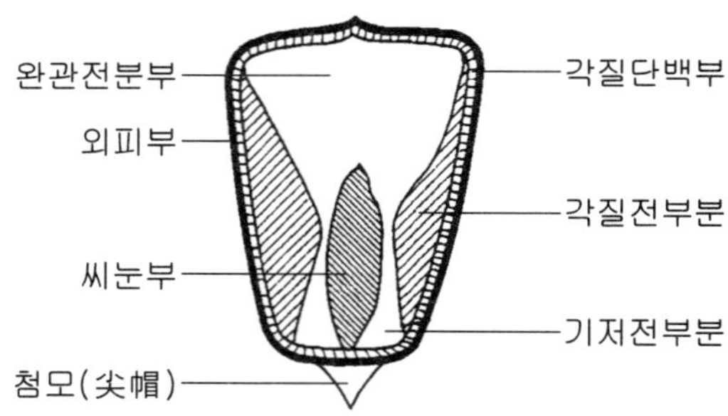

<그림 9-2> 옥수수의 단면도

1. 옥수수 전분제조

옥수수는 다른 곡류나 서류와는 달리 단단한 각질부를 가지고 있어 전분을 분리하기가 쉽지 않다. 따라서 옥수수를 연화시키는 방법으로 원료를 아황산에 침지한다. 옥수수 전분 제조법에는 건식법과 습식법이 있는데 요즈음에는 순환형 습식 밀폐법이 많이 사용되고 있다.

1) 원료의 침지

매끄럽고 단단한 각질부를 부드럽게 만들기 위하여 원료 옥수수를 0.2~0.5% 아황산액에 담가 놓으면, 수분이 흡수되면서 서서히 팽윤된다. 수분함량이 40%에 이르면 포화상태가 되어 더 이상의 흡수가 일어나지 않는다. 이때부터 옥수수의 가용성 물질이 침지액 속으로 용출되기 시작하면서 젖산균이 증식하여 용출된 당분을 젖산으로 변화시킨다.

침지액의 아황산과 젖산은 단백질을 붕괴시켜 전분과 단백질의 결합을 느슨하게 하여 전분의 분리가 쉽게 된다. 또한 젖산균이 만들어내는 프로테아제가 단백질 분해를 더욱 촉진시킨다.

침지작업이 끝나면 옥수수에 함유된 가용성 물질이 약산성하에서 완전히 용출되고, 다량의 젖산을 함유하고 있다. 이것을 농축시켜 놓은 것을 옥수수 농후 침지액(corn steep liquor)라고 하는데 페니실린, 스토렙토마이신, 글루탐산, 효모 등 미생물의 발효액으로 사용된다.

2) 파쇄 및 배아분리

침지작업이 끝난 옥수수를 파쇄기에 넣고 마쇄하는데 이때 너무 곱게 부수면 배아까지 손상되어 다음 공정에 오히려 악영향을 미친다. 파쇄된 것은 배아 분리조에서 비중 차에 의하여 분리되므로 배아만을 분리시킬 수 있다.

아직 배아에 붙어 있는 전분을 물로 씻어 낸 다음 순수한 배아만을 분리하여 옥배유 제조공장으로 보낸다. 만일 배아 분리가 충분하지 못하면 전분과 흡착하여 전분의 품질이 나빠진다.

3) 마쇄 및 사별

배아가 제거된 부분을 마쇄기를 사용하여 마쇄한 다음, 주로 외피로 이루어진 대형박을 제 1단 체로 분리한다. 그리고 외피에 붙어 있는 전분을 씻어 내어 제 2단 체를 통과한 전분유와 합한다.

4) 조전분유의 정제

조전분은 물을 이용하여 비중차로 침전시키거나 원심 분리시켜 단백질과 전분으로 분리한다. 전분을 분리하고 남은 단백질 유액은 탈수기로 탈수한 다음 건조하여 글루텐 밀(gluten meal)을 만드는데 조단백질 함량이 55% 정도 들어 있어 사료나 발효원료로 사용된다.

5) 탈수 및 건조

정제가 끝난 전분유는 여과기로 탈수한 다음 수분이 13% 이하가 될 때까지 건조기를 이용하여 건조한다. 여과기로는 American filter, oliver filter 등이 사용되고, 건조기는 flash dryer, rotary dryer 등이 사용된다.

여과기로 사용되는 American filter와 oliver filter는 여과면에서 전분유를 빨아들이는 진공여과 방식이다.

6) 제품 및 부산물

옥수수 전분을 건조조건을 달리하면 다른 제품을 만들 수 있다. 즉, 77℃에서 20시간 정도 건조하여 나온 것을 진주전분(pearl starch)이라고 한다.

생전분을 입방체의 틀에 채워 넣고 1주일간 건조시킨 다음 마쇄하여 만든 전분을 결정전분(crystal starch)이라고 하고, 진주전분을 분쇄하고 체로 친 것을 가루전분(powdered starch), 그리고 가루전분을 고압증기로 처리한 것을 덩어리 전분(lump starch)이라고 한다. 옥수수 전분을 제조할 때 생기는 부산물은 배아, 글루텐 피드 및 글루텐 밀이 있다. 배아에는 유지성분이 많이 들어 있어 착유하여 옥배유를 만드는데 사용된다. 글루텐 피드는 약 38.5%가 만들어지는데 여기에는 글루텐과 섬유질이 혼합되어 있어 사료가치가 높다. 글루텐 물질을 건조하여 분말로 만든 것을 글루텐 밀이라고 하는데 조제품으로 사료로 이용된다.

2. 전분 이용

전분은 옥수수, 밀, 감자, 고구마 등에서 얻는데 그 용도는 전분의 종류에 따라 약간 차이가 난다. 이용방식은 전분을 바로 이용하거나, 가공 또는 가수분해하여 물엿으로 이용한다. 직접 이용은 섬유 및 제지산업에서 풀로 이용하거나 약용, 어묵 등에 넣어 수산연제품 가공, 제과 및 기타 식품에 들어가는 것이다. 또 전분을 α 화 전분, 산화전분(酸化澱粉), 덱스트린(dextrin) 및 전분유도체인 화공전분(化工澱粉)으로 가공하여 이용하거나, 산이나 맥아를 이용하여 가수분해시켜 물엿과 포도당을 만드는데 사용된다.

전분을 직접 이용하는 경우에는 백도와 순도는 물론 전분 자체의 특성 또한 중요하다. 특히 가열하였을 때 호화되면서 생성되는 점성이 중요하다. 옥수수나 밀 전분은 직접 이용에 적합하다.

가용성 전분, 덱스트린을 만드는 데는 감자나 고구마, 타피오카 등 서류 전분이 적합한데, 밀이나 옥수수전분은 제조조작이 어렵고 제품의 품질이 떨어진다. 한편 브리티시 검(british gum)의 제조 원료는 옥수수 전분이 제일 좋고 그 다음은 고구마 전분이다. 감자 전분은 적당하지 않다.

가수분해하여 물엿이나 포도당을 만들 때 밀 전분은 단백질이 들어 있어 정제하기 어렵기 때문에 좋지 않다. 물엿제조는 가격이 가장 문제되기 때문에 값싼 옥수수 전분이 가장 많이 이용된다.

<표 9-1> 종류별 전분의 용도

물엿	산당화엿 s.	카라멜, 캔디, 잼, 젤리, 양갱
	맥아엿 s, p.	제과원료
	분말엿 s.	술, 아이스크림, 과자류, 소시지, 유아식
포도당	정제 포도당	빵, 과자, 통조림, 음료, 잼, 수산연제품, 주류
	결정 포도당	과자, 음료, 냉과, 통조림, 의약품
	고형 또는 분말 포도당	주류, 빵, 과자류, 수산연제품
식료품 제조	직접 사용	조리용 c, p.
	식품 공업	어묵 등 p, w, s.
	제과용 c, p.	비스킷, 아이스크림, 오블라아트
화공 전분	가용성 전분 p, s.	우표풀, 제지, 섬유용 풀
	덱스트린 p, s.	제본, 인쇄잉크, 점착풀, 소스
	알칼리 전분	베니아판 접착제, 안료
풀 제조	보통 풀	사무용 풀 w, p.
	공업용 풀	제지, 제사, 제본, 염색, 베니아판
의약제품	증량제, 부형제, 오블라아트, 항생물질 배양기	
기타 공업용	화장품	치약, 화장품
	주물제조용	주물형틀, 장난삼
	점결용	성냥
	점착 방지용	고무장갑
	기타	건전지 충전용, 폭약

* : 옥수수 c, 밀 w, 감자 p, 고구마 s

3. 물엿

전분을 가수분해하면서 적당한 순간에 당화를 정지시키면 물엿을 만들 수 있다. 물엿은 용도에 따라 단맛과 끈적이는 정도를 조절한 제품으로, 산을 사용하여 당화시키는 산당화 엿과 엿기름을 사용하여 당화시키는 맥아 엿이 있다. 이밖에도 물엿을 탈수한 다음 분말화한 분말 엿이 있다.

1) 산당화 엿

산당화 엿은 전분에 염산, 황산 또는 옥살산을 이용하여 pH를 1.8~2.0 정도로 맞추어 가수분해한 다음 염산 당화의 경우 탄산나트륨, 황산이나 옥살산의 경우 탄산칼슘을 사용하여 중화시켜 만든다.

(1) 원료 및 전분유 농도

좋은 품질의 물엿을 만들기 위하여서는 충분하게 정제한 전분을 사용하여야 한다. 불순물이 많은 전분을 사용하여 만든 물엿은 투명도가 낮고 가공하거나 가열하면 쉽게 착색되어 품질을 떨어뜨린다.

전분유는 보통 20~22 Brix(전분 무수물로 390~430 g/ℓ) 정도로 한다.

(2) 당화 및 여과

당화에 사용되는 산의 양은 무수물로 환산한 전분 양에 대하여 염산은 0.06~0.2%, 황산은 0.15~0.3%, 옥살산은 0.3~0.6% 정도 사용한다. 당화온도와 시간은 용기의 압력을 2.0~2.5kg/cm^2 로 할 때 134~138℃에서 20~40분이 소요된다. 당화종점의 확인은 요오드 반응이 적색 또는 적자색이 되는 점을 한도로 한다. DE 32~45 정도가 보통 물엿이며, 캔디용으로 사용되는 점도가 낮고 단맛이 강한 물엿은 DE 53~60 이상이다.

당화된 물엿은 여과판을 통과시키면서 압력을 가하여 여과하는데 70~80℃에서 행한다. 원료전분의 품질이 나쁘거나 당화가 잘 되지 않았을 경우에는 덩어리가 생겨 여과하기 어렵다.

(3) 탈색 및 농축

여과한 당액의 농도는 최고 36% 정도이므로 50~55% 정도로 예비 농축한 다음 탈색과정을 거친다. 탈색은 활성탄과 이온교환수지를 병행하는데 이온교환수지를 사용하면 당의 손실이 적고 재생사용이 가능하며, 잔존하는 산을 제거할 수 있다.

최종 농축은 82~85brix로 맞추며 농축할 때 온도는 55~65℃에서 행한다.

농축된 산당화 물엿의 흡습도는 당화정도와 관계가 있는데, 당화정도가 낮으면 흡습도가 낮고 당화가 많이 일어나 포도당의 함량이 많으면 흡습도가 높아진다. 흡습도는 산당화엿을 이용하여 캔디를 만들 때 제품의 품질에 큰 영향을 미친다.

2) 맥아엿

맥아엿은 엿기름의 아밀라아제를 이용하여 곡물의 전분을 가수분해시킨 것으로 주성분은 맥아당과 덱스트린이다. 맥아엿은 산당화엿과는 달리 독특한 향미를 지닌다.

(1) 원료

맥아 엿의 원료는 모든 곡류를 사용할 수 있다. 산당화 엿에 사용하는 산은 전분뿐만 아니라 단백질까지도 분해하기 때문에 정제하기가 쉽지 않고 제품 품질에 영향을 미친다. 그러나 맥아 엿은 효소가 전분만을 선택적으로 분해하고 나머지는 박으로 분리할 수 있으므로 품질이 좋지 않은 전분도 사용할 수 있다.

엿기름은 향기가 좋으며 β-아밀라아제의 활성이 강해야 하는데 일반적으로 이조대맥보다 육조대맥으로 만든 엿기름이 더 낫다.

(2) 당화 및 여과

원료의 배합은 일반적으로 곡물에 대하여 건조 엿기름을 5~20% 넣는데, 평균 10% 정도 사용한다. 물은 약 3배 넣는다. 보통 엿기름이나 물 사용량이 많으면 맥아당의 생성량이 많아지고 덱스트린 함량은 적어진다.

쌀이나 조를 물로 씻은 다음 쌀의 경우 3~5시간 정도 침지하여 놓았다가 물을 빼내고 증기로 찐다. 필요한 양의 물을 넣고 60℃ 정도로 맞춘 다음 엿기름을 넣고 교반하여 이온도에서 6~8시간 당화시킨 후 6~8시간 방치시킨다.

엿기름 아밀라아제의 작용 최적온도는 50~55℃이나 엿을 제조할 때에는 덱스트린이 어느 정도 있어야 하기 때문에 당화온도를 약간 높이 잡아 55~60℃로 한다. 당화 종점은 원료 알갱이를 손으로 눌러 바깥 섬유질만이 남아 자루모양이 되어야 이상적이다.

당화가 끝나면 맑은 액을 떠내고 고형물을 삼자루에 넣어 압착하여 맑은 액과 합하는데 이것이 1번 액이 되며 고형분 함량이 9brix 정도 된다. 짜고 난 찌꺼기는 다시 증기로 쪄서 엿기름을 가하여 당화과정을 거치고 2번 액을 얻는데 이것은 고형분 함량이 약 6~7 brix 정도 된다. 1, 2번 액을 섞어 물엿을 만들기도 하는데, 1번 액만을 사용할 경우 색깔도 좋고 점성도 높다.

<표 9-2> 산 당화법과 효소당화법의 비교

	산 당화법	효소 당화법
원료전분	완전히 정제해야 한다.	정제할 필요가 없다.
당화 전분 농도	약 25%	50%
분해한도	약 90%	97% 이상
당화시간	약 60분	48시간
당화의 설비	내산·내압 재료를 써야 한다.	내산·내압 재료를 쓸 필요가 없다
당화액의 상태	쓴맛이 강하며 착색물이 많이 생긴다.	쓴맛이 없고 이상한 생성물이 생기지 않는다.
당화액의 정제	활성탄 0.2~0.3%	0.2~0.5%(효소와 순도에 따른다.)
	이온교환수지	조금 많이 필요하다.
관 리	분해율을 일정하게 관리하기가 어렵고 중화가 필요하다.	보온(55℃)만 하면 되며 중화할 필요가 없다.
효 율	결정포도당은 약 70% 분밀액은 먹을 수 없다.	결정포도당으로서 80%이상이고 분말포도당로 하면 100% 분밀액은 먹을 수 있다.
가 격		산화법에 비하여 생산비가 적다.

(3) 정제 및 농축

여과한 당화액을 스팀 솥에서 서서히 가열하면 단백질과 기타 불순물이 응고하여 흰 거품으로 떠오른다. 더 이상 거품이 나오지 않을 때까지 계속 제거한다. 규조토나 산성백토를 이용할 수도 있으나 맥아 엿의 독특한 향미와 색상을 잃기 때문에 보통 사용하지 않는다.

정제한 맥아 엿은 이중 솥을 사용하여 수분이 15~20%가 될 때까지 농축하여 제품으로 한다.

<표 9-3> 엿기름엿 제조원료의 배합비 및 제품량

원 료	찹 쌀	멥 쌀	싸라기
곡 물	180ℓ	180ℓ	180ℓ
엿기름	36	21.6	54
물	540	360	369
물엿제품	131.25㎏	82.5㎏	127.5㎏

9-5. 시리얼(cereal)

1876년 미국 미시건주 베틀크리크에 있는 웨스턴 건강개조 협회의 의료책임자로 임명된 존 하버 켈로그는 형인 윌리엄 키이스 켈로그와 함께 껍질을 벗긴 옥수수를 찐 다음 오븐에서 구운 제품을 개발하였다. 이렇게 하여 콘 후레이크가 나오게 되었으며 그 후 쌀, 현미, 기타 곡류, 견과류 등을 넣은 다양한 상품으로 발전되었고 오늘날 이들을 시리얼이라고 부르고 있다.

콘 후레이크의 제조 방법은 다음과 같다. 즉, 원료를 배합비율에 따라 계량한 다음 계량된 원료를 증자기(cooker)에 넣는다. 계량된 비타민, 환원철을 증자기에 넣고 찐다. 증자된 원료를 적정 수준으로 건조한 다음 일정한 모양이 되도록 롤러로 압착한다. 일정한 모양으로 성형된 것을 오븐에서 구워내고 식힌 후 포장한다.

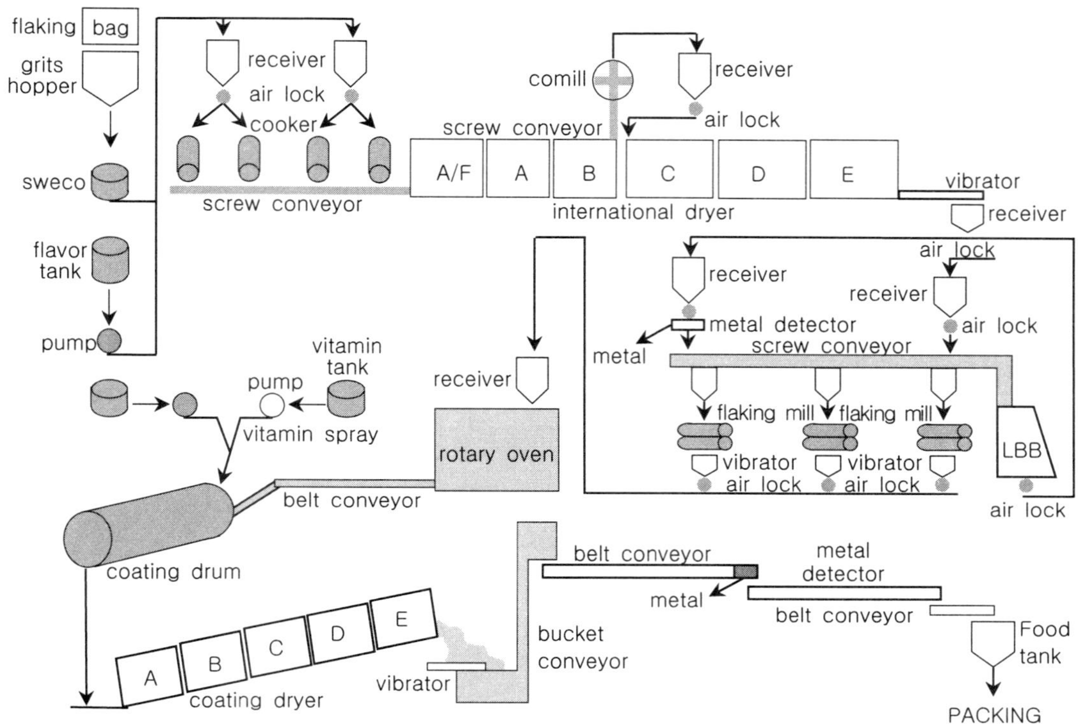

<그림 9-3> 콘 후레이크 제조 공정도

제 10 장

기타 곡류

10-1. 호밀

호밀(胡·黑麥, rye, *Secale cerale* L.)은 화본과에 속하는 1년생 초본으로 재배역사가 2000년이며, 중세 유럽에서 많이 재배되어 빵을 만드는 데 이용되었다. 그 이후 유럽이나 서부아시아의 북부지방에서는 지금도 인기가 있다. 대부분은 사료로 이용하지만 빵을 만들거나 알코올, 위스키 제조 등에 이용되기도 한다.

품종은 봄과 가을에 파종하는 것이 있으나 대부분은 가을에 파종하며, 곡류전체 생산량의 4%로 약 3,000만 톤에 불과하여 그리 중요시 되고 있지는 않다.

호밀은 품질이 밀보다 못하여 밀 재배가 안전한 지대에서는 많이 재배하고 있지 않으나, 밀보다 추위에 훨씬 강하고 건조한 사질·척박토에도 적응성이 높아서 북쪽이나 또는 이남이라도 건조지대 사질(砂質)토에서는 밀을 대신하여 많이 재배하고 있다. 러시아, 폴란드, 독일 등을 중심으로 한 유럽 북부의 여러 나라들에서 세계 호밀의 대부분이 생산도고 있으며, 이들 주산지에서는 호밀이 감자와 함께 중요한 식량에 속한다.

이와 같이 호밀을 주식량으로 이용하는 지대에서는 주로 빵을 만들어서 먹지만 글루텐을 형성하지 않아 빵이 덜 부풀고 색도 검어서 밀빵보다 품질이 못하다.

국수 수제비 등을 만드는 데 이용하기도 하나 역시 품질이 좋지 않아서 누룩원료로 쓰이기도 하며, 이삭이 나오면 즉시 베어서 풋베기사료(靑刈飼料)로도 이용한다.

호밀의 종자는 밀과 비슷하나 좀 더 가늘고 길며 표면에 주름잡힌 것이 많다. 청색과 연한 갈색의 두 가지 빛깔을 띠며 1000립중(粒重)은 30g이다.

기타 생육조건 등은 보리나 밀과 비슷하고. 성분은 당질 70%, 단백질 11%, 지방질 2%. 섬유 2% 등으로 당질이 주성분이며 비타민 B군도 풍부하다.

<그림 10-1> 호밀의 이삭

10-2. 귀리

귀리(燕麥, oat, *Avena sativa* L.)는 밀이나 보리보다는 재배역사가 길지 않은데, 그리스에서는 기원전 250년부터 서기 200년 사이에 vromos 또는 bromos라 하였고 로마에서는 기원전 250년부터 서기 50년 사이에 avena라 하였으며, 중국에서는 서기 386~534년에 재배되었다. 스코틀랜드, 독일, 러시아 등에서 식용으로 개발하였으나 그 용도는 밀, 호밀 또는 보리보다 훨씬 후에 개발되었다.

우리나라에서 중요한 품종은 적연맥(*Arena byzatina*)과 백연맥(*Avena sativa*)이며, 일반적으로 전연맥은 백색종에 비해서 단백질이 적고 지방질이 많다. 러시아가 전체 생산량 5,100만 톤의 30% 이상을 차지하고 있으며 그밖에 폴란드를 포함한 유럽과 미국 등에서 많이 생산하고 있다.

귀리는 여름철의 서늘한 기후에 적합하며 이런 지대에서는 다른 맥류에 비해 요긴하게 재배되어 호밀보다 생산량이 많다. 러시아를 포함한 유럽의 중북부와 미국 북부 및 캐나다 남부에서 주로 생산하고 있다. 우리나라에서는 고원 화전지대에서 많이 재배하였으나 식량의 용도로는 거의 쓰이지 않는다.

<그림 10-2> 귀리의 이삭

귀리는 모양이 보리와 비슷하나 약간 갸름하며 보리처럼 껍질귀리와 쌀귀리가 있고, 영색(穎色)에는 흑·적·회·황·백 등 여러 가지가 있으며 재배조건은 호밀과 비슷하다.

배유는 외영(lemma)과 내영(palea) 두 부분의 겨로 덮혀 있고, 겨를 벗겨낸 알갱이를 groat라고 하는데 이는 전체의 68~75%를 차지하며 배아는 3%, 계층은 28.7~41,4%를 차지한다. 성분으로는 수분 12.5%, 단백질 13.0%, 지방질 5.4%, 조섬유 10.6%, 회분 3.0%, 탄수화물 55.5%로서 다른 곡류에 비해 알갱이는 단백질 함량이 높고 품질이 좋다.

또한 전분은 65~86%, 아밀로오스 21~28%, 리놀레산이 전체 지방산의 40~45%를 차지하며, 펜토산을 함유하고 있는데 이는 오트밀의 겔성의 요인이 된다.

귀리쌀의 주성분은 당질이지만 단백질과 지방질이 풍부하여 독특한 맛이 있고 소화율도 높으며 비타민 B군도 풍부하다.

또한 귀리쌀은 그 자체나 납작 귀리쌀로, 또는 맷돌에 타서 밥을 짓거나 죽을 쑤어 먹으며, 오트밀을 만들어 먹기도 한다. 귀리의 겉곡식은 영양가가 높고 소화율이 좋아 말의 사료로 가장 좋으며, 풋베기한 것은 녹사료와 녹비로 이용한다.

10-3. 조

조(粟, Italian millet, foxtail millet, *Setaria lialic* Beavois)는 온난한 기후에서 잘 자라는 몇 안 되는 곡류로서 작은 종자는 식용한다. 인도, 아프리카. 중국, 러시아 등지의 빈곤하고 건조한 지대의 2억 5,000만 인구의 주식이 되고 있다. 조는 고대와 중세기에 세계적으로 알려졌으며 중국에서는 수세기 전부터 재배되었고, 근세기까지 유럽에서 주요 식량이었으나 발효빵을 만들 수 없어 급속히 감소되고 있다.

세계 생산량은 약 300만 톤으로 그 90%가 아시아와 아프리카에서 생산되고 있으며, 인도가 전체의 27%를 차지한다. 종류로는 인도, 아프리카에 재배되는 pearl millet(*Pennisetum typhoideum*), 중국, 러시아, 우리나라 등지에서 재배되는 foxtail millet(*Eleusine orcana*) 등이 있고, 수수는 giant millet라 하여 이 부류에 포함시키기도 한다. pearl millet을 제외하고는 1~4ft의 키에 좁고 긴 잎을 가지며, 이삭 또한 foxtail millet과 pearl millet은 치밀하고 긴 원통상이고 proso 종자는 엉성하고 열린 원추화서(圓錐花序)에 들어 있으며, finger millet은 각각에 종자를 가진 몇 개의 짧은 가지상을 이루고 있다.

조는 낟알이 매우 작고 둥글며 1000립중 조곡은 2.5~3g이고, 정곡은 2.2~2.7g, 1ℓ의 조곡은 650g, 정곡은 780g이며, 조곡의 색은 등·황·회·흑 등 여러 가지가 있다.

조는 토양이 척박하고 온도가 높으며 가물어서 다른 곡류가 재배되지 않는 지역에서도 잘 자라나, 다른 곡류에 비해 수확량이 적기 때문에 다수확품종을 개량하고 있으며, 1차로 심은 작물이 실패하였을 경우 심는 대체작물이기도 하다. 파종하는 시기에 따라 봄조(春粟)와 그루조(夏粟), 입질에 따라 차조와 메조로 구분되는데. 산간지의 단작지대에서는 봄조가 재배되며 평야의 후작지대에서는 그루조가 재배된다.

우리나라에서는 적극적인 품종개량을 하지 않고 있는데, 예로부터 알려진 우량품종으로는 봄조로서 모래조(砂粟), 호조(支那粟), 천안조 등이 있고, 그루조로는 청미실(淸味實), 장돌립(張突立) 등이 제주도의 재래종이며, 국분(國分), 사위속임 등이 일본에서 전래되었다. 줄기·잎·이삭이 황변하면 봄조는 9월, 그루조는 10월에 수확하며, 조의 도정수율은 중량으로 69%, 용량으로 75%이다.

일반성분은 단백질이 10~12%(새로운 품종은 20%되는 것도 있다)로 그 중 프롤라민이 많고 지방질 2~5%, 조섬유 2~3%(foxtail millet은 7~8%), 무기질 2.0~3.5%, 인 0.2~0.4%, 칼슘 0.02~0.06%, 철분 0.002~0.01%, 칼륨 0.3~0.4%이다. 전분수율은 수수나 옥수수보다 적지만 물리적 특성이 유사하며, 소화율은 단백질이 87.5%, 탄수화물 98.4%로 맥류보다 좋다. 수용성 비타민의 공급원으로서 비타민 B_1, B_2가 많아 다른 곡류보다 우수하며, 저장성이 좋다 장기 보존하더라도 맛이 변하지 않고 충해가 적은 편이다.

조는 생산되는 지역에서만 이용될 뿐 그리 중요시 되지 않았는데, 일부 finger millet과 foxtail millet은 맥주제조에 단독 또는 쌀과 함께 쓰이고 칼슘 함량이 많아서 우유가 적게 생산되는 지역의 임산부에게 권장되었으며, 발효빵원료 이외에 다른 곡류와 마찬가지로 가루를 내어 이용하기도 하고 낟알을 튀기거나 볶거나 싹을 틔우기도 한다.

아시아·아프리카에서는 주로 식용으로, 우리나라에서는 혼식용으로 이용하고 있으며, 유럽과 미국 등지에서는 조류의 사료로 이용한다. 그밖에 엿, 떡, 죽, 소주원료, 견사용 풀의 원료 등으로 사용하기도 한다.

<그림 10-3> 조의 이삭 형태

10-4. 수수

중요한 수수(蜀黍, 高粱, sorghum, great millet, indian millet, *Sorghum nervesum* Bess. et schult)는 *Sorghum bicolor* L, Moench로서 인도에서는 Jowar · Juar 및 cholam, 서아프리카에서는 guinea corn, 남아프리카에서는 kafir corn, 수단에서는 durra, 동아프리카에서는 mtama, 중국에서는 kaoliang, 미국에서는 milomaize · gypcorn 등으로 불리며, 영어로는 sorghum 또는 great millet라 한다.

재배되는 수수류는 농업, 식물학, 용도상으로 grain sorghum, forage 또는 sweet sorghum, grassy sorghum 및 broom corn으로 분류된다.

수수의 알갱이는 단단하고 광택이 있는 받침껍질에 싸여 있으며, 열매의 속알갱이 일부는 노출되어 있다. 자실은 긴 원형 또는 편원형, 종피는 갈색 · 황색 · 백색 · 배유의 성질에 따라서 찰수수 · 메수수로 구분된다. 수수는 배가 큰 것이 특징이며, 1000립중 25g 1ℓ

무게 740g, 비중은 1.195이다.

주성분은 전분으로 76.5%, 단백질 8.5%이며, 트립토판, 시스틴이 결핍되고 단백질의 소화율 60%, 비타민 B_1은 강층에 많으나 정백하면 적어진다. 사탕수수 줄기에는 13% 내외의 당분을 함유하여 제당 원료로 쓰인다.

곡식용 수수(grain sorghum)의 주성분은 당질로 찰수수에는 단백질, 지방질이 많으며 메수수와 고량은 단백질과 지방질이 적어서 식용에 부적당하다.

수수는 맥류나 다른 잡곡에 비해서 주식량으로 적합하지 않고 사료나 공업용 원료로도 부적당하며, 청산이 함유되어 있어서 생초(生草)로 많이 먹이면 중독현상을 일으킨다. 반면, 재배하기 쉽고 수확량이 많아 풋베기 사료로 이용되기도 한다.

<그림 10-4> 수수의 이삭

10-5. 메밀

메밀(蕎麥, buckwheat, *Fogopyrum esculentum* Moench)은 중앙 또는 동북아시아가 주원산지로 몇 가지 야생종은 시베리아와 중국에 재배되고 있으며 중국에서 13세기에, 유럽은 14~15세기에 러시아로 전파되었다. 주생산국은 러시아와 폴란드로 그밖에 캐나다, 일본, 프랑스, 미국 등에서도 생산된다. 메밀은 화본과 식물이 아닌 여귀과(*Polygonaceae*)에 속하며 보통 메밀(*Fagopyrum esculentum*), 타타르 메밀(*F. tartaricum*) 및 날개형 메밀(*F. emaiginatum*) 등이 있고, 서늘하고 습하며 사질, 온대, 건조토양 등에 잘 자란다.

메밀은 여름형, 가을형 및 그 중간형으로 나뉘는데, 여름형은 봄에 뿌려 여름에 수확하므로 일조시간에 대한 반응이 적고 온도에 예민하며, 가을형은 온도에 예민하지 않는 대신 일조시간, 온도에 모두 예민하지 않다.

주요 품종에는 세계적으로 가장 널리 재배하고 있는 보통종과 시베리아, 중국만주, 인도 등지에 분포되어 있고 내한성이 강하며 자실이 보통종 보다 작은 타타르종이 있다.

<그림 10-5> 메밀의 형태(낱알의 구조)

메밀 열매는 주로 삼각형을 이루고 배(胚)에는 S자형으로 접혀진 아엽이 있으며, 과피는 단단하고 광택이 있으며 벗겨지기 쉽고 그 내부에 종피, 배유, 배가 있다. 1,000립중은 27g 내외, 제분수율은 65~70%, 가루가 암회색을 띠는 것은 제분 시에 흑색의 종피가 혼입되기 때문이다.

메밀가루에는 단백질이 12.1%나 들어 있고, 물에 녹기 쉬우며 글루텐이나 카세인과 유사하여 리신, 시스틴, 트립토판 등의 곡물에 부족되는 필수아미노산을 함유하고 있다. 단백가가 80으로 백미 72,

소맥분 47보다 높다. 비타민 B군 특히 B_1이 많이 함유되어 쌀이나 맥류보다 영양가가 높고, 모세혈관을 강화시키는 루틴(약 6% 건조물 중)을 함유하여 고혈압 환자에게 적합하다. 메밀이 영양이 좋은 것은 곡류와 달리 이들 성분이 열매 중에 균일하게 분포되어 있어서 제분하더라도 영양 손실이 적기 때문이다.

가루는 대부분 griddle cake(일종의 부침)를 만드는 데 쓰이지만 동양에서는 밀을 10~50% 첨가한 면이나 묵을 만드는 데 이용한다.

한방에서는 장과 위를 강화하고 기력을 높이며 설사를 그치게 하고 통풍을 완화시키는 효과가 있다고 알려져 있다.

부 록

기호음료

부록-1. 차(tea, *Thea sininsis*)

1. 차의 역사

차나무(tea, *Thea sininsis*)는 상록의 관목으로 중국, 아셈, 티베트 지역이 원산지로 추정되며 중국, 일본, 인도, 파키스탄, 스리랑카, 인도네시아 등에서 주로 생산되고 있다. 당나라 시대 육우(陸雨)가 저술한 다경(茶經)에 신농(神農)의 식경(食經)에 "차를 오래 마시면 기운이 나고 사람의 마음을 즐겁게 한다" 라고 언급하였다. 신농은 중국의 전설 속의 황제로서 백성들에게 농사짓는 법을 가르쳤고 수많은 풀을 맛보아 약이 되는 것을 찾아내었다고 전해진다.

인류가 차를 마시게 된 것은 어린 찻잎을 먹었을 때 해가 없고 특별한 효능이 있으므로 약용으로 쓰이다가 점차 기호음료가 되었을 것이다.

2. 차의 재배

차나무는 사철 잎이 푸른 다년생 종자식물로 잎은 어긋나며 긴 타원형으로 끝이 뾰족하고 잎 둘레에 톱니가 있다. 잎은 약간 두터우며 윤기가 있고 질겨 동백나무 잎과 비슷하게 생겼다. 심은 후 3년부터 수확하며 5월 중순, 7월 중순, 8월 상순에 걸쳐 어린 잎을 딴다. 음료로 마시는 차는 차나무의 어린 새싹을 따서 만든다. 꽃은 초가을부터 겨울에 걸쳐 피는데 대개 흰색이며 찔레꽃과 비슷하고 5~8개의 꽃잎이 있다. 이때 맺힌 열매는 추운 겨울과 여름을 지내면서 자라 가을에 다시 새 꽃이 피면 익어 터져서 씨가 떨어진다. 씨는 기름을 짜는데 이용하기도 한다. 차나무는 서로 간에 교배가 쉬워 많은 변종이 있다.

<그림 부록-1> 어린 차나무

차나무의 종류는 다음의 3종류로 크게 나뉜다.

즉, 중국 종은 줄기가 많은 관목으로 높이가 약 2.8m까지 자라나 경제적으로 재배하기 위하여 가지치기를 하여 약 1m 정도로 키운다. 우리나라나 일본에서 재배되는 것도 이 종으로 추위에 어느 정도 견디며 수명이 100년 정도이다. 잎의 길이는 4~6cm 정도이며 12~15cm 정도 되는 것도 있다. 잎의 크기가 작아 소엽종(小葉種)이라고 한다.

아샘 종은 높이가 6~18m까지 자라며 줄기가 하나인 교목과 여러 가지 변종이 있다. 경제 수명은 약 40년 정도이며 잎이 몹시 커서 20~25cm 정도 되는 것도 있어 대엽종(大葉種)이라고 한다.

<그림 부록-2> 전남 보성의 다원

그밖에 5m 정도까지 자라며 교목인 캄보디아 종이 있지만 재배하지는 않고 자연 상태에서 다른 종류와 섞여 자란다.

차나무 재배에 알맞은 기후조건은 강우량이 연간 1500mm 이상인 곳으로서 봄철에 특히 비가 많아야 한다. 안개가 자주 끼는 물가지역이나 구릉지가 적합하며 연평균 기온이 13℃ 이상이어야 한다. 그러나 우리나라는 대륙성 기후로 겨울에는 매우 춥고 하루의 기온차가 커서 차나무가 자연 상태에서 자랄 수 있는 북방 한계선은 훨씬 낮아 북위 약 33~35도 정도이며 냉해 피해를 자주 입는다. 주로 전남, 경남, 제주도 등에서 차나무가 재배되는데 이 가운데 지리산을 뒤로하고 남해의 습기를 받는 전남 보성지역이 우리나라에서 차나무 재배에 적합하다고 한다.

3. 차의 분류

1) 발효 여부에 따른 분류

수확한 찻잎은 증기로 쪄 효소활성을 없앤 다음 롤러로 분쇄하여 건조한 것을 녹차(green tea)라 하고 잎을 일정시간 쌓아서 발효시킨 후에 녹차처럼 가공한 것을 홍차(black tea)라고 하고 약간 발효시켜서 가공한 것을 우롱차(oolong tea)라고 한다.

여기서 발효라고 하는 것은 수확한 찻잎을 적당한 온도와 습도에서 쌓아 두면 찻잎에 들어있는 탄닌(폴리페놀류)이 산화되면서 녹색이 갈색이나 검은색으로 변하게 된다. 이 과정에서 독특한 맛과 향이 만들어 지는데 발효가 많이 될수록 색은 진하며, 발효가 적게 되면 녹황색이나 황금색이 나게 된다.

후 발효차는 1차 가공된 차를 다시 발효시킨 것을 말하는데 이때의 발효는 찻잎이 갖고 있는 산화효소에 의한 것이 아니다. 즉, 38℃, 습도는 80%되는 발효실에서 국균(麴菌)을 번식시킨 것으로 3~5년간 숙성시키기도 한다.

전차(磚茶)는 벽돌이나 판자모양으로 눌러 만든 것으로 칼로 깎거나 부스러뜨려 우유나 염소젖, 양젖 등과 함께 끓여 마신다. 녹전차(綠磚茶)는 1차 가공된 녹차를 재료로 하여 2차 공정에서 증기를 통하고 국균을 번식시킨 다음 압착한 것으로 완제품은 갈색이다. 티베트 고원지대에서 이용하며 특히 라마교에서 빼 놓을 수 없는 의식과 같은 것이다.

흑전차(黑磚茶)는 국균이 발효된 보이차가 원료이며, 홍전차(紅磚茶)는 홍차분말로 만들며 러시아에서 잘 마신다. 그밖에도 미얀마나 태국에서는 차를 땅에 묻어 유산 발효시킨 다음 야채처럼 이용하는 차도 있다. 자세한 분류는 다음과 같다.

① 발효시키지 않은 차

・녹차(綠茶) : 장성녹차(長城綠茶), 안덕차, 옥로(玉露), 용정차(龍井茶), 현미차(玄米茶), 말차(末茶)

② 발효시킨 차

· 홍차(紅茶, 강하게 발효시킨 차) : Lipton tea, 꽁후홍차(工夫紅茶), 홍전차(紅磚茶), 계화홍차(桂花紅茶)

· 황차(약하게 발효시킨 차, 반 발효차) : 구례황차, 죽곡차(竹谷茶), 정동차(停東茶), 포종차(包種茶 : 淸茶), 백호차(白豪茶), 오룡차(烏龍茶), 철관음(鐵觀音)

③ 후 발효한 차

보이차(普洱茶 : 떡덩이 모양과 잎 모양이 있음), 흑차(黑茶), 흑전차(黑磚茶), 녹전차(綠磚茶), 오래된 떡차

2) 모양으로 본 분류

· 덩이차(团茶) : 떡차, 보이차(덩어리 모양), 벽돌차(磚茶)
· 낱잎차 : 잎이 말리고 꼬드러진 차, 잎이 눌리어 납작한 차
· 싸락차 : 잘게 잘린 차(영국 홍차, 봉지차)
· 혼합차 : 자스민차, 현미차
· 가루차(末茶) : 미세한 분말로 만들어 물에 넣고 대나무로 만든 거품기로 저어마시는 차

3) 차 따는 시기와 품질에 따른 분류

우리나라에서는 차를 따는 시기나 찻잎의 여린 정도 즉, 어린잎을 수확하였는지 등에 따라 구분한다.

· 봄차 : 만물차(첫물차) : 양력 4월 하순(곡우)~5월 상순
두물차 : 양력 5월 하순~6월 상순
· 여름차(세물차) : 양력 6월 하순~7월
· 가을차(끝물차) : 8월 하순(처서)~9월 상순(백로)

※ 곡우 : 양력 4월 20~21일　　입하 : 양력 5월 5일~6일
처서 : 양력 8월 22일 경　　백로 : 양력 9월 8일~9일

또한 찻잎의 여린 정도에 따라 다음과 같이 분류한다.

· 세차(細茶, 여린차, 세작) : 곡우에서 입하 경에 딴 차로 잎이 다 펴지지 않은 창(槍)과 기(旗) 만을 따서 만든 것으로 모양이 가늘다. 창은 새로 나오는 뾰쪽한 싹이 말려 있어 창과 같이 생긴 것이며 기는 창보다 먼저 나와 다 펴지지 않고 조금 오그라들어 있어 펄럭이는 깃발과 같이 여린 잎을 말한다. 참새의 혀처럼 작다하여 작설차라고도 하며, 곡우 전에 나오는 아주 어린잎을 따서 만든 것을 우전차(雨前茶)라고도 말한다.

· 중차(中茶 , 보통차, 중작) : 잎이 좀 더 자란 후 창과 기와 그리고 좀 더 펴진 잎을 한두 장 함께 따서 만든 차

· 대차(大茶, 왕작) : 중차보다 더 굳은 잎을 따서 만든 거친 차

· 막차 : 굳은 잎이 대부분으로 맛과 향이 떨어진다.

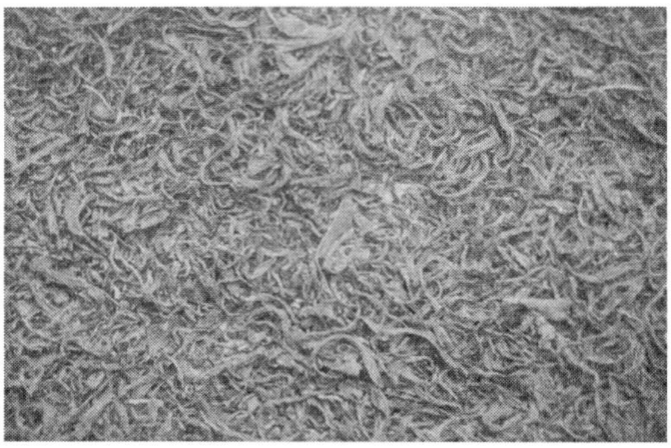

<그림 부록-3> 작설차

4. 차 제조

1) 녹차

우리나라에서 첫 물차는 입하 전후에 보통 따는데 남쪽의 해안 지방에서는 곡우 전후에 딴다. 하루 중에는 일조량이 적은 아침 일찍이 따는 것이 좋고 비가 오거나 흐린 날은 좋지 않다. 딴 찻잎은 산화가 일어나지 않도록 곧바로 찌거나 덖어 발효가 일어나지 않도록 하여야 한다. 우리나라의 녹차는 덖음 방식으로 만드는 경우가 많은

데 이는 일본과는 달리 강한 열처리에 의하여 효소를 불활성화 시키기 때문에 약간 갈색을 보이며 구수한 맛과 향을 갖는다. 만드는 방법은 다음과 같다.

솥뚜껑을 뒤집어 열을 가하여 약 200~300℃ 정도(물방울이 톡톡 튀길 정도)가 되면 면장갑을 끼고 찻잎을 부어 살짝 눌렀다가 다시 뒤집으며 찻잎을 고루 익힌다. 불이 약하면 풋내가 나고 너무 뜨거워도 좋지 않다.

향기 또는 빛깔을 보아 줄기가 익을 정도가 되면 찻잎을 꺼내고 식기 전에 멍석 위에 무명천을 깔고 빨래하듯 비빈다. 비비는 정도가 약하면 차 성분이 잘 우러나오지 않고, 너무 강하게 비비면 잎 조직이 뭉개져서 우려낸 물이 탁해진다.

온도를 낮춘 다음 잎사귀들이 서로 붙어있지 않도록 잘 비비지만 많이 비빈다고 좋은 것은 아니다. 솥의 온도를 100~130℃ 정도로 더 낮춘 후 뒤지는 도구를 사용하여 고루 뒤집으며 말린다. 바닥에 생긴 가루는 제거하여야 한다. 건조 상태의 종말은 손으로 문질러 가루가 되는 것으로 알 수 있다.

<그림 부록-4> 찻잎 덖기

2) 발효차

수확한 찻잎을 따뜻한 곳에 놓아두면 시들면서 조금 발효가 된다. 이것을 두 손으로 또는 멍석에 거품이 날 때까지 비빈 후 채반에 담아 보자기로 덮어 조금 더 발효시킨다. 찻잎이 모두 검붉은 색으로 변하면 그늘에 널어 말린다.

부록-2. 커피

1. 커피의 기원

우리 몸에는 수분이 65%를 차지하고 있으며 이 수분은 모든 대사 작용에 없어서는 안되는 귀중한 성분이다. 이것이 조금이라도 부족하면 신체 내의 대사 작용에 이상이 생긴다. 그해서 곧 갈증을 느끼게 되고 그럴 때 물을 마신다. 그러나 물은 맛이 없으므로 여러 가지 맛을 가미한 음료를 마신다. 커피와 차가 그 대표적인 음료이다. 나라마다 고유한 음료가 있지만 커피와 차는 세계적으로 이용되는 음료이다.

오늘날 커피는 인류사회와 뗄 수없는 관계를 맺고 있다. 지구상에 인간과 커피 중에 어느 쪽이 먼저 출현하였는지에 대하여 확실하게 말할 수 없을 정도로 그 역사가 길다. 한 가지 분명한 사실은 인간과 커피의 출현장소가 아프리카로 그 위치가 상당히 근접하고 있다는 점이다. 최초의 인류인 호모 사피엔스(*Homo sapiens*)는 중앙아프리카의 동부지역에서 발견되었고, 커피 원산지는 북아프리카 에티오피아의 남서부 지방인 카파(Kaffa)로 추정되고 있다. 지금도 에티오피아에서는 야생의 커피나무를 쉽게 찾아 볼 수 있다. 그러나 요즘처럼 커피가 기호음료로서 자리 잡게 된 것은 먼 옛날의 이야기가 아니다.

커피의 기원에 관한 이야기들 가운데 이런 것이 있다.

에티오피아의 고원지대에 사는 칼디라는 목동이 염소에게 풀을 먹이다 깜박 잠이 들었다. 잠에서 깨어난 칼디는 염소들이 매우 흥분하여 뛰어다니는 것을 보았다. 이상하게 생각한 그는 주위를 살펴보다가, 나무에 붉은 열매가 달린 것을 발견하였다. 염소들이 흥분한 원인이 그 열매에 있을 것으로 추측한 칼디 자신이 그 열매를 직접 따먹어 보고는 그 또한 흥분되어 염소들과 함께 춤을 추게 되었다. 그 광경을 마침 지나가던 수도승이 목격하여 신기하게 생각하고는 그 열매를 가지고 수도원으로 돌아갔다. 그러나 수도승은 이 붉은 열매가 혹시 악마의 것일지도 모른다는 두려움 때문에 불속에다 던져버렸다. 잠시 후 커피열매가 불에 타면서 향기로운 냄새가 수도원을 감쌌다. 그래서 수도승은 무언가 좋은 일이 있을지도 모른다는 생각에 불에 타다 남은 열매를 갖고서 많은 노력과 연구를 한 결과, 뜨겁고 검은 음료를 만드는데 성공하였다. 이것을 마시면 기도할 때 졸음이 오는 것을 막아줄 뿐만 아니라 일상생활을 활기있게 해준다는 것을 알았다. 마침내 커피는 악마의 것이 아니라, 신이 인간에게 내려준 고귀한 선물로 바뀌게 된 것이다.

또 이런 이야기도 있다.

모하메드가 잠을 쫓을 수 있도록 천사 가브리엘이 천상에서 커피를 가져왔다. 커피를 몇 모금 마신 모하메드는 기운을 내어 40명의 남자를 말에서 끌어내리고 40명의 여자를 기쁘게 하였다고 한다.

그러나 이와 같은 전설들이 있기는 하지만 오늘날 우리가 마시고 있는 것과 같은 커피와 개발된 것은 오랜 세월이 지난 뒤였다. 인간은 야생 커피열매의 식용가능성을 확인하기 위해 수많은 실험을 하였다. 기름에 튀려 보거나 물과 함께 일종의 야채스프를 만들어 보기도 하였다. 또한 씨를 분리하여 분쇄한 다음, 동물기름과 혼합하여 여행할 때 식량으로 사용하기도 하였다. 오늘날처럼 커피를 음료로 사용하고 있었던 경우는 에티오피아 서남부 지역으로 극히 한정되어 있었을 뿐만 아니라 이것은 소수 부족의 특수한 풍습에 지나지 않았다. 이처럼 기호음료를 목적으로 한 커피의 본격적인 이용법은 그 뒤로도 기나긴 세월을 필요로 하였다. 커피는 또한 술의 원료로 사용되기도 하였다. 열매에 들어있는 당분을 발효시켜 술을 만들었던 것이다, 또한 아라비아의 의사였던 라세스(서기 850~922년)와 아비세나(서기 980~1037년)의 기록을 보면, 에티오피아산 야생 커피종자를 분쇄하여 물로 추출한 액체를 의약품으로 사용하였다는 말이 나오고 있다. 즉 커피에 함유된 카페인의 약리 작용을 인식하였다고 볼 수 있다.

커피를 음료로 본격적으로 사용하기 시작한 것은 10세기경으로 추정된다. 초기에는 커피열매의 씨를 오랫동안 찬물에 담가 두었다가 추출된 액체를 마셨으나 점차 끓는 물에 넣을 경우 훨씬 추출이 잘 된다는 것을 알게 되었다. 수많은 궁리 끝에 커피의 진가를 알아낸 것은 라세스 이후 14세기 말엽에 이르러 아라비아에서 커피 생두를 볶는 기술이 개발되고부터였다. 화려한 변신의 순간이었다. 뜨겁게 타오르는 불길이 커피를 새로운 맛의 세계로 끌어냈다. 몸과 마음을 맑게 하는 쌀쌀한 맛과 깊은 향취에 모든 사람이 매혹되었다.

이제 커피는 이슬람 제국 및 그들이 정복하였던 지역으로 점차 퍼져 나가기 시작하였다. 커피(Coffee)라는 명칭은 에티오피아의 카파(Kaffa : 커피의 원산지 지명)에서 유래되었다는 설과 아랍어인 Qahwa, 즉 <식물에서 만들어진 포도주, 커피 및 여러 음료를 총칭하는 말>에서 유래되었다는 설이 있다, 실제로 17세기 초 유럽에 소개된 커피는 <아라비아의 포도주>라고 불리기도 하였다.

유럽보다는 동방에서 먼저 커피 문화가 형성되었다. 1554년 현재의 이스탄불인 콘스탄티노플에 문을 연 커피점은 너무나 번창하였기 때문에 몇 년이 지나지 않아 이곳에 많은 커피점이 세워졌다. 지식인들이 많이 드나들었기 때문에 <지혜로운 곳>이라고 불리기도 했던 그 당시의 커피점에 사람들은 음악을 듣거나 체스를 하기 위해서 모여들었고, 그곳은 토론장소로도 이용되었다. 외국인들과 친해지기 위해서 오는 사람도 많았다. 콘스탄티노플의 커피 점은 유럽 카페문화의 모체가 되었다. 그러나 이슬람 제국의 커피점이 언제나 반창하기만 한 것은 아니었다. 정치적 모임을 두려워한 군주에 의하여 세 번이나 완전히 폐쇄된 적도 있었지만 대다수 국민의 반대에 부닥쳐 오래지않아 다시 문을 열었다.

유럽에 커피점이 출현한 것은 그보다 상당한 세월이 지난 다음이었다. 유럽에서는 커피가 초기에는 이교도의 음료라고 하여 거부되었으나, 교황 클레멘트 8세가 이교도만 즐기기에는 너무 훌륭한 음료라고 하여 커피에 세례를 줌으로써 기독교인도 마실 수 있는 음료로 만들었다.

유럽 최초의 커피 점은 베니스에 개점되었다. 초기에는 콘스탄티노플의 커피 점을 모방하였다. 중산층을 주요 고객으로 하였으나 성공하지 못하였기 때문에 곧 방향을 바꾸어 상류층을 대상으로 하자 베니스의 커피 점은 날로 번창하기 시작하였는데 이때가 1645년 이었다. 비엔나의 커피 점은 1687년 군인이었던 게오르크 콜시츠키 (Georg Kolschitsky)가 처음 만들었다. 그는 비엔나를 점령하고 있던 터키를 물리친 공적을 인정받아 터키가 후퇴하면서 남겨놓고 간 커피 500포대를 받을 수 있었다. 그는 이미 아랍풍습에 익숙해 있었기 때문에 커피를 볶는 법과 추출방법에 대하여 잘 알고 있었다. 또한 커피를 제공할 때 터키를 물리친 기념으로 이슬람 제국의 상징인 초승달 모야의 케이크를 만들어 손님에게 접대하였다. 이와 같은 것이 관습이 되어 오늘날에도 중부 유럽에서는 커피와 함께 케이크 또는 달콤하게 가공된 고기를 함께 곁들여 먹기도 한다.

<그림 부록-5> 18세기 아랍의 커피행상

한편 지중해의 상권을 독점하고 있던 베니스의 상인들은 동방의 향신료 무역으로 새롭게 등장한 포르투갈·영국 및 네덜란드 등의 상인들에게 그들의 영역을 점차로 잠식당하고 있었다. 잃어버린 상권을 되찾기 위하여 베니스 상인들은 커피를 동점 생산하고 있던 아랍 인들과 손을 잡고 커피무역을 시작하였다. 아라비아의 모카 항에서 선적된 커피는 베니스 항에 내려지고 이곳에서 유럽의 모든 지역으로 공급되었다. 18세기 초반까지 약 100년 동안 베니스는 커피무역을 독점하고 있었다. 이때까지 아랍 인들은 커피를 독점생산하기 위하여 외국인에게 커피를 판매하기 전에 커피 씨앗을 볶아버리거나 삶아 싹이 틀수 없게 하였다. 이처럼 커피가 아랍 세계를 벗어나는 것을 철저히 막았으나 17세기 초 인도의 바바 부단(Baba Budan)이라는 한 순례자에 의하여 아랍의 커피 독점은 깨지고 말았다. 그는 1616년 아랍에서 훔쳐낸 7개의 커피 씨앗을 인도로 가져가 마이소아 지방에서 재배하는 데 성공하였다. 그러나 정작 대규모로 커피를 재배 생산하기 시작한 것은 네덜란드 사람들이었다. 그들은 1690년 암스테르담 온실에서 재배에 성공한 커피묘목을 네덜란드 식민지였던 동인도에 보냈으며, 그리하여 1699년에는 자바와 수마트라에서도 재배되기 시작하였는데, 커피는 이 지역의 기후에 잘 적응하였다. 수년이 지나자 네덜란드 식민지는 커피 주생산지가 되었고 동인도 회사와 암스테르담은 커피무역의 중심지로 등장하였다. 네덜란드 상인들은 커피 가격을 조정하기 위해서라면 과잉 생산된 커피를 과감하게 폐기처분까지 하였다. 당시 네덜란드에서는 기호음료로 차를 주로 마시고 있었는데 자국 내 식민지에서 쉽게 커피를 구할 수 있게 된 후부터 커피소비국이 되었다.

차와 커피 어느 편이 더 나은가에 대하여 논쟁이 끊이지 않자 스웨덴 국왕 구스타프 3세 자신은 커피만을 마시면서 궁중의사에게는 차만을 마시게 하였다. 당시로서는 드물게 의사가 83살까지 장수를 하였고 왕 또한 의사와 같은 나이에 죽었다. 물론 현대 의학실험과는 성격이 다르지만 당시의 유럽사회에 커피를 보급시키게 된 재미있는 실험이라 하겠다.

베니스에서와는 달리 네덜란드의 커피점은 번성하지 못하고 사람들은 주로 가정에서 커피를 마셨다. 북유럽의 차가운 날씨 때문에 밖으로 돌아다니는 것을 그렇게 좋아하지 않았기 때문이다. 네덜란드는 식민지에서 많은 양의 커피를 생산하였을 뿐만 아니라, 뛰어난 상술을 지니고 있어 다른 국가와의 경쟁에 대한 자신감이 있었기 때문에 커피를 독점하려고 하지 않았다. 1714년 암스테르담 시장은 프랑스 왕 루이 14세에게 커피나무 한 그루를 선물하였다. 프랑스 왕실은 이미 커피에 매료되어 있었다. 커피에 설탕을 타 마시는 습관도 바로 이때 왕실의 여자들에게서 비롯된 것인데 설탕대신 꿀을 섞기도 하였다. 베르사이유 궁전 온실에서 자란 커피나무는 새로운 운명을 맞게 되었다. 즉 프랑스 식민지 마르티니크(Martinique)섬에 근무하던 끌류(Fabriel De Clieu)대위가 조국을 방문하였다가 임지로 다시 떠나면서 묘목 몇 그루를 갖고 가기를 원하였다. 되돌아가는 길은 험난하였다. 해적을 만나기도 했고 폭풍우 때문에 거의 죽을 지경에 다다르기도 하였다. 항해 도중 물이 떨어지자 끌류 대위는 자신에게 할당받은 식수마저도 커피 묘목을 살리기 위하여 나무에 주었다. 아메리카 대륙의 프랑스 식민에 간신히 도착하였을 때 어린 묘목은 모두 죽고 단 한 그루만을 겨우 살릴 수 있었다. 그러나 이 한그루는 마르티니크 섬에서 무성하게 번식하기 시작하여 1777년 천팔백만 그루가 되었다. 이곳의 커피는 그 후 프랑스령 기아나(Guiana)로 옮겨져 울창하게 번성하였다. 그래서 이 한그루의 묘목을 기념하기 위하여 프랑스의 부르봉 왕조 이름에서 인용하여 이 지역에서 재배되는 커피를 부르봉 커피라고 부르고 있다. 비슷한 시기에 유럽의 다른 국가들도 자국의 식민지에 커피농장을 조성하기 시작하였다. 스페인은 서인도 제도에, 영국은 1730년 자메이카와 1740년 인도에 대규모 커피농장을 만들었다.

세계 최대의 커피 생산국인 남미의 브라질에 커피가 전해진 것은 1727년 사랑에 빠진 프랑스령 기아나 총독 부인이 포르투갈 연인과 헤어질 때 그에게 보낸 꽃다발 속에 커피나무를 숨겨 선물한 것이 시초라고 한다. 그러한 이야기의 사실 여부는 확인할 수 없지만, 아무튼 브라질은 그 토양과 기후가 커피재배에 너무나도 적합하여 곧 세계에서 첫 번째 가는 커피 생산 국가가 되었다.

북미 대륙에 커피가 소개된 것은 끌류 대위의 커피나무가 마르티니크 섬에 도착하기 전이었다. 영국에 정복되어 오늘날 뉴욕으로 불리우고 있는 당시의 뉴 암스테르담에 1660년 커피가 등장하였다. 당시 북미의 영국인 가운데 부유층은 커피를 즐기고 있었으며 중산층은 주로 차를 마시고 있었다. 1773년 영국의 조지 국왕은 북아메리카 식민지에 수출되고 있던 차에 세금을 지나치게 부과하였다. 이에 반발한 시민들은 보스턴 항구에 정박 중이던 영국 상선에 한밤중에 올라가 그 배에 실려 있던 차를 대서양에 모두 던져버렸다. 이것이 미국 독립전쟁의 기폭제가 되었던 <보스턴 차당 사건>이다. 그 후 미국에서는 차를 대신하여 커피가 기호음료로 자리 잡게 되었다.

이웃 일본의 경우, 커피 묘목이 소개된 것은 1878년이었고, 1888년에는 동경 우에노에 첫 커피점이 생겼다. 한편 우리나라에 커피가 소개된 것은 이른바 아관파천 무렵 러시아 공사관에서 고종황제가 마신 것이 처음으로 여겨지며 이때가 1895년경이다. 그 후 독일의 손탁이라는 여인이 중구 정동에 커피점을 차린 것을 효시로 보고 있다. 개화기와 일제 시대에는 서울의 명동과 충무로, 소공동, 종로 등에 커피점 들이 자리잡기 시작하였으며 6·25전쟁을 거치면서 미군부대에서 주로 공급되던 원두커피 및 인스턴트커피가 계기가 되어 커피의 대중화가 이루어졌다. 우리나라에서의 인스턴트커피 생산은 1970년 동서식품에서 시작하였으며 미주산업과 그 후신인 미원음료, 그리고 한국 네슬레에서 커피를 생산 판매하고 있다. 한편 소득의 증가와 함께 보다 다양한 커피를 요구하는 소비자의 욕구에 맞추어 쟈뎅에서 1988년 국내 처음으로 원두커피 전문점을 개점하였다. 셀프서비스와 깨끗하고 밝은 분위기 그리고 향기로운 커피 내음은 젊은이들의 많은 호응을 얻어 오늘날 번성하고 있다.

<그림 부록-6> 19세기 초 아랍의 커피점

2. 커피의 종류

1592년 프로스페로 알피노(Prospero Alpino)가 쓴 「Plantais Aegypti」라는 책에서 커피를 언급한 이래 1713년 프랑스인 주시에(A. De Jussieu)가 처음으로 커피나무를 *Jasminum arabicanum*으로 명명하였다. 아마도 커피 꽃의 향기가 자스민 향과 비슷하였기 때문으로 여겨진다. 그 후 많은 식물학자들이 나무의 크기, 잎의 모양과 크기, 열매의 색(대부분이 적색이지만, 황색 또는 오렌지색으로 익는 경우도 있다.)등의 차이에 의하여 분류하여 *Rubiaceas*과 *Coffea*속으로 결정하였으며 다음과 같은 7가지 아종으로 구분하고 있다.

① *Coffea arabica L.*
② *Coffea canephora pierre*
③ *Coffea liberica hiern*
④ *Coffea dewevrei*
⑤ *Coffea stenophylla G.*
⑥ *Coffea congensis frochner*
⑦ *Coffea hibridos*

이 가운데 경제적 효용가치가 있는 것은 *Coffea arabica*와 *Coffea canephora*이다. *Coffea canephora*는 일반적으로 로브스타(robsta) 종으로 알려져 있다. 오늘날 이 두 품종을 근간으로 하여 자연 교배 및 인위적인 교배 등을 통해 많은 변종이 생겨났다.

세계의 연평균 커피 생산량은 약 칠천오백만 포대(커피는 포대 단위로 표시하며 한 포에 커피 생두 60kg을 넣는다.)이며, 이 가운데 80%가 아라비카 종이고 20%정도를 로브스타 종이 차지하고 있다.

야생의 커피나무는 8~10m 정도 자랄 수 있으나 커피농장에서는 재배 및 수확을 쉽게 하기 위해서 나무의 크기를 2~2.5m 정도로 조절한다. 잎은 서로 마주보며 10~15㎝ 크기의 둥글고 긴 모양을 하고 있으며 진한 녹색에 광택과 파상 무늬를 갖고 있다. 꽃은 희색으로서 언제나 2개 또는 3개가 마주피고 크기는 2㎝ 정도 이며 피어 있는 시간은 길지 않지만 강한 향기를 발산 한다.

로브스타 종은 곤충에 의해 수정되고 아라비카 종은 자가 수정도

가능하다. 수정된 꽃의 씨방은 직경 1.5㎝ 정도의 열매로 자라게 되며 완전히 익었을 때 밝고 붉은 색이 된다. 핵과 외피는 두터운 펄프로 싸여 있으며 이것이 약 2㎜ 두께의 젤리 같은 펄프 층을 감싸고 있고, 이 속에 씨가 파치먼트(parchment)라고 하는 단단한 껍질에 둘러싸여 있다. 파치먼트 밑에 개개의 씨를 감싸고 있는 얇은 은색의 종피가 있는데 이것을 실버 스킨(silver skin)이라고 한다. 커피 열매 속에는 대부분 두 쪽의 씨가 들어 있다. 그러나 때때로 수정이 충분하지 못했거나 영양상태가 좋지 못했을 때, 또는 나무의 윗부분에서 따낸 열매 중에는 씨가 하나 박에 없는 경우가 있고 그 모양은 둥글다. 이것을 피베리(peaberry)라고 한다.

정상적인 커피 씨앗은 길고 둥근 모양이며 한쪽은 볼록하고 반대쪽은 편평하다. 가운데 고랑이 있고 길이는 약 10㎜, 무게는 약 0.15g이다, 색상은 녹색을 띠고 있으며 회색에서 푸른 색 또는 붉은 색에서 갈색으로 변하기도 한다.

커피 열매의 중심부에 씨앗이 있으며 씨앗 이외의 것은 이용가치가 없기 때문에 가공 중 분리 제거하여 비료로 사용한다.

1) 아라비카 커피

아라비카 커피는 그 원산지가 에티오피아의 고원지대로 서늘한 기후에 적응하며 번식하였다. 오늘날 세계 커피 생산항의 80%정도를 차지하는 아라비카종 커피는 브라질, 콜롬비아, 멕시코, 과테말라 등 남미 제국과 에티오피아, 탄자니아, 케냐, 르완다, 인도 등 많은 나라에서 생산되고 있다.

아라비카 종 커피와 로브스타 종 커피를 볶아보면 거의 비슷한 것처럼 보이지만, 두 품종은 다음과 같은 차이가 있다.

먼저 유전자를 보면, 아라비카 종은 염색체 수가 44개인 데 비하여 로브스타 종은 22개이다. 나무자체는 비슷한 것처럼 보이지만, 잎과 꽃의 모양 그리고 색이 약간 다르며, 특히 자연 그대로 자라게 놓아두었을 경우, 아라비카 종은 6~8m 정도 자라고 로브스타 종은 8~10m까지 자란다. 또한 아라비카 종은 병충해에 약할 뿐만 아니라 높은 온도에 견디지 못하여 기온이 섭씨 30℃ 이상으로 올라가면 불과 며칠 만에 해를 입고 만다. 한때 커피 생산지로 유명했던 스리랑카에서 커피마름병이 번져 결국 커피를 더 이상 생산할 수 없게 되자 기존의 커피농장을 모두 차 농장으로 바꾸어버리고 말았다. 이 질병은 해발 900m 이하에서 재배되고 있는 아라비카 종에 심한 피해를 가져온다. 이보다 높은 곳에서는 병해를 쉽게 이겨낼 수 있으므로 일반적으로 아라비카 종은 900~2000m 정도의 고지대에서 재배하고 있다. 아라비카 종은 로브스타 종에 비하여 단맛, 신맛, 감칠맛 그리고 향기가 뛰어나 가격이 더 비싸다. 커피 생두의 모양은 아라비카 종이 더 편평하고 길이가 길며 가운데 새겨진 고랑이 굽어있다. 색은 좀 더 진한 녹색이며 때때로 푸른 색조를 띠기도 한다. 한편 로브스타 종은 보다 볼록하고 둥글며 가운데 고랑이 거의 똑바르다. 색상은 푸른 녹색이며 갈색 또는 회색을 띠는 경우도 있다. 볶은 커피도 주의 깊게 살펴보면 두 품종의 차이점을 찾아볼 수 있다. 화학적 조성의 차이점을 보면 커피에 함유된 카페인의 양이 다르다. 아라비카종의 카페인 함량은 1~1.7% 정도이고 로브스타 종은 2~4.5% 정도이다. 또한 로브스타 종에 함유되어 있는 크로로겐산(chlorogenic acid)을 지나치게 섭취할 경우 소화 장애를 일으킬 수 있다. 커피를 추출하여 마셔보면 아라비카 종 커피가 부드럽고 향기가 좋으며 쓴 맛과 자극성이 적다.

2) 로브스타 커피

일반적으로 로브스타(robusta 또는 *Coffea canephora*)커피라 부르고 있는 이 커피의 명칭은 <강한><튼튼한>등의 의미를 갖는 단어에서 유래된 것이다. 아라비카 종과는 달리 질병에 강할 뿐만 아니라 무더운 날씨에도 잘 견디어내고 비교적 토양을 가리지 않는다. 이같은 장점을 갖고 있기 때문에 아라비카 종을 재배할 수 없는 해발 500~600m 이하의 저지대에서도 경작이 가능하다. 쓴맛이 강하고 향기가 아라비카종에 비하여 떨어지지만 가격이 저렴하기 때문에 다른 것과 배합(블렌딩:blending)하여 양을 늘리는 증량제로 사용하거나 향기가 그다지 중요하지 않은 인스턴트 커피나 아이스 커피 제조에 사용되고 있다. 인도, 아프리카, 인도네시아 그리고 브라질의 일부 지역에서 코니론이라 부르는 로브스타 커피를 생산하고 있으며 에콰도르 등에서도 소량 생산되고 있다. 이 로브스타 종 커피는 세계 커피 총 생산량의 20% 정도를 차지하고 있다. 최근에는 맛과 향기가 뛰어난 아라비카 종과 병충해에 강한 로브스타 종을 교배시켜 만들어낸 아라브스타를 티모르 섬에서 재배하고 있다.

3) 리베리카 커피

서부 아프리카 상하해안 옆의 리베리아가 원산지이다. 리베리카(liberica)종은 자연 상태에서 5~6m 정도 자라며 병충해에 아주 강하다. 그러나 맛과 향기가 좋지 못하며 꽃이 피고 열매가 맺는 시기가 일정하지 않아 열매를 채취하는 데 어려움이 많다. 상품적 가치가 거의 없기 때문에 재배하는 곳이 극히 적다.

3. 커피의 생산

1) 기후 및 토양

커피나무를 재배할 수 있는 지역은 열대 및 아열대성 기후가 나타나는 적도를 중심으로 하여 남북회귀선까지이다. 커피나무는 열대성 식물이지만 고온다습한 곳에서는 자라기가 어려워 아라비카 종 커피의 경우 온도가 섭씨 30℃를 넘어서면 견디지 못하고, 섭씨 5도 이하로 내려가는 낮은 온도에서도 생장할 수 없다. 특히 서리에 약하여 비록 열대지방이지만 서리가 내릴 경우에는 돌이킬 수없는 피해를 입게 된다. 이 같은 이유 때문에 커피는 연중 온도변화가 크지 않은 열대지방의 고지대에서 주로 재배되고 있다. 어떤 농장에서는 바나나와 같이 잎이 큰 식물을 커피나무와 함께 심어 지나치게 내리쬐는 햇빛이나 서리를 막아줄 수 있게 하기도 한다. 또한 꽃이 피기 전과 성장기에는 비가 적당하게 내려 주어야 하며 건기와 우기의 구분이 뚜렷한 것이 좋다.

한편 토질 역시 커피의 품질에 영향을 미친다. 커피의 원산지인 에티오피아의 아비시니아 고원지대는 화성암의 풍화작용에 의해 형성된 비옥한 토양으로 배수가 잘된다. 세계 최대의 커피 생산국인 브라질, 중남미의 안데스 산맥 주변, 아프리카의 고원지대, 서인도 제도, 수마트라, 자바 등 커피 주산지는 모두 화성암이 풍화된 곳이거나 화산재와 부식토가 혼합되어 비옥하면서 물이 잘 빠지는 곳이다. 산도가 높은 토양에서 수확한 커피는 신맛이 강한 커피로 알려져 있으며, 리우데자네이루 부근 토양은 특이하게 요오드함량이 많아 땅에 떨어진 열매에 요오드 냄새가 배는 경우도 있다.

커피농장은 지형과 고도도 중요하다. 브라질은 해발 200~300m 정도의 비교적 평탄한 곳에서 대규모로 재배하고 있기 때문에 기계화 생산이 가능하다. 그러나 중남미의 콜롬비아, 페루 등은 국토의 대부분이 산악지대로 되어 있기 때문에 손으로 하나하나 익은 열매만을 수확할 수밖에 없다. 따라서 인건비의 부담은 있지만 양질의 커피를 생산할 수 있다.

일반적으로 고지대에서 생산된 커피의 품질이 우수하다. 중앙아메리카에서는 생산된 지역의 높이에 따라 품질 등급을 달리하기도 한다. 자메이카의 블루마운틴, 모카, 예멘의 마타리, 콜롬비아의 만데린, 괴테말라의 안티과, 브라질의 코아티펙 등 세계적으로 유명한 커피산지는 거의 대부분 해발 1000m 이상의 고지대에 있다.

2) 재배

커피는 종자를 파종하거나 삽목을 하여 번식시킨다. 파종할 경우 교잡을 통하여 품종을 개량할 수 있으며, 삽목은 바람직하지 못한 교잡을 피할 수 있어 본래의 형질을 그대로 유지할 수 있는 장점이 있다.

종자번식법은 완숙된 열매를 선별하여 씨앗에 손상이 가지 않도록 손으로 눌러 파치먼트에 둘러싸인 씨앗을 꺼낸다. 이것을 물속에 넣어 떠오르는 것과 색상이 좋지 못한 것은 버리고 가라앉은 충실한 것만 골라내어 1~3㎝간격으로 나무로 만든 묘판에 심는다. 40~60일 정도 지나면 한 쌍의 잎이 나온다. 뿌리가 너무 크게 자라기 전에 비닐로 만든 컵 모양의 종묘 상자에 옮기고 여기에서 1년 정도 키운다. 약 40㎝ 정도 자라고 가지가 갈라지기 전에 농장에 이식한다. 3~4년이 지나면 열매를 딸 수 있고 10년 정도 되었을 때 가장 많은 수확을 할 수 있다. 그 후부터는 점차 수확량이 감소하여 15~20년이 되면 잘라내고 다시 묘목 이식을 한다.

<그림 부록-7> 아름답게 피어 있는 커피 꽃
(꽃은 하얗고 재스민 향과 비슷하다.)

<그림 부록-8> 열대지방의 기후적 특성에 의하여
꽃과 열매가 한 가지에 있다.

열대 상록수인 커피나무는 연중 꽃이 피고 열매 또한 계속 열리게 된다. 그래서 동일한 커피나무에 꽃이 피고 익어가는 열매와 완전히 익어버린 열매가 함께 존재한다. 그러나 온대지방에서는 이런 경우를 보기 어렵다. 모든 식물과 마찬가지로 커피나무도 온도의 차이를

감지하여 개화한다. 즉 비가오고 온도가 낮아지면 꽃을 피울 준비를 하고 있다가 2주일쯤 후에 개화한다. 그래서 만일 우기가 1년에 5번 정도 있다면 커피나무는 꽃을 5번 피우게 된다. 이 같은 특성 때문에 커피의 재배에는 강우량과 함께 얼마나 비가 자주 내리는지가 중요하다. 예를 들면 브라질과 같은 나라에 가뭄이 들면 세계의 커피 가격은 상승하게 된다. 일반적으로 브라질이나 열대 몬순지역에서는 건기와 우기가 상당히 뚜렷하여 연중 특정한 시기에 비가 집중적으로 내린다. 이 같은 곳에서는 열매가 맺고 익는 시기가 거의 일정하고 그렇기 때문에 기계를 이용한 수확이 가능하다. 그러나 수시로 비가 내리는 지역에서는 끊임없이 꽃이 피고 열매를 맺게 된다. 이 같은 상태에서는 기계로 수확할 수 없기 때문에 하나하나 손으로 익은 열매만을 따내야 한다. 수정된 씨방은 6~10주 만에 완전하게 성숙한다. 처음에는 녹색이고 마지막 몇 주 동안에 노란 색에서 밝은 붉은 색으로 변하는데, 부르봉과 같은 몇몇 품종들은 노란 색으로 익게 된다.

4) 수확 및 커피열매의 박피정제

커피열매의 색상이 붉은 색 또는 노란 색으로 완전히 변하게 되면 수확하게 된다. 만일 이때 수확하지 않으면 열매는 암홍색이 되었다가 마지막에 갈색이 되고 만다. 이때 외피와 과육은 마르게 되고 결국 딱딱하게 된다. 일부 지역에서는 이처럼 열매가 나무 위에서 그대로 말라 땅에 떨어질 때까지 놓아두었다가 떨어진 열매를 줍기도 한다. 이 같은 방법은 비용을 절감할 수 있으나 품질의 균일성을 유지하기 어렵다.

한편 브라질처럼 특정한 시기에 집중적으로 비가 내리는 곳에서는 대부분의 열매가 익기까지 기다린 후 나뭇가지를 잡아 끌어내리고 열배를 동시에 훑어 내린다. 떨어지는 열매는 밑에 놓은 통에 받거나, 그대로 땅에 떨어지게 하여 나중에 쓸어 담는다. 열매채취 기계를 사용하면 쉽게 수확할 수 있지만, 그럴 경우 나뭇잎을 떨어뜨리게 될 뿐만 아니라 양질의 열매와 그렇지 못한 열매를 구별할 수 없기 때문에 품질보장이 어렵다. 특히 지나치게 익은 열매 가운데는 종종 썩은 열매가 생기게 된다. 덜 익은 열매가 혼입되었을 경우에는 예민한 맛·쓴맛·향기가 떨어지는 등의 문제점이 나타나며 썩은 열매는 불쾌한 냄새가 나기 때문에 주변에 있는 건전한 열매의 품질까지 손상시켜버린다. 다행히 근래에는 전자선별기의 발달로 불량한 열매를 신속히 선별해낼 수 있다.

<그림 부록-9> 커피의 수확

수확한 커피열매 가운데 필요한 부분은 커피콩이라 부르는 종자뿐이다. 그 밖의 외과피, 과육 및 내과피 등은 이용가치가 없기 때문에 제거해버려야 하는데, 종자를 싸고 있는 불필요한 부분을 제거하는 작업을 커피의 박피정제라고 한다. 박피정제한 후 건조시켜 놓은 커피 종자를 생두(green bean)이라고 하며 커피생산국에서는 이 같은 생두를 포대에 담아 수출하게 된다.

박피정제법에는 일광 또는 인공 열을 사용하는 건식법과 작업 중에 많은 물을 사용하여 정제하는 습식법이 있다

일광 건식법은 가장 간단하게 껍질과 과육을 제거하는 방법으로 나무에서 그대로 익은 열매는 몇 주 지나는 동안에 자연 건조된다.

건조된 열매는 손으로 직접 따거나 저절로 떨어지게 된다. 이렇게 건조된 열매의 외피를 찢으면 파치먼트가 있는 씨앗이 나온다. 일광 건조는 예부터 사용하던 방식으로 네덜란드 사람들은 이것을 동인도식(OIB, Oost Indische Bereiding)이라고 하였다. 열매를 완전하게 건조하는 데는 20여일이 걸린다. 그러나 만일 이때 비가 오거나 습기가 많을 경우에는 건조하는 데 시간이 더 소요될 뿐만 아니라 열매가 썩기도 하여 품질을 손상시킨다. 따라서 OIB법은 커피를 수확하는 시기에 건조한 날씨가 계속되는 곳에서 사용한다. 한편 네덜란드 사람들은 서인도식(WIB, West Indische Bereiding)도 개발하였다. 이 방법은 커피 수확기가 되어도 맑고 건조한 기후가 나타나지 않는 인도 서부지방의 건조 방식에서 유래된 것으로 수확한 커피를 돌로 갈아 외피와 과육을 제거시킴으로써 건조를 효율적으로 하는 방식을 말한다.

세계 최대의 커피 생산국인 브라질의 커피농장은 규모가 너무 크기 때문에 손으로 직접 잘 익은 열매만을 선별하여 수확하거나, 또 수확된 열매를 박피 정제할 때 습식법을 사용하기가 어렵다. 브라질은 건기와 우기가 비교적 뚜렷하게 나타나기 때문에 꽃이 피고 열매를 맺는 시기가 지역에 따라 거의 일정하다. 수확 시기는 6월부터 10월 무렵까지이며 북쪽에서 점차 남쪽으로 내려간다. 열매가 붉게 익어가기 시작하면 그대로 놓아두어 나뭇가지에서 검게 될 때까지 말려버린다. 수확할 때에는 나무장대로 두드리거나 기계를 사용하여 열매를 떨어뜨린다. 떨어진 열매를 모아서 나뭇잎 등의 이물질을 제거하고 농장 또는 공동 집하장에 마련된 건조장으로 옮긴다. 이곳에서 커피를 넓게 펼쳐놓고 일광에 다시 건조시킨다. 수분 함량이 11~13%정도로 낮아지면 외피와 과육은 검고 단단한 껍질 상태가 되는데 이것을 마치 탈곡기처럼 생긴 기계를 사용하여 완전히 건조된 외과피, 과육 그리고 파치먼트를 제거한다. 한편 아프리카와 아시아에서도 건식법을 사용한다. 나무에서 열매를 그대로 건조시키는 것은 브라질의 경우와 같으나 생산량이 그렇게 많지 않고 인건비가 저렴하기 때문에 건조된 열매를 사람이 직접 따낸다. 이렇게 모아진 커피는 공장에서 탈피한다.

건식법을 사용한 대표적인 커피는 브라질 커피와 에티오피아의 하라 커피를 들 수 있다. 로브스타 커피도 대부분 건식법으로 처리하고 있다. 일광 건식법으로 처리한 커피는 물을 사용하지 않기 때문에 세척하지 않은 커피(unwashed coffee)라고 한다. 습식 커피와 비교하여 볼 때 불량 두나 이물질이 혼입될 가능성이 크지만 선별처리를 잘할 경우에는 커피 본래의 맛과 향이 그대로 살아 있는 제품을 얻을 수 있다.

<그림 부록-10> 탱크에서 발효시켜 점질물을 제거한다.

습식법(washed method)은 박피정제 과정 중 많은 물을 사용하기 때문에 붙여진 명칭이다. 브라질을 제외한 중남미 국가와 에티오피아를 제외한 아프리카 국가들 가운데 아라비카 커피를 생산하는 곳에서 사용하는 정제방법이다. 커피열매가 붉게 익어가기 시작하면 사람들은 손으로 잘 익은 열매만을 골라 따낸다. 채취한 열매는 농장이나 마을의 집하장으로 모아서 여러 가지 이물질을 제거하고 덜 익은 열매, 썩은 열매 등도 철저히 골라낸다. 이처럼 한번 선별한 것을 다시 커다란 물통에 넣어 물에 담근다. 이때 물 위로 떠오르는 나뭇잎, 나무 조각 등을 제거하게 되는데, 잘 익은 열매는 물에 가라앉기 때문에 가라앉은 열매만을 골라내어 과육제거기에 넣는다. 과육을 제거한 생두에는 아직 미끈미끈한 점질물이 부착되어있다. 체질과 수세과정을 통하여 남아 있는 과육 찌꺼기와 껍질 그리고 점질물을 제거하여야 한다. 그러나 이 점질물은 물에 씻기지 않기 때문에 별도의 방법을 사용하여야 한다. 즉, 생두를 약간 발효시키면 점질물은 물에 용해될 수 있기 때문에 발효시킨 다음 물로 씻어내면 깨끗한 생두를 얻을 수 있다.

발효방법에는 두 가지가 있는데, 발효탱크에 점질물이 부착되어 있는 생두를 넣고 약간 덮을 정도의 물을 넣어 주는 방식과 별도의 물을 사용하지 않고 점질물 자체에 있는 수분만으로 발효가 일어나게 하는 방식이 있다. 발효는 생두 자체에 부착되어 있던 미생물에 의하여 자동적으로 일어나지만 경우에 따라서는 효소를 첨가하여 줄 수도 있고 단순히 먼저 발효가 일어났던 탱크 속의 물을 새로운 탱크에 집어넣기도 한다. 발효시간은 온도, 점질물의 두께 및 조성 등에 따라 짧게는 6시간에서 길게는 80시간까지 소요된다. 발효가 시작되면 온도가 올라가면서 산도는 7에서 4.5까지 떨어지는 데 이때가 발효 종말점이 된다. 이것은 보통 경험적으로 알아내게 되는데 발효는 지나쳐도 안 되지만 부족해서도 안 된다. 만일 발효가 잘못되었을 경우에는 커피에 결정적인 피해를 가져오게 된다. 발효가 끝나면 시작하기 전과 마찬가지로 다시 물탱크나 물이 흐르는 수로에서 씻어낸다. 세척용 물은 네 번까지 사용할 수 있다. 그 이상 사용할 경우 프로피온산이 생성되어 마치 양파 냄새와 같은 좋지 못한 냄새가 날 수 있다. 세척하는 동안에도 물에 떠오르는 생두는 골라내어 버린다. 마지막 세척이 끝난 생두는 수분 함량이 50%를 넘는다. 이것을 나무상자 또는 시멘트 바닥에 넓게 편 다음 자연건조 시킨다. 자연건조는 커피의 품질에 좋은 영향을 미치므로 기후조건이 허락하는 한 충분히 건조시킨다. 건조할 때는 비나 밤이슬에 젖지 않도록 세심한 주의가 필요하다. 자연건조는 1~3주 정도 걸리며 그 동안에 수분 함량을 12%까지 낮추어야 한다. 건조가 완료된 생두는 포대에 담아 마지막 공정이 파치먼트 제거 작업장에 보내진다. 이렇게 처리한 커피를 습식법 커피라 하고, 이것은 전 세계 커피 생산량의 약 40% 정도를 차지하고 있다.

습식법은 작업공정이 복잡하고 물이 많이 필요하므로 기후조건이 좋지 않아 일광건식법을 사용할 수 없는 곳에서 주로 이용하고 있다. 습식법으로 제조된 커피는 일광건식법을 사용한 커피보다 높은 값을 받을 수 있는데, 이는 습식법이 다른 방법에 비하여 기술적 우위에 있다는 것을 의미하는 것은 아니고 단지 각 작업 단계별로 선별작업이 계속 이루어지므로 불량두를 거의 찾아볼 수 없기 때문이다. 습식법으로 생산된 커피 가운데는 신맛이 강한 우수한 커피가 많지만 일광건식법에 비하여 시간이 경과함에 따라 품질이 떨어지기 쉽다.

습식법 커피와 일광건식법으로 제조된 커피를 구별하는 방법은 커피를 볶아낸 다음, 커피의 가운데 선의 색깔을 확인하는 것이다. 가운데 선이 희게 되어 있으면 습식법이고 다른 부분과 동일하게 다갈색이면 일광건식법으로 제조된 것이다.

5) 생두(green bean)의 품질

커피열매를 수확한 후 여러 가지 가공방법을 사용하여 외과피, 과육, 파치먼트를 제거한 다음 건조하여 놓은 것을 생두(green bean)라고 한다. 이것은 커피열매의 씨앗인데 그 색이 연한 녹색을 띠고 있으며 커피 소비국가의 대부분은 이 같은 생두의 상태로 커피를 수입하고 있다. 따라서 커피 가공공장에서는 커피를 구입하기 전에 미리 견본을 검사하고 구입한 후에도 계속적인 품질검사를 하여야 한다. 생두의 품질을 평가하는 기본사항은 견본이나 커피포대에 적혀 있는 표기사항을 점검하는 것이다. 다음으로 직접 생두를 꺼내 축적된 경험에 의한 품질검사를 한다. 필요하면 여러 가지 도구나 기계를 사용한다.

(1) 품종과 생산지

커피는 생산지에 따라 종류, 색상, 크기, 맛, 향기 등이 다르다. 커피포대의 표기사항에 적혀 있는 국가 또는 산지 명을 읽어 보면 생산되는 품종별 커피를 알 수 있다. 즉 중남미, 에티오피아, 탄자니아, 케냐 등에서는 아라비카 종을 생산하고 있으며 마다가스카르 섬, 우간다, 상아해안 등에서는 로브스타 종을 생산하고 있다. 그러나 인도, 인도네시아, 카메룬 등에서는 두 품종의 커피를 모두 생산하고 있기 때문에 주의하여야 한다. 때로는 커피가 선적된 항구명이 씌어 있기도 한다. 산투스, 리우 등은 커피 수출 항구로 유명하기 때문에 항구명이 마치 상품명처럼 사용된다. 생산지에 따른 선입견을 갖기 쉽다는 것이다.

생산지에 따른 분류에서 조심하여야 할 점은 사람들은 생산국이나 산지 명에 따라 선입견을 갖기 쉽다는 것이다. 생산지에 따른 분류는 어디까지나 참고사항이지 절대적인 것은 아니다. 그 이유는 커피 자체가 농산물이기 때문에 생산된 해의 기후조건, 토양, 생산지의 정성 등 수많은 변수에 따라 달라질 수 있으므로 서로 다른 국가에서 재배되었다 하더라도 거의 비슷한 맛의 커피가 나올 수 있으며, 반면 서로 이웃하는 동일한 산지에서도 완전히 품질이 다른 커피가 생산되기도 한다.

품종별 구분을 보면 전 세계 커피 생산량의 약 80%를 차지하는 아라비카 종은 고지대에서 생산되고 있는 까닭에 맛과 향기가 우수하다. 커피 알갱이가 고른 편이고 생두의 한쪽 면이 편평하다. 로브스타 종은 저지대의 고온 다습한 곳서도 잘 자라고 단위 면적당 수확량이 많지만 쓴맛이 강하고 향기가 좋지 않아 스트레이트용으로 사용되지는 않는다. 생두는 둥그런 모양을 하고 있으며 입자가 균일하지 못하고 품질이 떨어지는 경우가 많다.

(2) 건조도

커피 생두의 수분 함량은 커피 열매를 정제하는 방법에 따라 달라진다. 박피정제 과정 중 많은 물을 필요로 하는 습식법을 사용한 커피의 수분 함량은 평균 12~13%이고 일광건식법을 사용한 것은 11~12% 정도이다. 생두의 수분 함량이 14%를 넘을 경우에는 쉽게 변질되어 버린다. 즉 생두의 색이 하얗게 변하고 커피 본래의 향기를 잃어버리게 된다. 잘 건조된 것은 선명한 담녹색이며 저장 중에 점차 녹색이 소실되면서 황색으로 바뀌어 진다. 만일 습도가 지나치게 높아 생두의 수분 함량이 증가하게 되면 녹색에서 흑색으로 변했다가 다시 흰색으로 된다. 생두의 수분 함량은 분석기기를 사용하면 정확히 알 수 있지만 오랜 경험으로도 비교적 쉽게 판단할 수 있다.

(3) 색상

생두의 색상을 조사할 때에는 장소, 밝기 등 여러 조건을 동일하게 해놓고 실시한다. 즉 흰색 켄트지 위에 커피 생두를 깔아 놓고 색과 광택을 보면 신선하고 품질이 좋은 생두는 광택이 나고 청녹색을 띠는데, 오랫동안 저장하면 광택을 잃고 점차 갈색으로 변해간다. 이때 중요한 것은 색의 단순한 변화가 아니고 변색 정도의 균일성이다. 만일 건조처리를 잘못하였을 경우에는 색상이 일정하게 변하지 않고 표면에 반점이 생기는 경우가 많다. 따라서 생두의 광택, 색상 및 퇴색정도를 보아 생두의 신선도, 건조 및 보존 관리의 상태까지 알 수 있다.

(4) 수확연도

생두는 언제 생산하였는가에 따라 그 상태가 달라진다. 커피생두는 저장기간에 따라 다음에 설명하는 세 종류로 구분한다.

일반적으로 농산물은 생명이 있는 유기체이므로 저장기간이 길어질수록 품질이 떨어지는 것이 보통이나 커피의 경우는 다르다. 생두를 일단 볶아버리면 그 후부터 저장성이 급격하게 떨어지게 되지만 생두의 상태에서는 몇 년씩 저장해도 그 품질이 변화되지는 않는다. 다만 커피의 성격이 달라지는데, 경우에 따라서는 오히려 바람직한 경우가 많기 때문에 일부러 오랫동안 저장해 놓기도 한다.

① new crop(당해 연도 생산품)

당해 연도에 생산된 커피를 말한다. 최근에는 시간과 경비를 줄이기 위해 <뉴 크롭>을 곧바로 수출하는 경향이 있다. 생두는 아름다운 녹색이지만 습식법 커피의 경우에는 시간이 경과함에 따라 점차 희게 변한다. 다른 것에 비하여 수분 함량이 가장 많으며 신맛과 향기가 강하다. 특유의 힘을 느낄 수 있는 커피이지만 잘못 볶았을 경우에는 맛이 안정되지 못할 뿐만 아니라 떫은맛 또는 이상한 신맛이 나는 경우도 생긴다.

② passed crop(1년 전 생산품)

지난해에 생산된 커피를 말한다. <뉴 크롭>에 비하여 색상이 엷은 녹색으로 변하고 수분 함량이 떨어진다.

③ old crop(2년 이상 경과된 제품)

<패스드 크롭> 전에 생산된 커피를 총칭하여 말한다. 수분함량이 낮기 때문에 쉽게 볶을 수 있다. 신맛이 상당히 떨어지며 커피의 넘치는 힘을 찾아보기가 어렵다. 전반적으로 맛이 단조로우나 안정되어 있으므로 다른 커피와 배합하여 사용할 경우에는 다른 생두의 결점을 막아주어 전체적으로 부드러운 맛을 내게 한다.

(5) 냄새

커피 생두는 독특한 냄새를 가지고 있다. <뉴 크롭>은 싱싱하지만 미숙한 냄새가 나며 저장기간이 점차 오래될수록 특유의 냄새는 감소하게 된다. <올드 크롭>은 커피의 생기나 향기는 약하지만 은은한 깊은 맛이 난다. 저장기간이 달라짐에 따라 정도의 차이는 있지만 생두 본래의 향기를 유지하는 것이 정상이다. 그러나 정제, 운반 및 보관 과정 등에서 좋지 못한 냄새가 혼입될 수 있다. 곰팡이 냄새, 발효 취 등은 생두 자체의 문제로 발생한다. 흙, 나뭇가지, 열매껍질 등이 함께 섞여 있을 경우에는 이들 냄새가 커피에 옮겨지는 경우가 있다. 또한 수출입 과정 중에 다른 상품과 함께 옮겨지면서 그 냄새가 커피생두에 배어들어가는 일도 생긴다. 특히 기름, 향료, 약품 등은 냄새가 강하여 나중에 추출할 때에도 느낄 수 있다.

에티오피아, 모카, 인도네시아산 커피와 로브스타 종 커피 등에는 발효취가 강하며 인도네시아 만데린 커피에는 곰팡이 냄새가 날 때가 많고 뉴기니 커피는 풋내가 난다. 브라질 커피에는 리우 냄새라고 말하는 요오드 냄새가 비교적 심하게 난다. 또한 커피를 볶을 때 연기가 많이 발생하면 바로 이 연기 냄새가 제품으로 옮겨질 수도 있다. 이 같은 여러 냄새는 눈으로 보아서는 알 수 없기 때문에 후각으로 느끼는 수밖에 없다. 문제는 좋지 못한 냄새가 나는 생두의 양이 극히 적을지라도 다른 대부분의 정상적인 생두도 오염시켜버려

최종적으로 추출한 커피의 품질에 좋지 못한 영향을 미치게 되므로 주의해야 한다.

(6) 이물질과 손상두

커피는 다른 농산물과 마찬가지로 기상조건, 병충해, 수확정제 및 저장기간 중에 여러 가지 피해를 볼 수 있다. 피해를 입은 생두가 혼입되어 있을 경우에는 커피의 맛과 신선한 향기를 떨어뜨리게 되므로 볶기 전에 선별해내야 한다. 일광건식법을 사용한 커피에는 돌이나 흙 또는 나무 조각과 열매껍질 등이 흔히 함유되어 있다. 이들을 제거하지 않으면 가공하는 동안기계를 손상시키고 커피 맛에 나쁜 영향을 줄 뿐만 아니라 추출액의 혼탁 원인이 된다. 파치먼트가 제거되지 않은 생두는 잘 볶아지지 않기 때문에 커피를 추출하여 보면 설익은 냄새가 나게 된다. 생두를 볶을 때 열매의 외과피가 들어가면 떫은맛이 강하게 나므로 특히 주의하여야 한다. 볶기 전에 골라내야 할 손상두의 종류는 다음과 같다.

<그림 부록-11> 손상두 및 이물질

① 발효가 지나친 생두

발효취가 있는 청흑색의 생두는 볶아도 정상적인 색이 나지 않고 하얗게 된다. 발효가 지나친 생두는 나무에서 지나치게 익어버렸거나 열매가 땅에 떨어져 발효된 것이 수확할 때 혼입된 것이다. 특히 조심할 것은 외견상으로 보아서는 정상두와 전혀 차이가 없으면서 발효취가 나는 생두로 이 같은 것은 수확한 열매를 미처 처리하지 못한 상태에서 발효취가 옮겨졌거나 습식법 커피의 제조공정 중 오염된 발효통 또는 오염된 물을 사용할 때 발생한다. 발효두는 커피에 가장 나쁜 영향을 주기 때문에 철저히 제거해야 한다.

② 흑변하거나 곰팡이가 발생한 생두

땅에 떨어져 부패하여 흑색으로 변한 생두를 말하는데 말 그대로 새카맣다. 색깔, 냄새 등이 정상적인 생두와는 전혀 다르기 때문에 선별기를 사용하거나 손으로 쉽게 골라낼 수 있다. 한편 건조 상태가 좋지 못하거나 수송 및 저장 중 습도가 지나치게 높을 경우에는 생두에서 곰팡이가 발생하기 쉽다. 곰팡이의 발생을 방지하려면 생두의 수분 함량을 13% 이하로 유지하여야 한다. 곰팡이가 발생한 생두는 특정한 산지나 제품에서 나오기 쉬우므로 한번 발견하면 다른 생두의 경우도 주의깊게 살펴보아야 한다. 주로 만데린이나 에티오피아산 커피에 곰팡이가 발생하여 있는 경우가 많다.

③ 벌레 먹은 생두

커피열매가 2~3㎜ 정도 되었을 때 해충의 침입을 받아 피해를 입은 생두로 보통 조그마한 구멍을 볼 수 있다. 맛을 오염시키는 원인이 되므로 제거하여야 한다.

④ 덜 익은 생두

커피열매가 익어야 할 시기의 기상상태가 좋지 못한 경우에 발생하는 생두를 말한다. 특히 기온이 낮게 되면 열매가 충분히 익지 못하고 푸른색으로 위축되거나 하얗게 된다. 광택, 부드러운 맛, 탄력 등이 정상적인 생두에 비해 현저히 떨어진다. 커피를 추출하면 미숙한 풋내가 나며 다른 생두에도 영향을 미치기 때문에 전체의 맛을 상하게 한다. 익은 열매만을 손으로 하나하나 따지 않는 브라질과 같은 국가에서 생산되는 커피에 많이 함유되어 있다. 덜 익은 생두를 볶으면 흰 반점이 나타나므로 볶은 후에 제거한다. 모카커피의 흰 반점도 덜 익은 생두가 원인이 되어 생긴 것이다. 브라질에서는 덜 익은 생두 5개를 1결점으로 계산한다.

⑤ 5 조각난 생두

커피열매의 박피정제, 운반 및 저장중 기계적 충격을 받아 생두가 파손된 것을 말한다. 조각난 생두 그 자체가 문제가 되는 것은 아니지만 볶을 때 열 침투가 균일하게 되지 않아 볶아지는 정도가 다르게 되므로 제거해야 한다.

⑥ 손상두

이물질 또는 손상두의 혼입여부가 바로 커피의 품질과 관계가 있는 것은 아니다. 물론 구입한 생두가 모두 정선된 양질의 것이라면 더할 나위 없이 좋겠지만, 만일 그렇지 못한 경우라 할지라도 볶기 전에 이물질이나 손상두를 완벽하게 제거한다면 얼마든지 훌륭한 커피를 만들 수 있다.

생두의 손상 여부 또는 이물질의 함유 정도를 산출하는 방법과 대상에는 산투스법, 뉴욕법, 프랑스법 등 국가에 따른 기준과 네슬레, 제네럴 푸드사 등 세계적으로 유명한 식품회사에서 자체적으로 정한 기준이 있다. 각각의 방법마다 약간의 차이는 있을 수 있지만 보는 관점은 모두 비슷하다.

<표 부록-1> 손상두의 혼입량에 따른 생두의 분류

Type	손상두	Type	손상두	Type	손상두
No. 2	4개	No. 4.5	36개	No. 7	160개
2.3	8개	5	46개	7.8	260개
3	12개	5.6	66개	8	360개
3.4	19개	6	86개		
4	26개	6.7	123개		

브라질 커피의 경우, <type 2>라고 하는 것은 견본 300g 중에 손상두가 4개 이하인 것을 말한다. 그러나 이것은 커피콩의 크기, 색깔, 향기 등을 의미하는 것은 아니다. 다만 커피의 맛과 직접 무관할지라도 손상두의 혼입 정도는 전체의 품질에 중요한 영향을 미치기 때문에 품질검사의 기준으로 활용하고 있다. 분류법의 한 보기는 아래와 같다.

6) 생두의 크기

생두의 크기에 따라서 맛과 향기가 달라지지는 않는다. 즉 생두가 크다고 하여 커피의 품질 또한 당연히 좋다고 말할 수 없는 것이다. 단지 외견상 크게 보이는 것이 상품적 가치가 있게 느껴진다.

생두의 크기는 품종, 기후, 영양 상태, 열매가 열리는 위치 등에 따라서 달라진다. 또한 씨의 모양과도 관계가 있다. 커피나무의 상단부에 열리는 열매는 영양 관계로 한 알의 씨로 된다. 이것을 피베리라고 하는데 모양이 둥글다. 일부 지역에서는 귀하게 여기기도 하나 품질 면에서 좋은 것은 아니다.

한쪽이 편평한 생두는 커피나무의 중앙과 하단에서 수확한 것이다.

동일한 나무에서 수확한 열매를 보면 보통형과 중형이 가장 많다. 이처럼 크기가 다른 생두는 서로 비슷한 크기별로 분류를 해야 한다. 크기별 분류의 목적은 생두의 크기를 일정하게 함으로써 볶을 때 열 침투가 고르게 되도록 하여 좋은 품질의 커피를 만들기 위함이다. 또한 배합할 때에도 큰 것은 큰 것끼리 작은 것은 작은 것끼리 섞어주어야 한다. 분류 방법은 체를 사용하는데, 예를 들면, <스크린 18>은 생두가 18/64인치 구멍을 통과할 수 없는 것을 말한다.

생두의 크기와 체의 관계는 <표 부록-2>와 같다.

또 다른 예를 보면 아라비카 종 커피는 AA, A, B, C등급으로 분류하고 로브스타 종 커피는 Ⅰ, Ⅱ, Ⅲ 등급으로 나누기도 한다. 로브스타 종 커피 Ⅰ등급은 AA에 해당하며 체 크기 16~18번에 해당한다.

<표 부록-2> 생두의 모양과 체의 크기

생두	크기	눈금체의 크기No.	inch	mm
편평한 생두	① 특대형	20	20/64	약 8.0
	② 대형	18	18/64	7.0
	③ 표준형	17	17/64	6.75
	④ 보통형	16	16/64	6.5
	⑤ 중형	15	15/64	6.0
	⑥ 소형	14	14/64	5.5
	⑦ 특소형	12	12/64	4.5
둥근 생두	① 대형	13	13/64	5.0
	② 준대형	11	11/64	4.3
	③ 보통형	10	10/64	4.0
	④ 중형	9	9/64	3.5
	⑤ 소형	8	8/64	3.2

7) 생두의 유통

커피는 생산국과 소비국이 비교적 뚜렷하게 구분되는 상품이다. 커피벨트를 중심으로 얼마간 커피 소비가 이루어지고 있지만 구미의 대량 소비국가에서는 전혀 커피를 생산하고 있지 않기 때문에 커피는 국가 간 무역에 의한 거래가 대량으로 이루어지고 있다. 전 세계 총생산량은 60kg포대로 약 1억 포대나 되며 이 가운데 약 2천만 포대는 생산국에서 소비되고 있다. 커피무역은 ICO(International Coffee Organization)에서 대부분을 담당하고 있으며 그 취급 물량은 전 세계 총생산량의 98%에 달하고 있다. ICO는 커피를 생산지와 품명에 따라 다음과 같이 네 종류로 나누고 있다.

· Colombian mild : 콜롬비아, 케냐, 탄자니아에서 생산되는 고품질의 아라비카 커피로 규정하며 콜롬비아 커피가 대표적인 것이다.

· Brazilian and other arabicas : 브라질, 에티오피아

· Other milds : 앞서 언급한 국가를 제외한 나머지 아라비카종을 생산하는 모든 국가

· Robusta : 로브스타 종을 생산하는 모든 곳.

한편 ICO는 생산 및 소비자 가격을 안정시키기 위하여 4년마다 ICA(International Coffee Agreement)협정을 맺고 각 커피 생산국의 수출 할당량 및 최저·최고 커피가격을 결정한다. 아라비카 커피는 뉴욕에서, 로브스타 커피는 런던과 파리에서 앞서 언급한 네 가지로 분류되어 매일매일 그날의 가격이 결정되고 있다.

4. 커피의 가공

10세기 초 야생의 커피열매를 발견한 이후 오랜 세월이 지나서야 커피의 진가를 알게 되었다. 즉 커피 생두를 볶음으로써 구수한 커피의 맛을 낼 수 있다는 것을 알게 된 것이다.

붉은 열매 속에 들어 있는 두 조각의 씨앗은 비교적 부드러워 칼로 쉽게 쪼갤 수가 있다. 정제과정을 거쳐 분리된 생두는 수분함량이 높기 때문에 건조시키지 않으면 쉽게 곰팡이가 발생하지만 일광이나 열풍으로 건조한 수분 함량을 13% 이하로 낮추어 놓으면 몇 년씩 저장하여도 그 품질을 유지할 수 있다.

그러나 이렇게 건조된 생두는 매우 단단하여 이것을 이용할 수 있는 방법은 한정될 수밖에 없다. 극히 일부 지역에서는 생두를 끓여 그 물을 마시기도 하나 커피 특유의 색과 향기뿐만 아니라 독특한 쓴맛이 없어 기호품으로서는 전혀 가치가 없다. 이처럼 단단하고 특색이 없는 생두에 뜨거운 열이 침투하면 그 특성이 완전히 달라진다. 볶음은 섭씨 200~230℃ 정도의 높은 온도에서 행한다. 볶음 과정 중 생두의 변화를 살펴보면 다음과 같다.

먼저 로스터 (볶음장치)의 온도를 확인한 후 생두를 투입하면 곧 이어 비릿한 풋내가 난다. 온도가 점차 상승하면서 생두는 부드러운 신축성을 갖게 되며 수분이 조금씩 증발하기 시작한다. 이어서 생두는 <사사삿>하는 둔한 소리를 내며 색상이 황토색으로 바뀌어간다. 점차 비릿한 풋내가 사라지면서 수분이 증발되면 생두는 부피가 줄어들면서 다시 딱딱해진다. 이제 색상은 진한 갈색으로 변하기 시작하고 가운데의 갈라진 부분이 벌어지기 시작한다. 점차 조직이 파열되면서 처음의 <사사삿>하는 소리는 <치칫치>하는 소리로 바뀌며, 고소한 커피 냄새가 나기 시작하면서 부풀기 시작한다. 연기가 조금

씩 나고 주름이 펴지면서 냄새도 점차 바뀌어간다. 시간이 지남에 따라 부피가 더 커지면서 검은 색이 나타나고 커피 냄새가 확실하게 나기 시작한다. 전체적으로 검은 색을 띠게 되면 작업을 완료하게 되는데 이때가 가장 중요하다. 지금까지의 흡열반응에서 발열반응으로 바뀌고 갑자기 온도가 상승한다. 볶아낸 커피는 즉시 냉각기로 옮겨 차가운 공기를 불어넣어 냉각시킨다.

볶는 과정 중에 많은 물리 화학적인 변화가 일어난다. 10~15분 정도 볶으면 약 15%~20% 정도의 중량이 감소되는데 이것은 내부 수분이 증발되고 유기물이 탄화하면서 발생하는 이산화탄소의 방출 때문이다. 커피 생두를 구성하는 세포는 20~35 기압의 압력을 받게 되어 부풀어 올라 대략 처음 부피의 60% 정도가 더 커진다. 수분이 감소하고 부피가 증가함으로써 단단하던 생두는 가볍고 다공질의 상태로 되어 쉽게 분쇄할 수 있다. 한편 생두에 함유된 당은 카라멜 반응을 일으켜 갈색 물질을 만들어낸다. 고온에서 일어나는 반응이기 때문에 볶는 온도가 높으면 높을수록 더 진한 색의 커피가 된다. 볶는 과정 중에 발생하는 화학변화는 매우 다양하여 여러 가지 새로운 물질들이 생성된다. 수분 함량은 10%에서 1%로 감소하고 지방 함량은 12%에서 16%로 증가하지만 이것은 수분 감소에 따른 상대적 증가 비율이다. 당은 10%에서 2%로, 클로로겐산(chlorogenic acid)은 7%에서 4.5%로 감소한다. 질소화합물은 12%에서 14%로 증가하고 카페인, 섬유소, 펙틴 및 회분은 변하지 않는다. 볶음 과정 중에 생성되는 물질은 주로 캐러멜 색소와 이산화탄소 그리고 700여 종에 달하는 여러 가지 휘발성 향기 성분이다. 이처럼 다양한 물질들은 섭씨160도부터 생성되기 시작하여 볶음 과정을 마칠 때까지 계속된다.

생두 속에 있던 수분과 볶을 때 발생하는 이산화탄소 및 휘발성 물질들은 섭씨 230℃를 넘어서면 팽창하여 조직세포를 파괴한다. 이때 마치 콩을 튀길 때 나는 것과 같은 소리가 나는데 이것은 바로 세포가 파괴되는 것을 말해주는 것이다. 이 소리는 볶음 과정 중에 두 차례 난다. 조직세포에 균열이 생길 때 휘발성 향기 성분이 가스와 함께 빠져나간다. 볶는 마지막 단계의 높은 온도에서 향기가 증가하다 사라지게 된다. 볶는 온도가 다르면 맛도 달라진다. 즉 가볍게 볶으면 신맛이 강한 커피가 되고, 강하게 볶으면 쓴맛이 많은 커피가 된다.

1) 생두의 선택

커피의 진정한 맛과 향기는 생두를 볶을 때 나타나지만 볶는 것만으로 맛을 창조하는 데는 한계가 있다. 요리에 비유한다면 생두는 쇠고기나 돼지고기 등의 원재료에 해당한다. 이 같은 재료는 훌륭한 요리사에 의해 멋진 요리로 바뀐다. 그러나 아무리 뛰어난 요리사라 할지라도 돼지고기를 가지고 쇠고기 요리를 만들 수는 없다. 커피 역시 마찬가지이다. 아무리 잘 볶아도 원재료인 생두의 품질이 좋지 못하면 우수한 커피가 만들어질 수 없다. 생두에 감추어진 맛과 향기는 볶은 후에 나타나기 때문에 어떠한 품질의 생두를 선택하는가에 따라 전혀 다른 커피가 나오게 되는 것이다. 전술한 바와 같이 우수한 품질의 생두를 선별하기 위해서는 먼저 생산지, 표기사항, 유통 과정이 어떠하였는가를 살펴보아야 한다. 그 다음 직접 생두를 손위에 놓고 씨앗의 충실도를 본다. 얼마만큼 충실하게 성숙하고 잘 익었는가에 따라 볶은 후의 부피감과 광택이 달라진다. 또한 생두의 윤기와 색상은 품질의 중요한 지표가 된다. 좋은 생두는 균일한 색상과 투명함을 느낄 수 있어야 하며 신선한 냄새를 가져야 한다. 모양과 크기가 균일하면서 손상두가 없어야 하며 건조도가 일정해야 볶았을 때 얼룩이 생기지 않는 일정한 제품을 만들 수 있다. 볶기 전에 이상 발효두, 흑두, 덜 익은 생두, 벌레 먹은 생두들을 철저히 제거하여야 한다. 만일 이 같은 손상두를 제거하지 않고 볶을 경우에는 손상두가 갖는 좋지 않은 냄새가 정상적인 생두마저 오염시켜 결국 최종제품에 나쁜 영향을 미치게 된다.

이상과 같이 생두의 크기, 모양, 색상, 냄새 및 이물질과 손상두의 함유 여부 등을 조사하여 생두를 선별한 후에는 소량의 생두를 미리 볶아 보아야 한다. 선별된 생두가 우수한 품질이라면 볶았을 때에도 색상, 광택, 크기, 향기 등이 생두의 품질 수준을 따라 주어야 한다. 따라서 볶음시험을 하면 생산년도, 정제 처리 상태 등 생두에 대한 많은 정보를 보다 명백하게 알 수 있다.

2) 배합(blending)

커피의 맛과 향기는 원두의 품종, 생산지, 기후, 생산년도, 정제방법, 저장기간 및 볶기 등 여러 가지 조건에 의해 결정된다. 그러나 많은 조건 가운데 빼놓을 수 없는 것 중의 하나가 바로 배합이다. 커피는 농산물이기 때문에 공산품과는 달리 일정한 품질 유지가 쉽지 않다. 다시 말해서 산지의 자연환경, 유통조건 등이 언제나 같을 수 없다. 따라서 커피의 맛과 향기가 일정한 품질을 유지하도록 특성이 다른 커피를 서로 섞어주는 것을 배합이라 한다. 배합을 함으로써 원하는 맛을 낼 수 있는 것이다. 이것은 맛의 조화만을 의미하는 것은 아니고 경우에 따라서는 개성미를 강조하여 숨겨진 맛의 비밀을 내보여주기도 한다. 배합의 목적 가운데 또 하나는 등급의 조정이다. 배합은 언제나 일등급의 원두만을 사용할 필요는 없다. 생두 가격에 맞추어 적절히 배합하여 주면 된다. 다만 가격만을 지나치게 생각할 경우에는 독창적이고 뛰어난 품질의 커피를 만들기 어렵다는 것을 유념하여야 한다.

배합은 생두의 엄선에서부터 시작된다. 이것은 외관도 중요하지만 개개의 커피 특성을 완전히 알고 있어야만 효과적인 배합이 가능한 것을 의미한다. 생두의 상태에서 배합할 경우에는 볶을 때 열 침투가 균일하게 일어날 수 있도록 생두의 크기 또는 건조 상태가 일정한 것을 선택한다.

배합하는 방법에는 다음 세 가지가 있다.

첫 번째는 서로 다른 특성을 가지고 있는 커피를 배합하는 방법이다. 이 경우는 모카와 콜롬비아, 산투스와 콜롬비아 등과 같이 평상시에 많이 접할 수 있는 커피를 중심으로 한 2종 배합을 기본으로 한다.

두 번째는 일반적인 커피에 개성이 강한 커피를 배합하여 줌으로써 맛을 강조하여 주는 방법이다. 주로 브라질 산투스 커피 등이 기본이 되고 여기에 콜롬비아, 모카, 킬리만자로, 하라, 자바, 로브스타 커피 등 3, 4종을 함께 섞어 준다.

세 번째는 감칠맛이 있는 우수한 커피를 기본으로 하여 여기에 다른 커피를 섞어 주는 방법이다. 예를 들면, 콜롬비아가 기본이 되고 모카, 하라, 산투스 등을 배합하는 것이 있다.

생두의 선택 기준을 보면 일반적으로 아라비카 종은 로브스타 종보다 습식법은 건식법보다 취급하기가 좋다. 생산국별로 보면 케냐, 탄자니아, 콜롬비아에서 주로 생산되는 콜롬비아 마일드가 가장 고급이고, 코스타리카, 과테말라, 자메이카, 엘살바도르, 페루, 멕시코 등에서 생산되는 아라비카 커피가 그 다음이다. 다음으로 브라질, 볼리비아, 에티오피아 등에서 생산되는 건식법 아라비카 커피가 있으며, 마지막으로 우간다, 인도네시아, 콩고 등에서 생산되는 로브스타 커피가 있다. 이들 가운데 로브스타 커피는 스트레이트용으로는 사용되지 않고 증량제로 배합하거나 향기가 그다지 중요하지 않은 인스턴트 또는 아이스커피용으로 사용한다.

배합용 커피는 맛에 의하여 구분되기도 한다. 일반적으로 신맛은 당해년도에 생산된 커피에 많이 나타난다. 신맛을 강조하고 싶으면 약하게 볶는다.

쓴맛은 로브스타 커피가 강하지만 이것은 상쾌한 쓴맛이 아니다. 커피의 특성을 나타내는 좋은 쓴맛은 우수한 품종의 커피에서 나온다. 단맛은 고지대에서 생산된 아라비카 커피에서 느낄 수 있지만 볶는 상태에 따라 달라지게 된다. 강하게 볶으면 단맛은 감소되고 대신 쓴맛이 점점 증가한다.

커피를 미각적으로 분류하여 보면 다음과 같다.

신맛이 강한 커피는 모카, 하와이 코나, 멕시코, 과테말라, 고산지 코스타리카산이나 당해년도에 수확된 커피 등이다. 쓴맛이 강한 커피는 우간다, 콩고, 인도네시아 등에서 생산되는 커피 및 만데린 등이며, 단맛의 커피는 킬리만자로, 콜롬비아, 메데린, 베네수엘라, 블루마운틴 등이다. 모카와 콜롬비아 메데린은 감칠맛이 뛰어난 커피이다. 한편 특별한 맛이 없는 커피가 있는데 브라질, 자연건식법 엘살바도로 커피, 저지대에서 생산되는 코스타리카 커피 등이 여기에 해당된다. 그러나 이 같은 분류는 어디까지나 획일적이기 때문에 모든 상황에 적용되는 것은 아니다. 커피의 맛과향기는 품종, 취급 방법, 볶는 정도 등에 따라 미묘한 차이가 생기므로 배합할 때에는 고정 관념을 버리고 작업에 임해야 한다.

3) 볶음(roasting)

취미로 커피를 볶아보는 경우에는 혹시 실패한다고 해도 큰 문제가 되지 않지만, 전문적으로 상품용 커피를 볶을 때는 세심한 배려를 해야 하며 특히 다음과 같은 점을 유념해야 한다. 즉 동일한 양의 생두를 언제나 같은 정도로 볶아서 같은 형사오가 맛을 내도록 해야 한다. 다시 말하면, 작업의 재현성이 중요한 것이므로 커피가 볶아질 때 그 단계별 차이에 세심한 관심을 갖고 있어야 한다.

그러나 볶음 과정을 구분한다는 것은 쉽지 않다. 왜냐하면 각 단계별 차이가 시간, 온도 또는 색깔 등에 따라 구분되지 않기 때문이다. 비유해서 말하면, 볶는 과정은 계단을 오르는 것이 아니라 경사진 길을 오르는 것과 같다, 따라서 이를 지나치게 세분하는 것은 불합리할 뿐만 아니라 여러 가지 불편을 만들 수 있다.

볶음의 단계를 가장 단순하게 분류해보면, 약한 볶음, 중간 볶음, 강한 볶음의 세 가지로 나눌 수 있다. 이러한 구분은 많이 사용되는 방법이기는 하나 미묘한 맛을 내기에는 부족한 점이 있기 때문에 중간 볶음과 강한 볶음을 다시 둘로 나누어 5단계로 하기도 한다. 한편 최근에 많이 사용하고 있는 아메리카식 분류 방식을 보면 다음과 같다.

(1) light roast

아직 생두가 부풀지 않은 상태로 새콤한 냄새보다는 퀴퀴한 냄새가 강하다. 향기가 없으며 커피 특유의 깊은 맛도 전혀 없기 때문에 실질적으로 사용할 수 없다.

(2) Cinnamon roast

라이트 로스트보다는 생두가 많이 팽창하였지만 아직 주름이 완전히 펴지지 못한 상태이다. 색상이 계피색 정도이기 때문에 시나몬 로스트라고 한다. 신맛이 강하고 커피향은 약하다. 아메리칸 로스트와 같은 의미로 사용되고 있다.

(3) Medium roast

첫 번째 팽창이 있은 후부터 두 번째 팽창을 하기 전까지의 단계로 생두는 충분히 부풀어 있는 상태이고 색상 또한 급격하게 변하기 시작한다. 커피의 특징인 신맛과 쓴맛 그리고 독특한 향기가 함께 나타나기 시작한다. 많이 이용되는 방법이다.

(4) High roast

두 번째 팽창을 시작한 후부터이며 미디엄 로스트보다 약간 더 진행된 상태를 말한다. 신맛이 약간 남고 쓴맛이 점점 강해지면서 감미로운 냄새가 난다. 높은 온도에서 볶을 경우에는 이때부터 프렌치, 이탈리아까지 빠른 속도로 진행된다.

(5) City roast

조금씩 기름기가 배어 나오기 시작한다. 신맛은 거의 없어지고 쓴맛과 달콤한 향기가 나는 것이 특징이다.

(6) Full city

어느 정도 강하게 볶은 것으로 기름기가 전체에 돌기 시작한다. 향기가 그다지 중요하지 않은 아이스커피용으로 사용한다.

(7) French roast

기름기가 전체에 번져 흐르고 색상은 검게 된다. 쓴맛이 다른 맛을 압도하기 때문에 에스프레소용이나 아이스커피에 사용한다. 풀시티에서 몇 초만 지나면 프렌치 로스트 상태가 된다.

(8) Italian roast

탄화되어 표면이 완전히 검게 되어버린다. 터키 커피 등에 약간 이용될 뿐이다.

이상과 같이 아메리카식 분류방식은 여덟 가지로 나뉘어져 있지만 라이트 로스트, 시나몬 로스트 그리고 이탈리안 로스트는 거의 사용하지 않기 때문에 앞서 분류한 다섯 가지 방식과 비슷하며 실질적으로 많이 사용되고 있는 분류 방식이다.

4) 볶는 동안 향미의 변화

정제가 끝난 생두는 대부분의 경우 오랜 저장기간과 장거리 수송과정에서도 큰 변화를 보이지 않지만, 30분이 넘지 않는 시간동안 열을 가하게 되면 색상, 향기, 맛 등이 완전히 달라진다. 이렇게 새롭게 태어난 커피를 원두커피, 배전두커피 또는 레귤러커피라고 부른다.

우리가 알고 있는 커피의 특성이 전혀 없는 생두가 원두커피로 바뀌는 것은 볶는 과정을 통하여 나타나는 여러 화학적 변화의 결과이다. 즉 서로 다른 맛이 조화를 이루고 카라멜화 반응으로 갈변 물질이 생성됨으로 인해 진한 검은 색의 액체를 얻을 수 있게 되는 것이다. 커피를 잘 볶기 위해서는 많은 경험과 정성을 필요로 한다. 지나치게 높은 온도에서 볶으면 콩의 내부가 물리 화학적 변화를 일으키기 전에 외부가 먼저 타 버린다. 또 지나치게 낮은 온도에서 볶을 경우에는 커피 특유의 향기가 없는 밋밋한 제품이 되어버린다. 향 자체는 저분자 휘발성 물질이 대부분이기 때문에 열에 오랫동안 노출될 경우에는 쉽게 날아가 버리기 때문이다. 따라서 볶을 때에는 가능한 한 짧은 시간에 효과적인 화학변화만을 일으킬 수 있는 범위 내에서 작업을 마쳐야 한다.

(1) 향기

커피의 생명은 향기라 하여도 지나친 말이 아니다. 커피에 향기가 없다면 그것은 꽃에 향기가 없는 것과도 같다. 향기는 커피의 맛을 좌우하기 때문에 볶아놓은 커피를 일일이 마셔보지 않더라도 냄새만 맡아보면 어느 정도 그 커피의 맛을 예측할 수 있다. 향기는 품종, 생산지, 생산년도의 작황, 정제처리, 저장기간과 상태, 볶는 방법 및 사용기계 등에 따라서 달라진다. 볶는 과정 중에 발생하는 향기 성분은 가스크로마토그래피 등 많은 분석기기를 사용하여 분석하고 있지만 아직도 많은 성분이 밝혀지지 않고 있다. 산, 알코올, 알데히드,

케톤, 에스테르, 함황화합물, 질소화합물, 카페올(caffeol) 등 수 백가지에 이르는 휘발성 물질들이 커피 향을 구성한다. 이들 물질들은 생두의 구성 성분인 탄수화물, 지질 및 단백질 등이 볶는 과정에서 높은 열을 받아 각종 산화, 환원 반응 및 열분해 등에 의해 생성된 것이다.

향기가 좋은 커피를 만들기 위해서 우수한 품질의 생두를 선택하는 것은 당연한 일이다. 생두는 중간 정도로 볶을 때 향기가 좋다. 또한 뜨거운 열풍을 사용하여 볶는 것보다 소형 직화 로스터를 사용하는 편이 더 좋다.

(2) 쓴맛

커피의 대표적인 맛으로 쓴 맛을 들 수 있다. 쓴맛의 강도와 질에 따라 커피에 대한 평가가 달라진다. 생두도 쓴맛이 나지만 매우 약하기 때문에 평가가 달라진다. 생두도 쓴맛이 나지만 매우 약하기 때문에 거의 느낄 수 없다. 커피의 쓴맛은 인공적으로 생성된 맛이며 볶는 과정에서 생두에 함유된 당, 전분 및 섬유소 등이 열을 받아 캐러멜 물질과 탄화물을 만들어 내기 때문에 생긴 것이다. 또한 카페인 등의 알칼로이드와 크로로겐산, 금속염 그리고 생두를 볶는 중에 발생하는 연기도 쓴맛의 원인이 된다. 로스터에 가득 찬 연기를 적절히 빼주지 못하면 이미 부풀어 오르고 있는 원두 속으로 스며들게 된다. 그렇게 스며들어 간 연기성분은 처음에는 쓴맛을 내지만 시간이 지남에 따라 훈연취로 바뀐다. 이것은 커피 고유의 맛이 아닐 뿐만 아니라 독특한 냄새로 인하여 커피 맛을 손상 시킨다.

보통 신맛이 강한 커피는 쓴맛이 약하고, 반대로 쓴맛이 강한 커피는 신맛이 약한 경향이 있다. 이 두 가지 맛을 잘 조화시키는 것이 좋은 커피를 만들어 내는 길이다. 한편 쓴맛을 나타내는 카페인은 커피의 약리적 특성을 나타내는 중요한 물질로 그 함량은 품종, 정제방법, 불의 세기, 볶는 시간 등에 따라 달라진다. 높은 온도에서 볶을 경우에는 카페인이 분해되므로 그 함량은 감소된다.

(3) 신맛

커피의 신맛은 쓴맛과 함께 커피의 맛과 질을 좌우하는 중요한 요소이다. 인스턴트커피의 맛에 익숙하여 일반적으로 신맛이 적은 커피를 좋아하는 경향이 있지만 뒷맛이 남지 않는 깨끗한 신맛이 있어야 우수한 커피라고 할 수 있다.

신맛은 커피의 품종, 생산지, 생산년도, 저장기간 및 추출방법 등에 따라 달라진다. 보통 아라비카 종이 로브스타 종보다, 고지대에서 생산된 것이 저지대산보다, 그리고 생산된 지 얼마 안 되는 것이 더 강한 신맛을 낸다.

커피의 신맛은 여러 유기산에 의한 것인데 강하게 볶을 경우에는 휘발성 유기산이 쉽게 비산하여 신맛이 약한 커피가 되고, 반대로 약하게 볶으면 신맛이 강한 커피가 된다. 이처럼 열에 의하여 산의 분해가 일어나고 쓴맛과의 조화 속에 커피 특유의 맛이 나타난다.

(4) 단맛과 감칠맛

품질이 우수한 커피에서 느낄 수 있는 단맛은 쓴맛과는 반대이지만 역설적으로 상쾌한 쓴맛 속에서 단맛을 느낄 수 있다. 생두 속에 함유되어 있던 자당, 포도당 등의 탄수화물이 볶을 때 높은 온도에서 카라멜화하여 쓴맛과 갈색 색소를 만들어 내고 그 나머지 반응하지 않은 당이 단맛을 낸다. 따라서 지나치게 높은 온도에서 볶을 경우에는 단맛이 소실되는 경우가 많다. 한편 커피의 깊고 풍부한 맛은 원두에 함유된 가용성 물질들 때문이다. 커피의 진한 향기와 추출물의 농후한 맛이 어우러져 커피의 맛을 형성한다.

5) 커피의 조성 성분

커피생두의 조성성분은 품종, 토양, 재배지역의 높이, 취급방법 등에 따라 달라진다. 이 가운데 가장 뚜렷한 차이를 보이는 것은 <표 부록-3>에서 보는 바와 같이 품종에 따른 차이이다. 커피에 함유된 유지는 로브스타 종이 7.0% 인데 비하여 아라비카 종은 13.7%와 14.3%로 거의 두 배에 달하고 있다. 총질소와 회분의 차이는 크지 않으며, 카페인의 함량은 로브스타 종이 2%가 넘는 반면 아라비카 종은 1% 정도로 그 함량이 적다. 크로로겐산은 아라비카 종이 로브스타 종보다 약간 낮게 나타났으며 단백질의 함량은 큰 차이가 없다. 자당은 로브스타의 4.2%에 비하여 아라비카 종은 7%가 넘어 두 배에 가깝다. 한편 총 탄수화물은 로브스타 종이 비교적 높다.

<표 부록-3> 커피 생두의 화학적 조성 (%)

품종	수분	지질	총질소	회분	카페인	클로로겐산	트리고넬린	단백질	환원당	자당	총탄수화물
African robusta	11.5	7.0	2.5	3.8	2.06	4.7	0.76	11.4	0.40	4.2	35.0
Colombian arabica	13.0	13.7	2.1	3.4	1.10	4.1	0.94	10.5	0.17	7.2	34.1
Brazilian arabica	11.0	14.3	2.2	4.1	1.01	4.1	1.24	11.1	0.27	7.1	32.0

커피 생두에 함유된 당류의 조성은 <표 부록-4>에서 보는 바와 같이 만노스가 주를 차지하고 있으며 갈락토스, 글루코스, 아라비노스 순으로 들어 있다. 당류의 함량은 품종에 따라 차이가 크고, 총 당류의 함량은 로브스타종이 아라비카 종보다 약간 높다.

<표 부록-4> 커피 생두의 당류 함량과 그 구성성분(%)

품 종	아라비노스	만노스	글루코스	갈락토스	합계
India robusta	4.1	21.9	7.8	14.0	48.2
Ivory coast robusta	4.0	22.4	8.7	12.4	48.3
Sierra Leone robusta	3.8	21.7	8.0	12.9	46.9
El Salvador arabica	3.6	22.5	6.7	10.7	43.5
Colombia arabica	3.4	22.2	7.0	10.4	43.0
Ethiopia arabica	4.0	21.3	7.8	11.9	45.0

우리가 알고 있는 커피 고유의 향취는 커피 생두에는 전혀 없을 뿐만 아니라 오히려 퀴퀴한 냄새가 배어 있을 뿐이다. 커피 향미 성분은 커피를 볶을 때 일어나는 많은 물리 화학적 변화에 의하여 생성된다. 시각적으로 그 변화를 뚜렷하게 알 수 있는 것은 색상이 엷은 녹색에서 진한 갈색으로 바뀌는 것과 볶은 커피의 부피가 커지는

것이다. 생두를 높은 온도에서 볶을 때 생두에 함유된 당이 카라멜화 반응을 일으킨다. 이 반응은 당 함량이 높은 식품을 가열할 때 흔히 일어나는 현상으로 그 결과 생성된 물질인 캐러멜은 물에 잘 녹는 갈색의 착색물질이다. 또한 당과 아미노산이 공존할 때 갈변반응이 일어나게 되는 데 이를 발견자의 이름을 따 <마이야르 반응>이라고 하거나 반응의 결과로 생성된 물질의 명칭을 인용하여 <멜라노이딘 반응>이라고도 한다. 캐러멜화 반응과의 차이점은 당의 카라멜화에는 상당히 높은 온도가 필요하나 마이야르 반응의 경우에는 낮은 온도에서도 자발적으로 일어난다는 것이다. 이 두 반응에 의하여 갈변되는데, 이것은 커피 외에도 홍차, 위스키, 빵, 간장, 된장 등의 특유한 빛깔이 나오게 된다. 동시에 형성되는 여러 가열 반응이 향미에 관계하게 된다. 한편 볶는 과정이 끝날 무렵 강한 발열 반응이 일어나 급격한 온도 상승과 함께 부피가 50~100% 정도 증가한다. 그러나 이 반응은 커피의 품종에 따라 그 구성성분과 물리적 구조가 다르기 때문에 언제나 동일하게 일어나지는 않는다.

<표 부록-5> 커피 생두와 볶은 콩의 화학적 조성(%)

성 분	생 두	볶은 콩
Hemicelluloses	23.0	24.0
Cellulose	12.7	13.2
Lignin	5.6	5.8
Fat	11.4	11.9
Ash	3.8	4.0
Caffeine	1.2	1.3
Sucrose	7.3	0.3
Chlorogenic acid	7.6	3.5
Protein (based on nonalkaloid nitrogen)	11.6	3.1
Trigonelline	1.1	0.7
Reducing sugars	0.7	0.5
미지 성분	14.0	31.7
합 계	100.0	100.0

<표 부록-5>는 생두와 볶는 콩의 성분을 조사한 것이다. 생두에 함유된 강요성 물질은 단백질, 당, 클로로겐산, 회분 등이다. 당의 대부분은 볶는 초기에 사라진다. 환원당은 초기에 생성되었다가 곧바로 반응을 일으켜 대부분이 사라진다. 단백질은 볶은 후에는 열 변성을 받았기 때문에 녹지 않게 된다. 볶은 커피의 맛과 향미는 주로 단백질에서 유도된 아미노산의 상호작용 및 분해에 의한 것으로 추정되고 있다.

<표 부록-6> 볶은 커피의 향미 성분 수

성 분	수
Hydrocarbons	51
Alcohols	19
Aldehydes	28
Ketones	70
Acids	20
Esters	30
Lactones	8
Amines	21
Sulfur thiols	13
Phenols	44
Furanes	108
Thiophenes	26
Pyrroles	74
Oxazoles	28
Thiazoles	27
Pyradines	13
Pyrazines	79
기타	11
합계	670

분석기기의 발달로 휘발성 향미 성분을 보다 정확히 측정할 수 있게 되었다. 볶아낸 커피의 향미 성분은 <표 부록-6>과 같이 670여종에 달하고 있다. 갓 볶아진 커피는 곧바로 향미를 잃기 시작하여

공기 중에 노출시켜 놓았을 경우에는 수일 안에 커피의 맛과 향기를 모두 잃게 된다. 이것은 커피를 볶을 때 수분의 증발과 부피의 팽창에 따라 조직세포가 다공질 상태가 되어 대기의 습기를 쉽게 빨아들이게 되기 때문이다. 커피에 흡수된 수분은 산소와 커피중의 지방이 반응하여 발생하는 지방산패의 촉매 역할을 함으로써 커피의 품질을 빠르게 악화시킨다.

6) 카페인(caffeine)

커피는 그 독특하고 향기로운 냄새를 통하여 말할 수 없는 풍요로움과 생활의 여유를 느끼기 때문에 마신다. 그러나 이에 못지않게 커피를 마신 후 나타나는 생리적 상쾌함도 커피를 도저히 멀리할 수 없게 한다. 즉 중추신경에 작용하는 카페인이 정신을 맑게 하고 집중력과 기억력을 향상시키며 외부자극에 대하여 빠른 반응을 나타낼 수 있게 한다. 이 같은 커피의 약리작용을 인식한 아랍과 유럽에서는 17세기경 통풍과 피부염의 치료제로 커피를 사용하기도 하였다. 커피가 인체에 미치는 영향에 대하여 많은 사람들이 관심을 갖기 시작한 이래 1820년 처음으로 커피에서 카페인을 분리하였다. 1827년 차에서 분리한 테인(thein)이 카페인과 동일한 성분으로 밝혀졌고 그 후 코코아, 중남미에서 마시는 마테차(maté), 콜라의 원료인 콜라열매 등 여러 식물체에서 카페인 성분이 발견되었다. 1875년 카페인의 구조가 1,3,7-trymethylxanthine으로 밝혀졌으며 찻잎에 함유된 theophylline, 코코아에 함유된 theobromine 등도 커피의 카페인과 유사한 methylxanthine 그룹에 속한다.

순수한 카페인은 냄새가 없고 쓴맛을 가진 하얀 분말로 물에 잘 녹으며 커피를 추출할 때물에 쉽게 용출된다. 용출되는 카페인의 양은 커피의 품종, 추출에 사용하는 방법 등에 의해 달라진다. 일반적으로 아라비카 종 커피의 카페인 함량은 1.1~1.7% 정도이고 로브스타 종 커피는 2~4.5% 정도이다. 또한 추출 방식 가운데 에스프레소식으로 끓인 커피의 카페인 함량이 가장 적은데 그 이유는 에스프레소 커피를 추출할 때, 고온 고압에서 추출하기 때문에 사용하는 물이 많지 않아도 되고 커피와 뜨거운 물이 접촉하는 시간도 30초 정도로 짧기 때문이다.

한편 인스턴트커피의 카페인 함량은 아라비카 종 커피에 비하여 약 2배 이상 더 함유되어 있는데 그 이유는 인스턴트커피를 제조할 때 카페인 함량이 높은 로브스타 종을 많이 사용하고 커피의 생산수율을 높이기 위하여 고온 고압에서 3~4시간 정도 추출하기 때문이다.

<표 부록-7> 각종 식품의 카페인 함량

품 명	카페인 함량(%)		1인분의 카페인 함량(mg)	
	범 위	평균값	범 위	평균값
Coffee, arabica	0.58~1.7	1.2	35~80	60
Coffee, robusta	1.2~3.3	2.2	60~140	120
Coffee, instant	2.2~5.0	3.3	45~105	65
Coffee,decaffeinated	0.03~0.09	0.6	2~6	3
Tea, black	1.2~4.6	3.0	20~48	35
Tea, green	1.0~2.4	1.9	17~40	24
Tea, instant	4.0~5.0	4.8	20~30	22
Cocoa, powder	0.08~0.35	0.2	1~8	4
Chocolate milk	0.01~0.025	0.02	2~7	5
Milk chocolate	0.005~0.04	0.02	2~14	6
Dark chocolate	0.02~0.10	0.08	6~28	23
Maté	0.9~2.2	2.0	36~42	40
Guarana paste	3.9~5.8	4.7		
Kola nut	0.8~2.2	1.5		
Cola and pepper drinks	0.08~0.16	0.09	20~30	28

※ 뜨거운 음료 180cc, 차가운 음료 240cc, 초콜릿 30g 기준.

자연계에서 카페인과 그 유사물질들은 약 60여종의 식물체에서 발견된다. 카페인의 함량 차이는 식물의 종류, 품종, 생육장소의 시후, 재배방법 등에 따라 달라진다. 차의 경우 어린잎일수록 카페인 함량이 높다. 또한 가공방법에 따라서도 카페인 함량이 달라질 수 있는데, 예를 들면, 커피를 높은 온도에서 볶게 되면 카페인이 승화되기 때문에 그 함량이 감소하게 된다. 널리 이용되고 있는 카페인 함유 식품들의 카페인 함량과 음료로 사용할 때 섭취할 수 있는 카페인의 평균치는 다음 <표 부록-7>과 같다.

커피보다 차의 카페인 함량이 더 높다. 그러나 450g의 찻잎을 가지고 약 200잔의 차를 만들 수 있지만 원두커피 450g을 사용하면 대략 40~50잔 정도의 커피를 추출할 뿐이다. 따라서 우리들이 일반적으로 마시는 한 잔의 차와 커피에 함유되어 있는 카페인의 양은 아라비카 종 커피의 겨우 60㎎ 정도로 차의 30㎎ 정도에 비하여 약 2배 정도가 되고 있다

인류의 카페인 섭취 형태는 인종과 지역에 따라 여러 가지 방식으로 나타난다. 중국에서는 오래 전부터 차를 마시고 있었으리라 추정되며 확실한 기록으로는 서기 350년경 차에 대한 이야기가 나오고 있다. 유럽 사회에 차가 전해진 것은 1600년 무렵이었고 그 후 영국인의 기호에 적합한 음료로 자리 잡으면서 중국에 대한 영국의 무역 역조 현상으로 나타나 이것을 만회하려는 영국은 인도에서 재배된 아편을 중국에 수출하여 결국 아편전쟁의 계기가 되었다. 아라비아 지역에서 커피를 마시기 시작한 것은 서기 1000년경부터이며 유럽에 커피가 전해진 것은 17세기 무렵이었다. 중남미의 아즈텍 인은 코코아를 식용하였으며 18세기 유럽에 전해진 코코아는 음료뿐만 아니라 초콜릿의 원료로 사용되게 되었다. 오늘날 코코아의 재배지는 아프리카의 상아해안, 동남아시아의 말레이시아와 인도네시아까지 넓혀졌으며 그 생산량은 240만 톤에 달하고 있다. 과테말라 등 중남미에서는 마테차를 즐겨 마시며 특히 전 세계의 모든 사람들이 즐겨 찾는 콜라와 여러 탄산음료 등에도 카페인이 함유되어 있다. 이는 카페인의 약간 쓴맛과 자극적인 특성이 시원한 청량감을 더해 주기 때문인데 점차 카페인이 전혀 함유되지 않은 천연 과일주스 등의 소비가 증가하는 추세이다. 한편 의약품용으로도 카페인이 많이 사용되고 있는데 카페인 제거 커피를 제조할 때 나오는 카페인을 일부 사용하고 나머지는 코코아 껍질에서 추출한 티오브로민을 메틸화하여 제조한 카페인으로 그 수요를 충당하고 있다.

카페인 섭취원은 연령에 따라 다른데 18세 민만에는 초콜릿, 청량음료, 코코아 음료 등이 주를 차지하고 성인이 되어서는 커피가 주가 된다.

한편 카페인의 이화학적 특성을 살펴보면 다음과 같다.

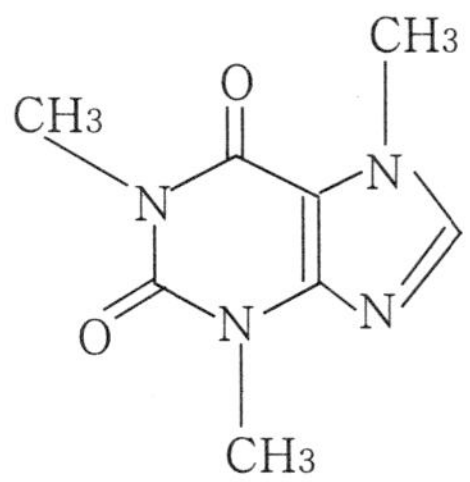

<그림 부록-12> 카페인의 분자구조

유기용매를 사용하여 추출한 무수 카페인은 하얀 결정상 물질이며 섭씨 235~237℃에서 용해된다. 섭씨120℃의 대기압 하에서는 분해되지 않고 그대로 승화하기 시작한다. 카페인 결정은 육각형이고 층층의 판구조를 형성한다. 물을 사용하여 추출한 다음 결정화하였을 때에는 길고 부드러우며 하얀 색의 침상결정이 된다. 물에 용해되는 정도를 살펴보면 섭씨 0℃에서 0.6%, 25℃에서는 2.13%, 그리고 100℃에서는 66.7%가 녹는다. 묽은 카페인 용액의 pH(수소지수)는 6.9이다. 묽은 산과 염기에 안정되며 염화물에는 바교적 잘 용해된다. 카페인이 인체에 미치는 영향을 정확하게 말하는 것은 쉽지 않다. 이는 카페인의 공급원이 무엇(커피, 차, 초콜릿 또는 순수하게 추출한 카페인)인가에 따라 그 대사가 달라질 뿐만 아니라 사람마다 카페인의 대사 정도가 다르기 때문이다. 일반적으로 카페인을 섭취한 지 1시간 정도 지나면 섭취된 총 카페인의 약 20% 정도가 분해되지만 이것 또한 개인별 차이가 크다. 남자에 비하여 여자의 카페인 대사가 빠른 편이지만 임신 중에는 대사활동이 늦어지는 경향이 있다. 특히 카페인은 생체막을 자유롭게 통과할 수 있는 소수성 물질로 조직세포와 태반 및 태아에까지 쉽게 침투할 수 있으므로 임신 중에는 가능하면 마시지 않는 것이 좋다. 체액 내에서 카페인이 절반으로 감소되는 반감기는 실험동물의 종류와 나이 및 개개의 조건 등에 따라 달라진다. 설치류의 경우 카페인의 반감기는 1~2시간 걸리지만 건강한 성인 남자의 경우에는 6시간 정도 소요되고 담배를 피우거나 다른 약을 복용할 때에는 카페인의 체내 지체 시간이 더 걸리게 된다. 갓 태어난 유아는 간에서의 분해 작용이 원만하지 못하여 카페인이 3~4일 정도 체내에서 머무르게 되고 이 같은 현상은 간이 심하게 손상된 어른의 경우에도 마찬가지이다.

신체 중량 kg당 2mg의 카페인을 섭취할 경우 5~10마이크로 몰의 카페인이 체액에서 검출된다. 이 정도의 양으로 피곤한 몸과 정신 상태를 맑게 하여 정상적인 업무수행을 할 수 있게 하여 준다. 가장 널리 알려진 카페인의 약리효과는 잠을 오지 않게 하는 것이다. 그러나 그 정도의 차이는 개인에 따라 다르며 마시는 양과 시간, 연령 등에 따라서도 다르게 나타난다.

카페인에는 약간의 이뇨작용이 있고 지방의 가수분해를 촉진하며 생리작용에 의한 열 발생을 증가시켜 신체의 각종 대사속도를 빠르게 한다. 그리고 폐의 혈액유입을 촉진시켜 이산화탄소의 배출을 활발하게 하고 골격근육의 수축을 원활하게 한다. 이 같은 복합반응 때문에 카페인은 유아의 일시적 호흡정지를 치료하는 의약품으로 사용되기도 하며 천식환자의 심한 기침을 치료하는 데 사용되기도 하며 천식환자의 심한 기침을 치료하는 데 사용되기도 한다. 카페인은 대뇌의 혈액흐름에도 영향을 미치므로 편두통을 치료하는 약품에도 사용되고 있다. 이런 종류의 약품에는 알약 하나에 보통 30~200mg 정도의 카페인이 들어 있다.

카페인의 섭취에 의하여 혹시 발생할지 모르는 돌연변이, 기형, 암 등에 대해서도 폭넓은 연구가 수행되었다. 카페인은 체내 세포막을 쉽게 투과할 수 있으므로 생식세포의 경우에도 카페인의 침투가 가능하다. 동물실험 결과 일반적으로 체액에 존재하는 양의 약 100배 이상을 투여하였을 때 돌연변이 현상을 볼 수 있었으나, 이 정도의 양이면 치사량 또는 그 이상의 양이 되기 때문에 우리가 일반적으로 섭취하는 정도의 카페인은 사람의 유전자에 영향을 거의 미치지 않을 것으로 보인다. 쥐를 대상으로 한 기형실험에서도 기형을 유발할 정도의 양을 투여했을 경우에는 쥐가 거의 죽고, 또한 이때 투여방식도 경구적이 아닌 주사에 의한 것이었으므로 그 독성이 더욱 강하게 작용하였으리라 추정된다. 사람에 대한 실험은 도의상 시도될 수 없기 때문에 동물실험을 통하여 추정할 수밖에 없지만 일상적으로 마시는 정도의 커피가 기형을 일으킨다고 보기 어렵다. 다만 앞서 설명한 바와 같이 카페인의 세포막 투과성이 아주 좋기 때문에 임신 중에는 될 수 있는 대로 커피를 삼가는 것이 좋다. 카페인의 발암성 여부에 대해서도 광범위한 실험과 함께 평상시 커피를 많이 마셨던 사람들에 관한 역학조사가 있었다. 많은 상반된 의견이 있었지만 대부분의 경우 섭취량과 직접적인 상 관계는 없었다. 사람은 평생에 걸쳐 수없이 많은 식품을 섭취하면서 살아가기 때문에 발암성 유무에 대하여 쉽게 단정을 내리는 것은 참으로 어려운 일이다. 한편 이론상으로 카페인이 인간의 유전자와 알킬레이트 또는 공유결합하지 않은 점을 고려할 때, 카페인이 직접적으로 암을 유발하지는 않을 것이라 추론할 수 있었다.

카페인의 치사율 즉 LD_{50}을 보면 포유류의 경우 거의 공통적으로 중량 kg당 약 200mg 정도이다. 이 정도의 양은 순수카페인을 혈관에 직접 투여할 경우로 환산하면 약 3.5g에 해당하며 경구적으로 순수카페인 약 10g 정도를 먹은 것에 해당하게 된다. 이것을 커피의 양으로 환산하면 아라비카 종 원두커피 150~160잔 정도를 일시에 마시는 분량에 해당되는데 현실적으로 그 같은 일은 거의 불가능하다.

모든 것이 다 그러하듯이 지나친 것은 좋지 못하다. 성인이 섭취하는 이상적인 카페인 함량은 하루에 300~400mg 정도이다. 이 정도의 양은 아라비카 종 커피 5~6잔 정도에 해당한다.

하루 몇 잔 정도의 커피를 마시는 것이 적당한지를 알려면 먼저 자신의 신체가 카페인을 얼마나 쉽게 분해할 수 있는지의 여부를 알 필요가 있다. 또한 품종별 커피 및 인스턴트커피의 카페인 함량이 각각 서로 다르다는 것도 염두에 두어야 한다. 우리의 신체는 자가진단체제가 효과적으로 운영되고 있기 때문에 하루에 몇 잔 정도의 커피를 마셨을 때 가장 상쾌한 기분을 느낄 수 있는가 하는 것은 본인 스스로도 알 수 있다. 자기에게 적절한 커피의 하루 섭취량은 다른 사람의 경우와 비교할 성질의 것이 아니기 때문에 자기 스스로가 판단하고 조절해야 할 문제이다.

7) 카페인이 제거된 커피

커피를 마신 후 느끼는 상쾌함은 카페인의 생리적 작용에 기인한다. 그러나 사람에 따라서는 카페인에 과민반응을 보이는 경우도 있으므로 심장과 혈액 순환계, 그리고 위장장애 등의 건강상 문제점을 갖고 있는 사람들은 카페인을 섭취하지 않는 편이 좋다. 그래서 이 같은 사람들도 커피를 즐길 수 있게 하기 위해 카페인을 제거한 커피가 나오게 되었다.

카페인 제거 커피를 처음 만들어낸 사람은 독일의 루드비히 로셀리우스(Ludwig Roselius)이다. 그는 1900년경 커피 맛 감정사로 일하던 아버지의 이른 죽음이 커피에 함유된 카페인과 관계가 있지 않았나 하는 의문을 갖고 많은 연구 끝에 커피에서 카페인을 제거하는 방법을 고안하였다. 그 후 1906년 독일의 브레멘에 있는 카페 하크(Kaffee Hag)라는 회사에서 <카페인 제거 커피>를 판매하기 시작하였다. 이 회사에서 만든 <카페인 제거 커피>는 커피 생두를 증기에 찐 후 벤젠과 유기염화물을 용매로 사용하여 카페인을 추출한 후 생두에 남아 있는 유기 용매를 수차례에 걸쳐 제거하고 건조시킨 다음 보통 커피와 마찬가지로 볶아낸 것이었다.

미국의 카페인 제거 커피 공장은 이로부터 몇 년 후 설립되었으나 제1차세계대전중 정부에 의해 커피공장이 징발되는 바람에 1932년까지 미국에서 카페인 제거 커피는 생산되지 못하였다. 1943년 제너럴 푸드사(General Food)의 베리(N. E. berry)와 월터스(R. H. Walters)가 일종의 여과기를 사용하는 방식으로 유기용매가 생두에 직접 닿지 않도록 하는 방법을 고안하여 <U. S. Patent No. 2309092>의 특허를 얻었다. 오늘날 이 특허는 시효가 만료되었으며, 이 방법에 의해 카페인 제거 커피가 대부분 생산되고 있다.

카페인 추출용 유기용매로 초기에는 주로 염화물이 사용되었다. 추출 속도를 빨리하기 위하여 커피 생두를 증기로 찌면 생두가 부풀어 올라 용매의 침투가 잘된다. 카페인을 효과적으로 추출하기 위해서는 생두를 용매에 충분하게 담궈 두어야 한다. 1977년까지는 트리클로로에틸렌(trichloroethylene)을 추출용 유기용매로 사용하여 왔으나 발암성이 의심되어 그 후 사용이 금지되었다. 대체 유기 용매로 메틸렌 클로라이드(methylene chloride)를 사용하기 시작하였으며 미국의 식품의약국(FDA)은 이 유기용매의 잔류 허용량을 10ppm으로 정하고 있다. 한편 염화물의 사용을 억제하기 위하여 미국에서 에틸아세테이트(ethyl acetate)의 사용이 허가되었으며 오늘날 생산되고 있는 카페인 제거 커피는 대부분 이 유기용매를 사용한 것이다.

선택적 용매가 아닌 물을 사용하여 카페인을 제거할 경우, 반복하여 커피를 씻어내는데 시간이 많이 걸릴 뿐만 아니라 생두에 함유되어 있는 여러 가지 가용성 물질인 당과 수용성 단백질 등도 함께 녹여버리기 때문에 커피의 품질이 떨어진다. 이보다 개량된 방법은 카페인을 함유하지 않은 농축된 커피 추출액에 커피 생두를 담궈 놓는 것이다. 이 같은 조건 아래에서는 카페인 이외의 고형물질은 빠져나가지 않게 된다. 카페인이 추출된 커피액은 활성탄소를 이용하여 카페인을 제거한 후 다시 사용할 수 있다.

추출한 커피 정유는 다른 식물성 기름과 혼합하여 카페인 추출 유기 용매로 사용하기도 한다. 이렇게 추출된 카페인은 물을 사용하여 기름에서 카페인을 분리할 수 있다.

가장 최근에 개발된 기술은 액체 이산화탄소를 사용하는 것이다. 액체 이산화탄소는 선택적으로 카페인만을 제거하고 다른 성분에는 영향을 미치지 않는다. 이 방법은 카페인을 제거하는 데는 가장 이상적이나 액체 이산화탄소에 카페인의 용해도를 높이기 위하여 300기압 이상의 고압이 필요하다. 따라서 설비 및 기타 비용이 너무 많이 들어가기 때문에 일반화되어 있지 않다.

어떤 방법을 사용하여 카페인을 제거하든지 정도의 차이는 있지만 커피의 품질이 떨어지는 것은 피할 수 없다. 뿐만 아니라 카페인을 제거한 커피는 보관 중 품질이 쉽게 저하되는데, 그 이유는 카페인을 제거하기 위해 사용한 유기용매가 커피세포의 피막을 둘러싸고 있는 왁스라고 불리는 고도 탄화수소 화합물까지 녹여버리기 때문이다. 그런데 이 왁스는 커피세포의 피막을 둘러싸고 있다가 볶았을 때 커피 내부에서 발생한 가스를 서서히 빠져나가게 하는 일종의 보호막 역할을 해준다. 커피 내부의 가스는 주로 이산화탄소이고 이것이 공기 중의 산소가 커피의 내부에까지 침투하는 것을 막아줌으로써 일종의 산화방지제처럼 작용한다. 따라서 유기용매가 왁스를 제거할 경우에는 산패가 빨리 일어나게 된다.

그러나 제품의 유효기간과 보존방법 등에 주의할 경우에는 카페인을 제거한 커피와 그렇지 않은 것과의 맛 차이를 구별하기란 쉽지 않다. 다만 쓴맛이 조금 감소되고 단맛이 상대적으로 증가하는 것 같은데 이것은 카페인 자체가 약간의 쓴맛을 가지고 있기 때문이다.

카페인 제거 커피의 제조과정 중에 추출한 카페인은 분리정제과정을 거쳐 순수한 카페인으로 만든 후 제약회사 또는 청량음료회사에서 이용한다. 카페인의 추출은 볶을 때 생성되는 향미성분의 손실을 막기 위해 생두의 상태에서 행한다.

8) 원두커피의 포장 및 보존

잘 볶은 원두커피는 알갱이 하나하나에 반점이 없고 속에까지 열이 균일하게 침투되어 씨다. 연기 냄새가 나지 않고 아름다운 색상과 광택이 나며, 원두를 칼로 자르거나 분쇄하였을 때 자른 단면이나 입자가 일정한 색상을 보이는 것이 양질의 원두커피가 갖고 있는 특징이다. 또한 깨물어 보았을 때 향기가 있는 쓴맛이 넓게 퍼지는 것이 좋다.

그러나 아무리 잘 볶았다 하더라도 보존상태가 좋지 못하면 빠른 속도로 품질이 나빠진다. 원두커피가 향기를 잃어가는 것은 볶는 과정이 끝나자마자 바로 시작한다. 볶아 놓은 커피는 공기 중에 노출되면서 원두 속에 들어 있던 이산화탄소가 방출되는데 이때 휘발성 향기도 함께 나가게 된다. 한편 공기 중의 산소와 습기는 다공질의 원두에 쉽게 부착하여 산화반응을 일으킨다. 산화반응은 원두커피에 함유된 지방분이 공기 중의 산소에 의하여 변질되는 것으로 특히 강하게 볶아 놓은 것은 기름이 표면에 배어나와 있기 때문에 더 쉽게 산화되는 경향이 있다. 그러나 산화반응은 곧바로 일어나지 않는데 그 이유는 세포 속에서 높은 압력상태로 존재하는 이산화탄소가 산소와 지방분의 접촉을 차단시키는 일종의 산화방지제의 역할을 하기 때문이다. 그렇지만 이와 같은 기능은 오래 지속되지 못하므로 보다 주의 깊게 포장하지 않으면 안 된다. 지방 산화를 가속화시키는 것은 산소, 높은 온도, 그리고 빛 등이기 때문에 이들을 효과적으로 차단할 수 있는 포장 방법이 필요하다. 보통 세 가지 방법을 사용하고 있는데 첫 번째는 진공포장 방법이다. 포장용기에 원두커피를 담은 후 공기를 완전히 제거하여 밀봉하는 방법이다. 공기를 제거할 때 이산화탄소와 향기도 함께 잃는다는 단점이 있지만 외부의 공기, 특히 산소의 접촉을 차단시킬 수 있기 때문에 내용물을 3개월가량 저장할 수 있다. 주로 분쇄하여 놓은 원두커피를 포장할 때 사용한다.

두 번째는 조그만 밸브가 부착된 용기에 포장하는 방법이다. 이 밸브는 내부의 가스는 배출시킬 수 있지만 외부 공기가 들어오는 것은 방지한다. 포장된 커피에서 발생하는 가스가 점진적으로 용기 내부의 공기를 밀어내기 때문에 용기에 바로 커피를 넣고 포장하여도 문제가 없다. 진공포장 방법과는 달리 처음의 향기를 잃지 않는 장점이 있다. 1년 정도 보존이 가능하다.

세 번째는 포장 용기에 커피를 넣은 다음 불활성 기체를 넣고 압력을 가하는 방법이다. 압력을 견뎌내야 하므로 강한 금속용기를 사용한다. 커피에서 과량의 기체가 발생할 것에 대비하여 안전밸브를 만들어 놓는다. 불활성 기체의 압력 아래 보존되기 때문에 3년 이상 보존할 수 있다. 압력이 높기 때문에 보존 기간 중 향기 성분은 세포벽을 둘러싸고 있는 지방에 부착된다.

이와 같은 상태의 커피를 추출하려면 고온과 고압을 사용하는 에스프레소용 추출 기구를 사용하여야 한다.

5. 커피를 끓이는 방법

커피의 재배에서부터 수확, 정선, 탈피, 건조, 저장, 배합 및 볶는 과정을 거친 원두는 이제 적절히 분쇄된 다음 마지막 단계인 추출과정에 들어가게 된다. 분쇄된 원두커피에 뜨거운 물을 부어 커피의 맛과 향기를 뽑아내는 것이 바로 추출이다. 훌륭한 커피를 만들기 위해서는 지금까지의 모든 과정이 똑같이 중요하다는 것은 다시 언급할 필요가 없다. 그러나 이들에 못지않게 추출 또한 중요하다. 추출에 사용하는 물, 추출용기와 추출방법, 그리고 추출하는 사람의 정성 등이 어우러졌을 때 멋진 맛과 향기가 나오게 되는 것이다.

맛있는 커피를 추출하려면 다음과 같은 기본 사항을 충실히 지켜야 한다. 우리가 마시는 커피는 실질적으로 99%가 물이다. 따라서 물의 사용에 주의하지 않고 좋은 커피를 추출한다는 것은 불가능한 일이다. 일상에서 사용하고 있는 물은 순수한 물이지만 이것 또한 커피추출용으로는 적절하지 못하다. 일반적으로 우리가 접하는 물은 연수와 경수가 있는데 커피를 추출할 때에는 연수를 사용하여야 한다. 커피 추출용 물에 대한 자세한 사항은 다음의 부재료편을 참고하기 바란다.

한편 커피를 추출하는 과정에서는 여러 가지 사항들을 세심하게 살펴야 한다. 우선 사용하는 여러 추출기구 및 기계 등은 언제나 청결하게 해야 한다. 커피에는 지방질이 함유되어 있어 추출할 때 추출용품에 쉽게 부착되는 경향이 있는데, 추출작업이 끝난 후 세척을 충분히 하지 못하면 이렇게 부착된 지방질이 공기 중의 산소와 결합하여 산패를 일으킨다. 이 같은 기구를 씻지 않고 다시 사용하면 좋은 커피를 만들 수 없다.

커피와 물의 양 그리고 사용하는 기구의 크기 등이 적절해야 한다. 이러한 것들의 균형이 맞지 않으면 너무 진한 커피가 되든지 또는 너무 싱거운 커피가 되고 말기 때문이다. 또한 추출하고자 하는 방법에 따라 분쇄정도를 달리 해야 한다. 보통 중간 정도로 분쇄하는 것이 좋지만 에스프레소용 커피는 미세하게 분쇄하는 것이 좋다. 추출한 커피는 가능한 한 빨리 마시는 것이 좋다. 추출하여 놓은 커피를 손님에게 제공하기 전까지 불 위에서 끓이고 있으면 안 된다. 다시 말하면 일단 추출한 커피는 끓이는 것이 아니고 데우기만 하는 것이다. 데우고 있는 상태라 할지라도 추출한 지 30분 이상 경과하면 폐기해야 한다. 왜냐하면 커피의 특징을 나타내는 여러 향미 성분들은 대부분 휘발성 유기산이므로 높은 온도에서 쉽게 날아가 버리고 이때 물도 함께 증발하기 때문이다. 오랫동안 뜨겁게 데우고 있으면 결국 향기 성분은 사라지고 쓴맛이나 떫은 맛 등 고분자 물질만이 농축되는 현상이 나타나게 되어, 쓰고 떨떠름한 맛밖에 남지 않는 좋지 못한 상태가 되고 만다.

원두커피는 될 수 있는 대로 추출하기 바로 전에 분쇄하는 것이 좋다. 미리 분쇄하여 놓은 것은 완전히 밀폐된 용기에 보관하고 새로 분쇄한 것과는 가능하면 섞어 쓰지 않도록 한다.

1) 여과 천을 사용한 드립(drip)식

지금까지 여과 천을 사용하여 추출하는 방식이 많이 이용되어 왔다. 이 방법을 사용할 경우 사용기구가 간단하여 가격이 저렴하며 추출하는 사람의 능력에 따라서 훌륭한 커피를 만들어 내는 것이 가능하다. 그러나 점차 많은 사람들이 이 방법을 사용하지 않는 것이 오늘날의 추세이다. 그러한 추세는 이 방법으로 추출한 커피의 맛과 향기가 다른 방법으로 추출한 커피의 그것에 비하여 떨어진다는 것을 의미하는 것이 아니고, 추출의 편리함, 효율성, 시각적 효과 등의 문제 때문이다. 즉, 사용하고 난 다음 여과천의 세척 및 보관에 지속적인 관심을 가져야 하며 만일 추출하는 사람이 잘못하였을 경우에는 우수하고 균일한 품질의 커피를 맛보기가 어렵기 때문이다. 또한 시간과 작업의 효율성이 떨어지는 단점이 있다.

여과 천을 사용하여 추출할 때 사용하는 원두커피는 중간 정도의 크기로 분쇄한다. 추출방식은 다음과 같다.

깨끗한 물로 씻어놓은 여과 천을 주름이 지지 않게 펼쳐놓고, 분쇄된 원두커피를 계량하여 여과 천에 넣는다. 많은 양을 추출할 경우에는 가운데를 약간 오목하게 하는 것이 좋은데, 다섯 잔 정도 추출할 때는 상관없다. 완전히 끓은 물을 커피의 가운데부터 돌려가며 가볍게 부어 준다. 처음에 뜨거운 물을 부으면 20초 정도 만에 커피분말이 팽창한다. 이때 커피분말의 하나하나로 뜨거운 물이 침투한다. 두세 번째 물을 부으면 많은 거품이 일어나면서 커피의 주성분이 추출된다. 네다섯 번 정도 물을 부으면서 추출을 완료한다. 이때 만일 거품이 완전히 없어진 다음에 뜨거운 물을 붓게 되면 추출이 잘되지 않아 시간이 많이 걸리게 된다. 이렇게 되면 추출온도가 떨어지게 되고 커피성분이 용출되기 어렵기 때문에 맛과 향기가 떨어진 커피가 되고 만다. 석 잔 이상 추출할 경우에는 보통 3분 정도 걸린다.

추출이 끝나면 여과 천을 바로 세척한다. 여름철에는 물의 온도가 높기 때문에 특히 세척용 물에 주의를 기울여야 한다. 하루 일과가 완전히 끝났을 때에는 깨끗하게 세척한 여과 천을 비닐봉지에 담아 냉장고에 보관한다.

2) 여과지를 사용한 드립식

여과천의 지지대는 끝에서 잡아주는 역할밖에 하지 않기 때문에 물과 커피분말의 접촉이 탄력 있게 작용하여 다양한 맛을 창출할 수 있다. 반면 여과지를 사용하면 추출용기에 여과지를 밀착해야 하므로 물이 커피 분말 전체를 자유롭게 감싸지 못한다. 따라서 여과지를 사용하면 여과 천에 비하여 개성 있는 맛을 내기는 어렵지만 대신 언제나 일정한 맛을 낼 수 있다. 또한 여과천은 세제를 사용할 수 없기 때문에 여러 번 사용할 경우에 좋지 않은 냄새가 밸 수 있지만 여과지는 일회용이기 때문에 세척이나 보존에 신경을 쓸 필요가 없어 가정에서나 초보자가 쉽게 사용할 수 있다.

사용하는 원두커피는 중간 정도 또는 그보다 좀 더 미세하게 갈아도 좋다. 보통 소량 추출용으로 많이 이용한다. 추출과정은 다음과 같다.

먼저 여과지를 용기에 완전히 밀착 시키는데, 확실하게 하기 위해서 뜨거운 물을 몇 방울 여과지에 떨어뜨리기도 한다. 그 다음 커피분말을 편평하게 넣는다. 처음에 넣는 물의 양은 분말을 충분히 적셔주는 정도면 된다. 지나치게 물을 많이 넣지 않도록 한다. 만일 충분히 팽창되지 않으면 이것은 물의 온도가 낮거나 커피가 오래되었다는 것을 의미한다. 두 번째 물 투입부터는 여과 천을 사용하는 추출방식과 거의 동일하게 하면 된다. 추출 완료 후 보온이 잘 되지 않기 때문에 가볍게 가열한 후 제공한다. 이때 끓이지 않도록 주의한다.

3) 사이폰(siphon)식

사이폰식은 시각적 효과를 극대화 시킨 추출방식이다. 열을 가했을 때 발생하는 물리적 팽창과 진공을 이용하는 것으로 향기를 느끼고 마시는 즐거움에 추출과정을 직접 볼 수 있는 기쁨을 더해 준 것이다.

여과 천과 여과지 그리고 사이폰은 각각의 장단점을 가지고 있기 때문에 어떤 방식이 좋고, 또는 좋지 않다고 말할 수은 없다. 사이폰의 특성을 보면 추출방식만 확실히 지킬 경우 언제든지 멋진 커피를 만들 수 있다. 사이폰 식은 드립식과는 완전히 다른 방식이다. 즉 드립식은 뜨거운 물이 커피분말을 스쳐 지나가며 추출되지만 사이폰식은 커피를 뜨거운 물에 잠겨 있게 한 후 추출하는 일종의 침지식이라고 할 수 있다. 여과 천을 사용하는 드립식이 가장 좋은 커피를 추출할 수 있지만 여기에는 많은 경험과 노력이 필요하다. 일반적으로 드립식으로 추출한 커피는 부드럽고 감칠맛이 있다고 하며 사이폰식 커피는 옅은 맛이 난다고 한다. 그러나 사이폰을 사용하여도 커피분말의 상태, 물의 온도, 침지시간 등에 주의하면 드립식 못지않은 커피를 추출할 수 있다.

사이폰식을 사용하는 커피는 비교적 미세하게 분쇄하는 것이 좋다. 가열장치는 가스, 전열기, 알코올램프 등 여러 가지를 사용할 수 있다. 가정용이나 소량 추출할 때에는 알코올램프를 사용하는 것이 편리하다.

추출 순서를 보면 먼저 플라스크에 끓는 물을 넣고 가열한다, 물은 언제나 완전히 끓인 것을 사용한다. 사이폰의 윗부분인 롯드에 추출분량의 커피를 넣고 플라스크에 끼워 넣는다. 롯드로 올라오는 물의 온도가 카피의 맛을 좌우한다. 물의 온도가 낮으면 유효성분이 충분히 추출되지 못하고, 지나치게 높을 경우에는 쓴맛이 강한 커피가 되고 만다. 물의 온도는 섭씨 93℃ 정도가 적당하다. 롯드로 올라간 물은 롯드와 커피에 접촉하면서 온도가 떨어지게 되어 실제로 추출되는 온도는 섭씨 85℃ 정도가 된다. 특히 겨울철이나 소량 추출할 경우에는 온도의 편차가 심하게 되므로 롯드를 사용하기 전에 미리 따뜻하게 해놓을 필요가 있다. 사이폰은 유리제품이기 때문에 파손되기 쉽다. 물을 넣고 불 위에 올려놓기 전에 수건으로 물기를 완전히 제거한다. 또한 롯드를 끼우거나 뺄 때도 깨지지 않도록 조심하여야 한다. 롯드에 미리 원두커피를 담아 오거나 롯드를 끼우자마자 바로 커피를 넣는다. 플라스크의 물이 롯드로 모두 올라간 다음에 불을 약하게 한다. 만일 계속 뜨겁게 가열하고 있으면 물이 끓게 되면서 자연교반이 일어나 품질 및 미관상 좋지 않다. 뜨거운 물이 롯드에 완전히 올라온 다음에 대나무 주걱으로 가볍게 저어준다. 저어주는 것은 덩어리진 것을 풀어주는 정도로 끝내야 한다. 지나치게 오랫동안 저어주면 커피에 함유된 좋지 못한 맛까지 함께 추출되기 때문에 오히려 맛과 향기를 나쁘게 한다. 추출은 될 수 있는 대로 빨리 끝내는 것이 상쾌한 맛을 낼 수 있는 비결이다. 추출시간은 롯드에 물이 올라온 후 1분 정도면 충분하다. 시간이 지나고 불을 끄면 플라스크의 압력이 낮아져 롯드에 있던 커피 추출액은 플라스크로 되돌아온다. 추출이 끝난 사이폰 용기는 깨끗하게 세척한다. 특히 롯드의 여과장치에는 미세한 커피분말이 많이 부착되어 있기 때문에 주의 깊게 세척하여야 한다.

4) 퍼콜레이터(percolator)식

퍼콜레이터에 사용하는 원두커피의 분말은 추출용기의 망에서 새지 않도록 거칠게 분쇄해야한다. 물을 필요한 만큼 바스켓의 밑에 닿지 않도록 집어넣는다. 물이 끓기 시작하면 불에서 내려놓고 바스켓에 커피분말을 넣고 다시 불 위에 올려놓는다. 용기의 유리 덮개를 통하여 끓는 상태를 볼 수 있다. 3~4분지나 불에서 내려놓는다. 바스켓을 꺼내고 떠 있는 커피분말이 가라앉게 되면 커피를 컵에 따른다.

퍼콜레이터를 사용하여 추출한 커피는 상당한 시간 끓여버렸기 때문에 커피 본래의 값은 맛이 나지 않는 단점이 있다.

5) 에스프레소(espresso)식

에스프레소 커피는 물을 끓여 고압의 수증기로 바꾸고 이것이 바스켓 속에 담아놓은 원두커피의 성분을 신속하게 추출하는 방식이다. 따라서 에스프레소 커피는 강한 향기와 진한 맛이 살아 있는 커피가 된다. 에스프레소용 원두커피는 아주 강하게 볶은 것을 미세한 분말로 만들어 사용하며 사용량은 8~9g 정도를 1인분으로 한다. 만일 커피분말이 필요이상으로 미세하고 양이 많으면 바스켓 내의 커피 표면에 물이 남아 완전히 추출되지 않는다. 에스프레소 커피를 추출할 때에는 용기내의 물의 양과 압력을 확인한 다음 추출용기를 따뜻하게 하거나 압력을 일정하게 하기 위해서 증기를 2~3회 방출한다. 바스켓에 커피를 강하게 눌러놓는다. 증기압력에 의해 뜨거운 물이나 수증기가 분출하는 것을 막기 위해 바스켓을 넣은 홀더가 확실하게 부착될 수 있게 한다.

에스프레소 커피는 순간적인 추출이 가능하며 아이스커피 등 다양한 메뉴를 만들어 낼 수 있다. 또한 고압증기를 사용하기 때문에 추출온도가 높아 다시 가열할 필요가 없다.

여러 방식을 사용하여 추출한 커피는 다음과 같은 점을 주의하여 살펴보아야 한다. 마실 때 혀에 닿는 촉감이 마치 미세한 분말이 있는 것처럼 느껴지지 않고 상쾌하게 매끄러운지, 눈으로 보았을 때 검게 흐려져 있는 상태가 아니고 붉은 기운이 감돌면서 투명한지, 그리고 부드러운 향이 넘쳐흐르는지 등이 확인되면 이 커피는 우수하고 멋진 커피가 되는 것이다.

여기서 주의할 점은 일단 추출한 커피를 다시 끓이는 것은 절대 삼가야 한다. 앞에서 설명한 바와 같이 끓이는 동안 향기가 손실되어 버리기 때문에 일단 추출해 놓은 커피는 끓이는 것이 아니라 데우기만 해야 하며 데우는 시간도 30분을 초과하면 안 된다. 추출해 놓은 커피의 온도가 떨어지면 지방질의 응고가 일어나 커피 혼탁의 원인이 된다.

아이스커피의 경우에는 추출한 즉시 냉각시킴으로써 커피의 향기, 투명도, 맛 등을 잘 유지할 수 있다. 아이스커피를 만들 때는 물을 소량 사용하여 진하게 추출한 다음 얼음을 넣어 커피를 식히면서 농도를 맞추는 방법과 추출한 커피에 얼음을 담은 비닐봉지를 넣어 냉각시키는 방법이 있다. 전자는 커피농도의 변화에 주의하지 않으면 균일한 아이스커피를 만들기 어렵다. 한편 비닐봉지를 사용할 경우에는 혹시 있을지 모르는 비닐 냄새에 조심해야 하고, 만들어 놓은 아이스커피는 될 수 있는 대로 그날로 소비하는 것이 좋다.

지금까지 추출의 종류, 추출 기구에 따른 여러 차이점 등을 살펴보았다. 커피는 어디까지나 기호품이기 때문에 마시는 사람의 취향에 따라 좋아하는 특성이 달라질 수 있다. 따라서 모든 사람이 다 좋아하는 커피를 만들어 낸다는 것은 어쩌면 불가능한 일인지도 모른다. 그러나 가능한 한 많은 사람이 좋아하는 커피를 만들기 위해서는 다음과 같은 점에 주의를 기울여야 한다.

먼저 향기가 좋고 신맛, 쓴맛, 단맛 및 감칠맛이 조화를 이룬 커피원두를 구한다. 그런 다음 커피입자의 크기는 추출 기구에 적합한 크기로 분쇄한다. 추출용 물은 경수 또는 좋지 않은 냄새가 나는 물은 사용하지 않고 연수나 경수 또는 좋지 않은 냄새가 나는 물은 사용하지 않고 연수나 아경수를 사용한다. 1인분 커피의 커피와 물의 양은 각각 10~12g, 150cc정도가 적합하다. 추출에 사용하는 물은 언제나 끓는 물을 사용하지만 커피분말에 접촉하는 온도는 93~94℃ 정도가 적합하며 수회에 걸쳐 뜨거운 물을 넣을 때 물의 온도를 될 수 있는 대로 일정하게 한다. 철, 주석, 알루미늄, 구리 등은 커피맛에 좋지 않은 영향을 미칠 수 있으므로 추출용기 등에 사용하지 않는 것이 좋다. 추출용기, 필터 등은 언제나 깨끗한 상태를 유지하여야 한다. 추출한 커피를 잔에 따라 놓았을 때의 온도는 60~65 ℃ 정도가 적합하며 커피 맛을 순수하게 느끼고 싶을 때는 설탕과 크림을 넣지 않고 그대로 마신다. 이 때 커피의 쓴맛과 신맛을 정확하게 알 수 있다. 크림을 넣을 경우에는 언제나 설탕을 먼저 넣고 녹인 다음 커피의 온도가 85℃ 이하로 내려가면 크림을 넣는다. 만일 너무 커피가 뜨거울 때 크림을 넣으면 커피에 함유된 산에 크림의 단백질이 응고하여 혼탁이 생길 수 있기 때문이다.

이상과 같은 기본지식 외에도 추출 공전에 대한 이해, 그리고 정말로 좋은 커피를 제공하겠다는 마음가짐이 중요하다.

6. 생산지별 커피의 특징

커피는 품종별로 구분하는 것이 기본이다. 그 밖에도 정제 방법에 따른 구분 등 여러 가지가 있으나 일반인들에게는 아무래도 낯설기 때문에 비교적 알기 쉬운 산지별 또는 국가별로 구분하는 것이 일반화되어 있다. 이것은 생산지에 따라 재배하는 커피품종이 어느 정도 일정하기 때문에 가능하다. 다만 주의할 것은 어디까지나 이것은 일반적인 사항이지 절대적인 것은 아니라는 점이다. 따라서 국가별 분류를 참고로 하여 보다 더 깊은 맛의 세계를 탐구하는 태도를 지녀야 한다.

1) 브라질

세계 최대의 커피 생산국으로 전 세계 총생산량의 30%를 차지하고 있다 남아메리카의 거의 절반을 차지하는 광대한 토지에서 커피가 생산되고 있기 때문에 그만큼 토양, 생산 지역의 고도차, 기후, 재배방법 등에 따른 차이가 클 수밖에 없다. 브라질 자체의 기준에 의하여 품질평가를 하고 있으며 가장 품질이 좋은 커피를 <Type No. 2, 스크린 18>로 규정한다. 브라질 커피를 대표하는 것을 브라질 산투스 커피라고 한다. 상파울루 지방에서 생산된 커피가 산투스 항구를 통하여 주로 수출되기 때문에 이 같은 명칭이 붙었다.

브라질 커피는 중후한 쓴 맛과 신맛의 조화를 그 특징으로 하는데, 스트레이트용으로도 사용되지만 브렌딩용으로 없어서는 안 될 커피이다.

2) 콜롬비아

남아메리카 대륙의 북서부에 위치한 콜롬비아는 카리브해와 태평양에 접해 있으며 대부분이 산과 고원지대이다. 콜롬비아는 브라질 다음가는 커피 생산국이다. 특히 가장 좋은 커피의 대명사인 콜롬비아 마일드의 대표적 생산국가로 총생산량의 70~80%를 담당하고 있다. 이곳에서 생산되고 있는 커피 가운데 콜롬비아 메데린은 세계최고급품으로 주로 산악지방에서 생산되고 있으며 연녹색으로 외관과 향기가 좋으며 독특한 깊은 맛을 갖고 있다. 콜롬비아 커피는 스트레이트나 블렌딩 어느 쪽으로 사용하여도 좋다.

3) 페루

안데스 산악지대에 있는 국가로 북부 피우라에서 동남쪽 끝에 있는 쿠스코까지가 커피의 주생산지이다. 특히 중부지역 찬차마이로가 잘 알려져 이 지명을 딴 커피 이름으로 거래가 이루어진다. 페루 커피는 고산지 습식법 커피로 입자가 크고 맛이 편중되지 않은 고급 커피이다.

4) 자메이카

자메이카는 카리브 푸른 바다 위에 떠 있는 아름다운 나라로 세계 최고의 커피가 생산된다. 자메이카의 블루마운틴 산맥의 이름에서 유래된 블루마운틴 커피는 비옥한 검은 토양과 적당한 온도, 그리고 알맞은 강우량 등의 최적의 조건을 갖춘 해발 800~1500m의 고산 지대에서 생산되는 것으로 세계에서 제일가는 명성을 얻고 있다. 블루마운틴 커피는 부드러운 신맛과 단맛, 쓴맛 그리고 감칠맛이 함께 어우러져 마치 블렌딩에 이하여 최고의 맛을 만들어 놓은 것과 같다. 그러나 그 생산량이 많지 않아 가격이 비싼 것이 흠이다. 영국 왕실에서 많이 구입하여 가기 때문에 왕실 커피라고도 한다. 등급별 구분은 No.1(S-18), No.2(S-17.18), No. 3(S-17), 피베리 등으로 나누고 있다.

5) 과테말라

중앙아메리카에서 최고급 커피를 생산하는 국가이다. 커피 생산지의 명칭을 빌어 과테말라 안티과라고 불리우는 커피는 우아한 신맛과 독특한 쓴맛을 갖고 있으며 깊은 맛과 향기를 느낄 수 있는 고급 품종이다.

6) 예멘

예멘은 전형적인 농업국가로 커피 생산량이 극히 적고 건식법 처리를 한다. 그 때문에 불량두의 많기 때문에 로스팅하기 전 주의 깊게 정선하여야 한다. 모카커피는 부드러운 신맛과 독특한 향기가 특징인 고급커피이다. 아라비아 반도를 남북으로 나누고 있는 고원지대에서 생산되고 있는 커피를 그 옛날 수출항구의 이름을 붙여 모카커피라고 한다. 오늘날 모카커피는 두 가지로 구분하는데 예멘산 커피를 모카마타리라고 하며 모카하라는 에티오피아산 커피를 말한다.

7) 에티오피아

아프리카 북동부에 위치하고 있으며 국토의 대부분이 고원지대이기 때문에 열대지방임에도 불구하고 연평균 기온이 10~15℃ 정도로 커피 재배에 적합하다.

에티오피아는 처음으로 커피가 발견된 곳이라는 전설로도 유명하다. 해발 2000~3000m의 아비시니아 고원지대에서 생산되는 커피는 예멘에서 모아져 수출되기 때문에 모카하라라는 명칭이 붙여졌다. 모카하라는 모카마타리보다 맛이 좀 떨어지지만 비교적 중성의 맛으로 독특한 향기가 있다.

8) 탄자니아

아프리카에서 가장 높은 킬리만자로 산을 케냐와 함께 접하고 있다. 킬리만자로의 경사진 고원지대에서 생산되는 탄자니아의 커피는 킬리만자로 커피라는 명칭으로 불리 우고 있다. 킬리만자로 커피는 습식법 아라비카 커피로 입자가 크고 녹회색이며 신맛이 강한 개성 있는 커피이다. 그 품질이 매우 뛰어나기 때문에 세계적으로 호평 받는 커피이다.

9) 우간다

우간다는 동부 아프리카의 내륙지방에 있으며 국토의 중앙으로 적도가 지나가고 있으나 평균 1200m 정도의 고원지대이기 때문에 너무 덥지 않고 기온의 차이가 별로 없어 커피 재배에 적합하다. 대부분 로브스타 종을 생산하고 있으며 우간다 로브스타는 자바 로브스타 다음으로 품질이 좋다.

<표 부록-8> 주요 커피의 특징

품 명	산 지	특 징
모카하라	에티오피아	독특한 향기, 부드러운 신맛과 감칠맛
브라질	남미	향기가 좋음, 적당한 쓴 마소가 신맛
콜롬비아	남미	달콤한 향기와 부드러운 신맛, 감칠맛
베네수엘라	남미	가벼운 신맛과 적당한 향기, 약간 쓴맛
페루	남미	부드러운 신맛과 감칠맛
과테말라	중미	달콤한 향기와 우수한 신맛
멕시코	중미	풍부한 향기와 적절한 신맛
코스타리카	중미	풍부한 향기와 적절한 신맛
온두라스	중미	우수한 신맛을 갖는 부드러운 맛
블루마운틴	자메이카	단일 품종으로 가장 조화된 맛을 가진 최고급품
코나	하와이	강한 신맛과 달콤한 향
로브스타	인도네시아, 아프리카	강한 신맛과 쓴맛, 특이한 향
만데린	인도네시아	감칠 맛이 있는 부드러운 신맛
킬리만자로	탄자니아	강한 신맛과 달콤한 향기가 있는 우수한 커피

<표 부록-9> 맛에 의한 주요 커피의 분류

맛	분 류
신맛이 많은 커피	모카, 킬리만자로, 코스타리카, 멕시코
단맛이 많은 커피	콜롬비아, 과테말라, 멕시코, 온두라스
쓴맛이 많은 커피	만데린, 자바 로브스타
감칠맛이 많은 커피	콜롬비아, 과테말라, 멕시코, 킬리만자로
향기가 강한 커피	모카, 콜롬비아, 과테말라, 만데린
특징이 뚜렷하지 않은 커피	브라질, 온두라스

10) 인도

회교 순례자 바바 부단이 가져 온 7개의 커피 씨앗이 마이소아 지방에서 1670년 무렵부터 번창하기 시작하였다. 1820년경부터는 영국인들이 대규모 커피농장을 조성하였다. 1910년 병충해에 강한 로브스타 종이 인도네시아에서 도입되어 현재는 아라비카 종 커피가 55%, 로브스타 종 커피가 45%정도 생산되고 있다.

11) 인도네시아

자바, 수마트라, 보르네오 등 수많은 크고 작은 섬으로 이루어진 국가이다. 적도가 지나가고 있어 무덥기 때문에 아라비카 종 커피를 생산하기에는 적합하지 않아 인도네시아 거의 대부분 지역에서 로브스타 종 커피를 생산하고 있다. 특히 자바에서 생산되는 자바 로브스타는 로브스타 종 커피 중에서 품질이 가장 좋다.

12) 파푸아뉴기니

섬 전체가 고온 다습한 열대우림기후이다. 섬의 중앙을 비스마르크 산맥이 지나가고 있어 이곳의 고원지대에서 매우 좋은 커피가 생산된다. 파푸아뉴기니에 커피가 도입된 것은 19세기경이고 1950년경부터 본격적으로 재배되기 시작하였다. 아라비카 종 커피가 전체의 95%를 차지하고 있다.

7. 커피에 사용되는 부재료들

커피음료의 주체는 물론 커피 원두이다. 엄선된 생두를 알맞게 볶아낸 다음 적절하게 분쇄하여 놓았을 때 은은히 퍼지는 커피향기는 바로 그것만으로도 우리의 마음을 풍요롭게 해줄 수 있다. 그러나 이 상태에서는 식품이 될 수 없다. 원두커피에 뜨거운 물을 사용하여 추출했을 때 비로소 기호음료가 되는 것이다. 더욱이 커피는 꼭 필요해서 마시는 것이 아니기 때문에 각 개인의 취향에 따라 여러가지 부재료를 첨가 할 수 있다. 예를 들면, 커피에 달콤한 맛을 더해 주기 위해 설탕을 첨가하거나 우유 또는 생크림, 심지어 커터를 커피에 넣어 유제품 특유의 부드럽고 고소한 맛을 강화할 수 있다. 갖가지 향신료를 첨가하여 다양한 맛을 구사할 수도 있으며 알코올

함량이 높은 술을 몇 방울 떨어뜨려 커피와 술의 향기가 서로 어우러지게 할 수도 있다. 이처럼 커피와 함께 사용하여 커피 맛을 더욱 다양하고 풍요롭게 할 수 있는 것을 커피 부재료라고 한다.

1) 물

커피음료는 99%가 물이다. 나머지 1%에 커피 추출물과 여러 향기 물질 그리고 맛을 좌우하는 성분들이 함유되어 있다.

이들 물질들이 커피의 모든 것을 나타내는 것은 당연한 일이다. 그러나 커피 추출액의 대부분을 물이 차지하고 있기 때문에 사용하는 물의 영향을 무시할 수 없다.

물만큼 많은 물질을 녹일 수 있는 물질은 없다. 따라서 자연계에 존재하는 물은 주변의 많은 유기물과 무기물을 함유하고 있다. 이 같은 물질이 들어 있지 않은 순수한 물이 증류수이다. 물에는 경수와 연수가 있다. 칼슘, 마그네슘, 철, 망간 등이 많이 함유되어 있는 물을 경수라고 한다. 칼슘과 마그네슘의 양이 수질평가의 기본이 되는데 100㎖물에 산화칼슘 1.4㎎을 함유하는 것을 경도 1도로 정하고 20도 이상을 경수, 10도 이하를 연수라고 한다. 한편 경수에서 탄산염의 형태로 존재하는 것은 물을 끓이게 되면 칼슘과 마그네슘이 침전되므로 이를 일시적 경수라고 하고 칼슘이나 마그네슘이 황산염이나 질산염의 형태로 존재하면 영구적 경수라고 한다.

경수에 들어 있는 칼슘이나 마그네슘은 커피에 함유된 단백질, 지방, 유기산 등과 반응하여 조직을 경화시켜 향기와 맛을 손상시키며 혼탁의 원인이 된다. 철이나 망간은 커피의 색깔과 냄새를 나쁘게 한다. 또한 경수를 사용하면 카페인이나 탄닌이 잘 추출되지 않아 맛이 없는 커피가 되고 만다.

따라서 지하수를 사용할 때에는 물이 어떤 무기질을 많이 함유하고 있는지를 확인하여야 한다. 그러나 물맛만으로는 쉽게 알 수 없기 때문에 전문가에게 분석을 의뢰하여야 한다. 간단하게 경수인지의 여부를 알아 볼 수 있는 한 가지 방법을 들면, 홍차 또는 녹차를 추출할 때 추출액이 검은 색으로 심하게 변할 경우에는 경수라고 생각하면 된다.

한편 물에 유기물질이 많이 함유된 것도 사용해서는 안 된다. 물속에 유기 물질이 있다는 것은 부패된 물질에 오염되어 있다는 것을 의미한다. 이 같은 물은 위생상으로 좋지 못한 것은 말할 필요도 없고 물에서 나는 악취 때문에 커피에도 나쁜 영향을 미친다.

수돗물은 연수이지만 소독 과정에 사용된 염소에는 강한 냄새가 있기 때문에 언제나 끓여서 사용하여야 한다. 유리염소는 색과 향기를 나쁘게 한다. 끓이는 것만으로 냄새를 완전히 제거할 수 없을 경우에는 정수기를 설치하는 것이 좋다, 또한 빌딩에서는 보통 물탱크를 갖고 있어 물을 일단 저장하여 놓았다가 사용하는 경우가 있다. 물탱크가 오래된 경우에는 금속이 부식되어 찌꺼기가 물에 섞여 나오는 수가 있다. 이런 경우에는 사용할 물을 하루 전에 받아 놓아 침전시킨 후 윗물만 사용한다.

2) 감미료

커피의 발상지인 아라비아 반도에서는 커피에 설탕을 넣지 않고 마셨는데 유럽에 전해진 커피는 초기에 그 쓴맛 때문에 많은 사람에게 호감을 주지 못하였다. 당시 유럽에서 설탕은 귀하고 비싼 것이었기 때문에 일반인은 쉽게 구할 수 없었다. 커피에 설탕을 넣는 관습은 프랑스 루이 14세 시대의 궁정의 여자들에 의하여 비롯되었다. 설탕을 넣으면 커피의 쓴맛이 감소될 뿐만 아니라 카페인과 함께 피로를 회복시키는 기능을 갖고 있어 점차 많은 사람들이 설탕을 이용하게 되었다. 그러나 설탕을 넣지 않고 마실 때 커피의 맛과 향기를 더욱 정확히 느낄 수 있다.

설탕은 그 어원이 인도의 범어 사르카라(sarkara) 또는 사카라(sakkara)로 추정되며 2천여 년 전부터 이용해 온 천연 감미료이다. 설탕은 사탕수수, 사탕무, 또는 단풍당에서 만들어지는 것으로 정제 방법에 따라 그 형태가 달라진다. 일반적으로 설탕의 색이 하얀 것은 정제할 때 활성탄을 사용하여 불순물과 색소 등이 제거되었기 때문이다. 정제 과정 중 처음 만들어지는 것이 백설탕이고 그 다음 단계가 흑설탕인데, 당분이 남아 있는 당밀에 계속 열을 가해 농축시킬 때 일어나는 카라멜화 반응에 의하여 설탕의 색은 점점 진해진다. 뿐만 아니라 흑설탕에는 회분 등이 함유되어 있어 특유의 향기를 갖고 있기 때문에 진한 단맛이나 감칠맛을 내고 싶을 때 사용한다. 백설탕은 단맛 바로 그자체이기 때문에 커피나 홍차 등의 본래의 맛을 크게 손상시키지 않는다. 설탕제품은 형태에 따라 다음과 같이 구분한다.

(1) 그래뉼당(granulated sugar)

그래뉼당은 백설탕보다 정백도가 더 높은 당으로 전화당이 적다, 백설탕에서 습기를 제거하고 정선, 가공한 것으로 순도가 가장 높으며 청량음료용으로 사용한다. 우리나라에서는 콜라당이라고도 한다.

(2) 백설탕(refined sugar)

가장 많이 사용하는 설탕이며 입자가 작은 고 순도의 설탕으로 순수한 단맛을 느낄 수 있다. 시럽제조에 사용한다.

(3) 흑설탕(brown sugar)

백설탕을 생산하고 난 후에 생산되는 것으로 갈색이나 흑갈색이 난다. 무기질이 많이 함유되어 있어 특유의 향기가 나므로 초코칩쿠키 등을 만드는 등 특수한 용도로 사용한다.

(4) 쌍백당(large crystal sugar)

입자가 가장 큰 설탕으로 제과용이나 또는 커피에 연출이 필요할 때 사용한다.

(5) 각설탕(cube sugar)

설탕을 사각형 모양으로 압축시킨 것으로 한 개당 중량이 정해져 있기 때문에 조리용으로 편리하게 사용할 수 있다. 카페 로얄이나 에스프레소 커피 등에 많이 사용한다.

(6) 분당(icing sugar)

백설탕을 아주 미세하게 분쇄한 것으로 껌, 고급과자의 장식용 등으로 사용한다. 분당은 표면적이 크기 때문에 덩어리가지기 쉽다. 이것을 방지하기 위하여 전분 등을 섞어 주므로 당도가 다른 설탕에 비해 약간 떨어진다.

(7) 과립당(frost sugar)

다공질의 과립상으로 설탕의 순도가 높다. 물에 잘 녹으므로 부드러운 커피나 아이스 커피 등에 사용하면 좋다

(8) 액당(liquid sugar)

액상으로 만들어 놓은 설탕으로 아이스커피에 사용한다.

(9) 커피 슈거(coffee sugar)

커피 전용 설탕으로 알갱이가 가장 크고 캐러멜 색소가 많아 진한 갈색을 띠고 있다. 입자가 크기 때문에 커피에 넣으면 서서히 녹아, 마시는 도중 단맛이 점점 강해지는 변화를 느낄 수 있다.

이 밖에도 설탕은 아니지만 감미료로 사용되고 있는 것 중에는 이성화당과 벌꿀이 있다 이성화당은 상쾌한 단맛을 가지고 있어 아이스커피용 시럽으로 사용하면 아주 좋은 효과를 볼 수 있다. 순수한 벌꿀은 채집된 밀원에 따라서 향기가 다르다. 가격이 비싸기 때문에 그렇게 많이 사용되지는 않는다.

3) 유제품

커피문화가 처음 시작된 중근동 국가에서는 커피에 설탕이나 우유 등을 넣지 않고 그대로 마시고 있다. 그러나 처음 커피를 접하는 사람에게 이 같은 스타일의 커피는 그 쓴맛 때문에 쉽게 가까이할 수 없게 되었다. 이것을 극복한 것은 설탕과 유제품을 커피에 사용하고 나서부터였다. 유제품은 커피의 맛을 한층 더 고소하고 부드럽게 해 주었다. 유제품에는 다음과 같은 것들이 있다.

(1) 우유

우유의 평균 조성은 수분 87%, 단백질 3.5%, 지방 3.7%, 탄수화물 4.9%, 그리고 회분이 0.7% 정도 함유되어 있다. 이 가운데 지방

함량은 계절이나 사료에 의해 그 변화가 크다, 우유의 주 단백질은 카제인으로 이것을 효소로 응고시켜 발효한 것이 치즈이다. 유지방에는 저급 지방산이 많이 함유되어 다른 동물성 지방에 비하여 녹는 온도가 낮고 부드러운 느낌을 준다. 우유에 함유된 탄수화물인 유당은 단맛을 내며 우유 단백질, 지방 등과 함께 입안의 촉감을 좋게 한다. 신선한 우유의 향기는 아세톤, 메틸케톤류, 아세트알데히드, 디메틸설파이드, 락톤, 저급 지방산 등에서 기인한다.

우유를 이용한 커피메뉴 중 대표적인 것이 카페오레이다. 이것은 밀크커피를 의미하는 것으로 모닝커피, 아메리카커피 등 여러 가지로 이용할 수 있다. 우유만을 사용하면 너무 묽기 때문에 먼저 따뜻한 우유에 크림을 섞어 사용하면 더 진한 커피를 맛볼 수 있다.

(2) 크림

우유에서 유지방을 분리해 낸 것을 크림이라 하며 버터, 과자, 케이크, 아이스크림 등에 사용한다. 크림은 지방 함량의 차이에 의하여 저지방 크림과 고지방 크림으로 나눈다. 저지방 크림은 지방함량이 30~35%이고 고지방 크림은 40~50% 정도 이다. 한편 커피에 사용하는 크림은 유지방, 식물성 지방 및 유지방과 식물성 지방을 혼합하여 놓은 것이 있다. 크림을 커피에 넣으면 고소하고 부드러운 맛이 강해지기 때문에 아메리칸 스타일 커피에 많이 사용한다.

(3) 버터

추운 겨울날 버터를 넣은 뜨겁고 진한 커피는 새로운 맛을 느끼게 한다. 커피의 원산지인 에티오피아에서는 소금과 버터를 맛보면서 커피를 마시는 풍습이 있다. 버터를 넣는 커피는 프렌치 로스팅 정도로 강하게 볶은 것을 사용한다.

4) 양주

커피에 술을 첨가하는 것은 맛과 향기를 좋게 하기 위함이다. 즐기는 대상이 커피일 경우, 커피에 넣는 술의 양이 지나치게 많게 되면 커피맛보다 술맛이 더 강하게 되어 좋지 않다. 경우에 따라서는 그 반대로 하여 술에 커피를 약간 가미하여 칵테일의 형태로 즐길 수도 있다. 가장 많이 사용하는 양주는 위스키이다. 위스키는 맥아를 발효시켜 술을 만든 후, 이것을 증류시켜 만든 술이다. 맥아를 건조하거나 술을 증류할 때 이탄을 사용하고, 오랜기간 떡갈나무 통에 숙성시키기 때문에 위스키에는 이탄의 냄새와 오크의 향취가 배어 있다. 위스키는 스코틀랜드와 아일랜드 그리고 미국, 캐나다 등에서 많이 생산되고 있다. 스코틀랜드와 아일랜드의 스카치위스키와 아이리시 위스키가 최고급품으로 알려져 있다. 아메리카 위스키의 대표적인 것은 버본 위스키이다.

아이리시 커피는 커피에 위스키의 향취가 은은히 흘러나오는 것으로 유명한데 아이리시 커피가 만들어진 것에는 다음과 같은 일화가 있다.

비행기가 지금처럼 비행시간이 길지 못했던 시절, 유럽대륙을 떠나 미국으로 가던 사람들은 비행기 급유를 위하여 아일랜드의 더블린 공항에서 쉬어가지 않으면 안 되었다. 북해에서 불어오는 차가운 바람과 안개는 여행객의 마음을 얼어붙게 하였다. 이때 한 잔의 뜨거운 커피에 위스키를 타면 그 향기와 맛이 사람들의 몸과 마음을 훈훈하게 해줄 수 있었다.

이렇게 하여 위스키를 탄 아이리시 커피라는 이름으로 세계의 많은 사람들에게 사랑받게 되었다. 아이리시 커피는 보통 커다란 유리 글라스에 따른다. 컵의 가장자리에 입자가 큰 쌍백당을 묻혀놓는다. 방법은 달걀흰자를 깨끗하게 처리하여 컵을 살짝 흰자에 대주면 된다. 환자의 점착성 때문에 설탕이 잘 붙을 뿐만 아니라 물과는 달리 설탕이 쉽게 녹지 않는다. 아메리카 커피에는 버본을 사용하는 것이 좋다.

이 밖에도 브랜디나 럼을 사용하기도 한다. 브랜디는 여러 가지 과일을 가지고 과일주를 만든 후 이것을 증류하여 만든 술이다. 과일 가운데 주로 포도, 사과 등이 많이 사용된다. 코냑은 브랜디에 속하는 술로 포도주를 증류하여 만든다. 프랑스의 코냑 지방은 매운 더운 곳으로 태양의 일조량이 많기 때문에 매우 품질이 좋은 포도를 생산하고 있다 이곳에서 나온 포도주를 증류하여 만든 술에 특별히 코냑이라는 이름을 붙이고 있다. 럼주는 카리브 연안 국가에서 생산되는 사탕수수의 당밀을 발효시켜 만든 술로 칵테일용으로 많이 사용되고 있다.

한편 지극히 향기로운 술인 리큐르가 많이 있다. 우리나라에서는 잘 알려져 있지 않지만 리큐르의 종류는 다음과 같이 다양하다.

커피 리큐르, 카카오 리큐르, 페퍼민트 리큐르, 오렌지 리큐르, 심지어는 말젖이나 양젖을 이용하여 만든 리큐르도 있다. 리큐르는 사용된 재료에 따라서 그 향기가 달라진다. 따라서 커피에 리큐르를 적절히 사용하여 준다면 특징 있는 커피를 만들 수 있다. 특히 에스프레소 커피에 리큐르가 적합하다.

5) 향신료

향신료란 향미를 부여하는 데 쓰이는 식물의 꽃, 열매, 싹, 나무껍질, 뿌리, 잎 등을 말한다. 이 밖에도 소화기관을 자극하여 소화를 증진시키고 방부작용을 하며 약리작용을 갖는 것도 많다. 식품에 향신료를 적절히 사용하였을 때 맛과 향기를 더해 줄 수 있듯이 커피나 홍차에도 향신료를 쓸 수 있다.그러나 어디까지나 커피가 주가 되기 때문에, 그리고 향신료의 맛에 익숙하지 못한 사람이 많기 때문에 지나치게 사용해서는 안 된다. 다시 말해서 커피를 마신다는 것보다 향신료를 마신다는 생각이 들어서는 안 된다.

주로 사용되는 향신료는 계피, 올스파이스, 너트맥, 박하, 생각 등이다. 향신료는 원두커피와 함께 분쇄기에 넣어 분쇄한 다음 추출하는 것이 바람직하다. 우리나라에서 계피는 비엔나커피의 휘핑크림 위에 가볍게 뿌려주는 정도로 사용하고 있다. 계피는 중국산과 실론산이 있는데 중국산을 카시아(cassia)라고 하고, 실론산을 시나몬(cinnamon)이라고 한다. 카시아 계피는 세계에서 가장 오래된 향신료이며 중국 남부가 원산지이다. 향기는 시나몬보다 떨어지고 단맛도 부족하다.

올스파이스의 향기는 계피, 후추, 정향 및 너트맥과 흡사하기 때문에 모든 스파이스라 하여 이 같은 이름이 붙여졌다. 겉모양이 후추와 비슷하므로 백미후추라고 한다.

너트맥은 모로코, 브라질 등이 원산지인 열대 향신료로 열매의 씨앗을 너트맥(nutmeg)이라고 하고, 이것을 둘러싸고 있는 종피를 메이스(mace)라고 하는데, 메이스 또한 너트맥과는 다른 맛이 나는 향신료로 사용되고 있다. 너트맥은 단맛과 약간 쓴맛을 내며 빵 류, 소스, 케첩, 육제품 등에 사용하고 있다.

6) 초콜릿

초콜릿은 열대 아메리카가 원산인 카카오나무의 열매에서 추출한 코코아와 카카오 버터, 설탕, 유제품 등을 가지고 만든다. 코코아 분말은 음료용으로 사용되고 있다. 커피에는 초콜릿이나 초콜릿 시럽을 넣을 수 있는데 보통 시럽을 많이 사용한다. 초콜릿을 넣은 커피는 카페모카가 유명하다. 모카 명칭이 있는 커피는 특히 이탈리아에 많이 있는데 이것은 초콜릿을 넣었다는 것을 의미한다. 그러나 터키식 커피의 영향이 남아있는 곳은 터키식으로 추출한 커피를 의미하니 주의하여야 한다.

7) 달걀

한때 우리나라에서 모닝커피에 달걀노른자를 넣어주던 때가 있었다. 커피에 달걀을 넣을 때는 달걀을 풀어 넣거나, 노른자만 또는 흰자를 거품 내어 집어넣기도 한다. 어느 경우에나 위생 문제에 신경을 써야한다. 또한 뜨거운 커피에 넣을 때 덩어리가 지지 않도록 조심하여야 한다.

8) 아이스크림

커피에 아이스크림을 넣어줄 수 있다. 사용하는 아이스크림은 바닐라 아이스크림이 적합하다. 그 이유는 부드러운 베이지 색과 함께 은은하게 풍기는 바닐라 향기는 다른 어떤 것과도 잘 어울리기 때문이다. 커피 잔은 커다란 유리잔을 사용하고 그 위에 아이스크림을 띄어 놓는다.

9) 젤라틴

젤라틴은 동물의 연골조직 성분인 콜라겐이 열에 의하여 변성된 것이다. 동물성 단백질이기 때문에 처리과정이 잘못되었을 경우에는 냄새가 날 수 있으므로 주의하여야 한다. 젤라틴은 커피젤리를 만드는데 사용한다. 분말과 판상제품이 있는데 일반적으로 판상제품이 더 좋다.

8. 인스턴트커피

인스턴트커피는 일명 가용성 커피(soluble coffee)라고도 하는데 이는 뜨거운 물 또는 차가운 물에 쉽게 녹여 마실 수 있기 때문이다. 인스턴트커피의 출현을 살펴보면 미국의 남북전쟁, 제1차 세계대전 및 제2차 세계대전 등을 통하여 전선의 군인들이 끊이지 않고 뜨거운 물에 타서 간편히 마실 수 있는 커피를 공급하려고 한 것이 그 동기였다. 그러나 제품이 일반 소비자의 욕구를 충족시켜 주지 못했기 때문에 그렇게 널리 퍼지지는 못했으나 제2차 세계대전 등을 통하여 전선의 군인들이 끊이지 않고 뜨거운 물에 타서 간편히 마실 수 있는 커피를 공급하려고 한 것이 그 동기였다. 그러나 제품이 일반 소비자의 욕구를 충족시켜 주지 못했기 때문에 그렇게 널리 퍼지지는 못했으나 제2차 세계대전이 끝난 후 식품 기계 및 기술의 발달에 따라 점차 대중화되기 시작하여 미국의 경우를 보면 1957년 이래 전 커피 소비량의 약 1/3이 인스턴트커피가 되었다. 오늘날 제너럴 푸드사와 네슬레사 등의 유명회사 제품들이 전 세계 생산량의 대부분을 차지하고 있다.

인스턴트커피의 제조 방식은 볶아서 분쇄한 커피를 6~7종류의 추출관에 충전시킨 후 섭씨 175℃ 정도의 뜨거운 물을 역류시켜 원두커피 속에 함유된 여러 가지 가용성분을 추출한다. 이렇게 추출된 커피 액을 분무건조하거나 냉동 동결건조시켜 제품화한다. 1957년 인스턴트커피의 향미가 원두커피에 비하여 떨어지는 단점을 보완하기 위해 커피 정유를 커피 중량의 약 0.2% 정도 첨가하기 시작하였으며 1969년에는 분무 건조한 미세한 분말상의 인스턴트커피를 덩어리지게 하는 기술이 개발되었다. 덩어리진 커피는 뜨거운 물에 넣었을 때 거품이 생기지 않으면서 쉽게 녹았으며 그 색상이 마치 원두커피를 거칠게 분쇄하여 놓은 것과 같아 소비자의 선호도가 더욱 높아지게 되었다. 한편 냉동동결건조 커피는 커피 추출액을 급속 동결시키는 단계와 원심분리 단계로 나뉘는데 원심분리 단계에서 미세한 얼음결정을 제거할 수 있다. 냉동동결건조 커피의 품질을 보다 좋게 하기 위하여 동결하기 전에 커피 정유를 커피 추출액에 섞어주거나 또는 얼음입자를 제거한 후에 커피 정유를 섞어주기도 한다. 냉동동결건조 방식으로 제조된 커피는 입자가 다공질의 상태이기 때문에 쉽게 흡습할 수 있어 품질이 급속이 나빠지기 쉽다. 따라서 냉동동결건조 커피는 사용 후 완전 밀폐하여 보관해야 한다.

index

C

D

E

O

P

Q

R

찾아보기

라

마

바

인 지
생 략

곡류가공학

2008년 1월 15일 초판발행
2010년 9월 30일 3쇄 발행

저 자 : 황 성 연
발행인 : 임 종 철

발행처 : **도서출판 진 로**
서울 동대문구 답십리동 530-11
(의증B/D 3층)
등 록 : 1978.5.1. 제6-0660호
TEL 02-2215-0203
FAX 02-2216-0208

정가 15,000원

ISBN : 978-89-86877-35-9